21世纪高职高专机电类规划教材

高频电子技术

主 编 臧雪岩
副主编 郭 庆 刘建军

中国人民大学出版社
·北京·

前　言

本教材适应目前我国职业教育的特点和发展要求，旨在解决高职学生能力培养目标和教材理论深奥、脱离实际的矛盾。

本教材主要内容包括课程概述，正弦波振荡器，高频小信号选频放大电路，高频功率放大器，振幅调制、解调与混频——频谱搬移电路，角度调制与解调电路，反馈控制电路等。编者本着降低理论难度、突出实际应用、让学生轻松学习并且学以致用的想法，结合几年来的教学实践经验，借鉴了许多同类优秀教材的编写思路和内容，力求达到后续专业课程需要的理论基础要求。

本教材的特点如下：

1. 课程概述着重无线电发送设备和接收设备及各个组成部分的介绍，突出全书学习的线索和思路，略去了信道的介绍。

2. 对基本原理和基本分析方法的讲解，叙述详尽，语言通俗易懂，便于学生理解。

3. 本着理论够用的原则，对复杂的数学推导和难懂的电路、原理予以省略。

4. 新知识由一个轻松的话题导入，让学生学习起来感觉轻松。

5. 注重知识的实用性，每一个学习任务中都列举了很多实用电路，突出实用电路的理解与分析。

6. 提供了前后内容的知识链接、应用链接，方便学生复习和理论联系实际。

本教材由辽宁省交通高等专科学校臧雪岩统稿并担任主编，辽宁省交通高等专科学校郭庆和辽宁铁道职业技术学院刘建军担任副主编，参与编写工作的还有辽宁省交通高等专科学校的孔繁瑞和苏琼。

由于编者水平有限，错误、疏漏在所难免，恳请有关专家和同行多提宝贵意见。

编者

目　录

学习任务1

课程概述

学习线索

- 电子线路的划分
- 通信与通信系统

学习重点

- 通信系统的组成
- 无线电发送设备与接收设备的组成

学习内容

学习“高频电子技术”这门课程之前，我们首先来了解一下电子线路的划分方法，从而清楚自己要学习什么。

1.1 电子线路的划分

电子线路（简称电路）就是将各种有源器件和无源器件按照不同的方式连接而成的网络，它能够实现多种处理功能，如信号的产生、放大、运算、变换、传输、调制、混频、倍频等。

电子线路的划分方法有多种形式：

(1) 按照处理信号来分有模拟电路和数字电路。模拟电路处理模拟信号，数字电路处理数字信号。

(2) 按照工作频率来分有低频电路、高频电路和微波电路等。它们分别完成对低频信号、高频信号和微波信号等的处理。

低频信号频率通常为300kHz以下，如声音信号、图像信号、生物电信号、机械振动信号等；高频信号频率通常为300kHz～300MHz，如广播、电视、移动通信等信号，所以我们将要学习的高频电子线路又称通信电子线路；微波信号频率通常为300MHz以上，如卫星、雷达、导航信号等。但实际上高频信号与微波信号的频率界限已经越来越模糊了，无线通信频率越来越高，如手机信号已工作在900MHz和1 800MHz，实际已经进入微波段，但一般仍说手机工作在高频段。

同学们可参照表1—1来了解通信频段的划分及用途。

表1—1　　通信频段的划分及用途

频段名称	频率范围	波长范围	波段名称	用途
甚低频 VLF	3～30 kHz	100～10 km	超长波	音频、电话、数据传输、长距离导航、时标
低频 LF	30～300 kHz	10～1 km	长波	远距离通信、导航
中频 MF	0.3～3 MHz	1000～100 m	中波	调幅广播、船舶通信、业余无线电
高频 HF	3～30 MHz	100～10 m	短波	短波广播、移动通信、定点军用通信、业余无线电
甚高频 VHF	30～300 MHz	10～1 m	超短波（米波）	电视、调频广播、空中管制、车辆通信、导航
特高频 UHF	0.3～3 GHz	100～10 cm	微波	电视、空间遥测、雷达导航、点对点通信、移动通信
超高频 SHF	3～30 GHz	10～1 cm		微波接力通信、卫星和空间通信、雷达
极高频 EHF	30～300 GHz	10～1 mm		雷达、微波接力通信、无线电天文学、着陆设备
超极高频	300～3000 GHz	1～0.1 mm		卫星广播与通信
	3～300 THz	100～1 mm	光波	光学通信数据传输

(3) 按照集成度来分有分立元件电路和集成电路。与分立元件电路相比，集成电路具有体积小、性能稳定、可靠性高、维修使用方便等优点，是电子线路发展的主导方向，但由于频响和功率容量的限制，目前高频、大功率电子线路还是以分立元件电路为主。

(4) 按照电路所包含的元器件性质来分有线性电路和非线性电路。线性电路全部由线性或处于线性工作状态的元器件组成；电路中只要含有一个元器件是非线性的或处于非线性工作状态，那么就是非线性电路。常见的电阻、平板电容和空心电感线圈等都是线性元器件，而各种二极管、三极管等都是非线性元器件。一般来说，线性电路输出信号与输入信号的波形和频率相同，只是幅度有变化；而非线性电路输出信号与输入信号相比，波形和频率分量都不同，具有频率变换作用。非线性电路的分析不能采用叠加定理。

明确了以上的划分方法，需要说明的是，本书主要研究模拟、高频、分立元件、非线性电路，这种电路是通信系统的基本组成电路，下面我们就要简要介绍一下通信与通信系统。

1.2　通信与通信系统

1.2.1　通信与通信系统的组成

广义地讲，通信就是发送者与接收者之间的信息传递，信息的传递通过电信号（或光信号）来完成的。现代通信主要指电通信。实现信息传递所需要的设备总和称为通信系统。一个完整的通信系统包括信号源、发送设备、信道、接收设备、终端设备等，如图

1—1 所示。

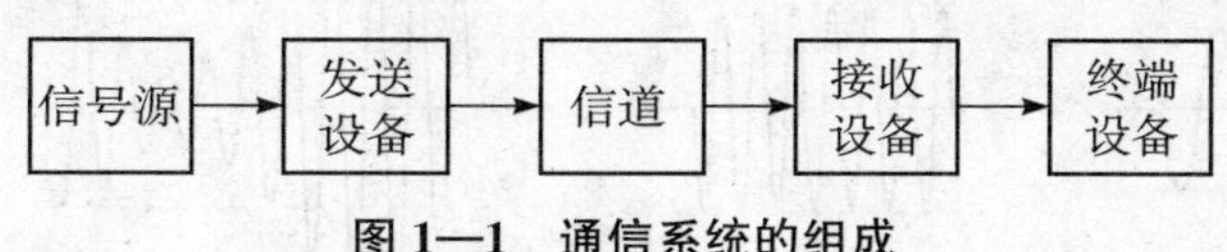

图 1—1　通信系统的组成

1. 信号源

信号源包括信源和输入转换装置。信源就是信息的来源，它有不同种形式，如声音、图像、文字等；输入转换装置有话筒、摄像头等，作用是将信源输入的信息转换成待传送的电信号，如将声音变换成音频信号。

2. 发送设备

发送设备用来将待传送的电信号进行某种处理，如调制等，再放大到足够的功率送入信道，以实现信号的有效传送。发送设备输出的信号称为已调信号或已调波。

3. 信道

信道又称传送媒介，是信号传送的通道，一般分有线信道和无线信道两种。有线信道包括架空明线、同轴电缆、光缆等；无线信道包括地表、水下、大气层、宇宙空间等。利用有线信道传送信号的通信方式称有线通信，利用无线信道传送信号的通信方式称无线通信。

4. 接收设备

接收设备与发送设备的作用相反，是将信道传送过来的已调信号进行选频、放大、解调等处理，主要任务是恢复原始电信号。

5. 终端设备

终端设备的作用是将复原的电信号通过输出转换装置转换成相应的原始信息如声音、图像、文字等。终端设备有扬声器、显示屏、打印机等。

1.2.2　无线发送设备与接收设备的组成

无线发送设备和接收设备是现代通信系统的核心部件。现以无线电调幅广播发送和接收设备为例，说明它们的组成。

1. 无线电调幅广播发送设备

图 1—2 是无线电调幅广播发送设备的组成框图，图中还包括各部分输出电压的波形。

无线电调幅广播发送设备各组成部分的作用如下。

(1) 高频振荡器。

高频振荡器用来产生频率稳定的高频正弦信号。

知识链接：学习任务 2　正弦波振荡器

(2) 倍频器及放大器。

倍频器及放大器用来将高频振荡器产生的高频信号频率整数倍升高到所需值（载频或

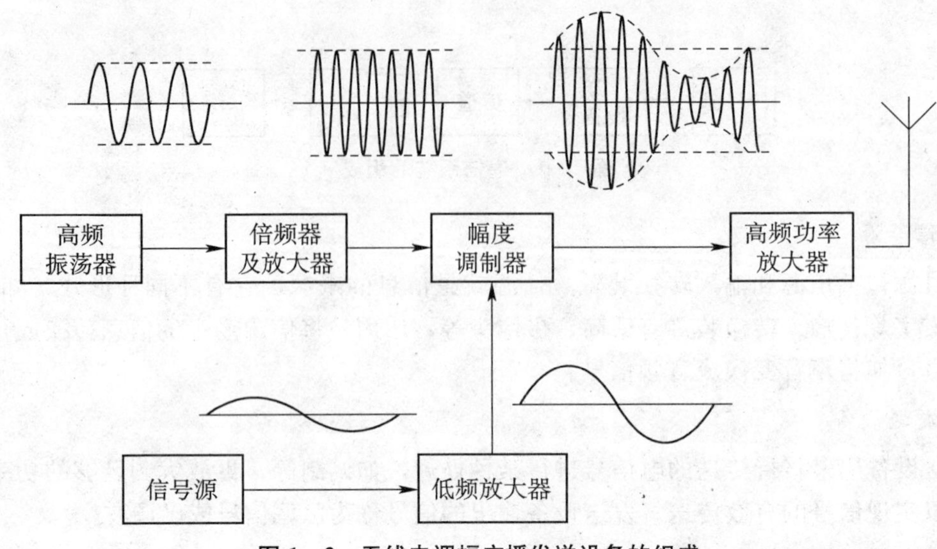

图 1—2 无线电调幅广播发送设备的组成

射频)，并将信号放大到有足够的功率推动幅度调制器。倍频及放大后的信号又称高频载波信号。

知识链接：学习任务 4 高频功率放大器

(3) 信号源。

信号源将信息转换成待传送的低频电信号，该信号又称调制信号。

(4) 低频放大器。

低频放大器由低频电压和功率放大器组成，用来放大信号源所产生的微弱调制信号，并送入幅度调制器。

(5) 幅度调制器。

幅度调制器将输入的高频载波信号和低频调制信号转换成高频已调信号，就是让高频载波信号“载上”待传送信号（调制信号），从而实现有效发射和传送。

调制的作用就是用待传送的低频信号去改变高频信号的某一参量，幅度调制就是用待传送的低频调制信号去控制高频载波信号的振幅，使高频载波信号的振幅按照待传送低频信号的规律变化，以实现调幅（AM）；角度调制就是用待传送的低频调制信号去控制高频载波信号的频率或相位，使高频载波信号的频率或相位按照待传送低频信号的规律变化，从而实现调频（FM）或调相（PM）。

调制过程对通信系统至关重要：一方面，在无线电通信系统中，电信号是通过天线以电磁波的形式向空间辐射传送的。理论和实践证明，电信号的波长与天线尺寸相近时（天线尺寸至少为信号波长的十分之一)，电信号才能有效地辐射传送，而一般待传送电信号频率很低，如一个 20kHz 的音频信号波长为 15km，那么天线尺寸至少要做到 1.5km，这显然是无法实现的。利用调制技术将待传送的低频信号调制到高频载波信号上，便可实现有效地辐射。另一方面，如果不进行调制就把信号直接辐射传送出去，那么各电台所发出的相同频率范围的信号就会互相干扰，混在一起，接收设备难以将它们分开，无法正常收听和收看。调制作用的实质就是使相同频率范围的信号分别依托于不同频率的高频载波上，接收设备就可以分离出所需要的频率信号，互不干扰，这也是在同一信道中实现多路复用的基础。

知识链接：学习任务5　幅度调制、解调与混频——频谱搬移电路；学习任务6　角度调制与解调电路

（6）高频功率放大器。

高频功率放大器用来将高频已调信号放大到一定的强度，以足够大的功率传送到天线，然后辐射到空间。

知识链接：学习任务4　高频功率放大器

2. 无线电调幅广播接收设备

目前，无论是无线电广播、电视、通信还是雷达，都是采用超外差式调幅接收设备，组成框图如图1—3所示。图中包含各部分输出电压的波形。

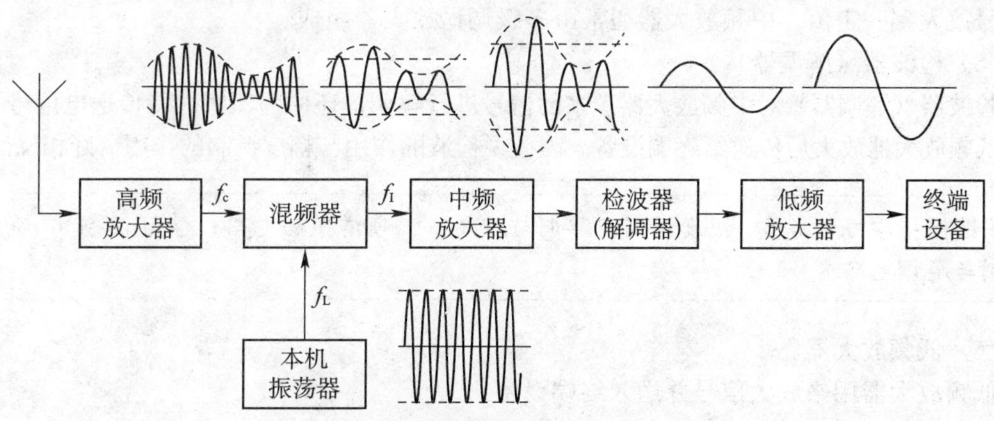

图1—3　超外差式调幅接收设备的组成框图

超外差式调幅接收设备各组成部分的作用如下。

（1）高频放大器。

高频放大器对天线所接收的微弱电信号进行选频放大，抑制无用频率的电信号，将所需频率（载频）的电信号加以放大，得到高频已调信号。

高频放大器的负载回路一般为LC谐振回路，常称此放大器为小信号选频放大器。

知识链接：学习任务3　高频小信号选频放大器

（2）本机振荡器。

本机振荡器又称本振电路，它的任务是为混频器提供高频正弦电信号，以便与接收到的高频已调信号混频。

知识链接： 学习任务2　正弦波振荡器

(3) 混频器。

混频器是超外差式调幅接收设备的重要组成部分，高频放大器输出载频为 f_c 的已调信号，本机振荡器产生频率为 f_L 的高频等幅信号，它们同时被送入混频器。在混频器输出端可以获得频率固定的中频已调信号，通常取中频频率为：

$$f_I = f_L - f_c \tag{1—1}$$

提示： 已调信号的载频 f_c 随不同发送设备而不同，但接收设备中混频器输出的中频信号频率是不变的（如465kHz），这是超外差式调幅接收设备的主要特点。

知识链接： 学习任务5　幅度调制、解调与混频——频谱搬移电路

(4) 中频放大器。

中频放大器为中心频率固定在 f_I 上的选频放大器，它进一步滤除无用信号，并将有用信号放大到一定值。中频放大器通常由多级调谐放大器组成。

(5) 检波器（解调器）。

检波器（解调器）对中频放大器送来的信号进行解调，还原为原来的待传送电信号，然后经低频放大器放大后传送给终端设备。因此说检波的作用与幅度调制的作用恰好相反。

知识链接： 学习任务5　幅度调制、解调与混频——频谱搬移电路；学习任务6　角度调制与解调电路

(6) 低频放大器。

低频放大器用来放大信号并送入终端设备。

(7) 终端设备。

终端设备的作用就是将复原的电信号转变为原始信息。

1.3　本课程学习内容

通过无线电信号来完成的信息的传递实际就是高频已调信号的传送，通信系统发送设备和接收设备中除了低频放大器外，主要是处理高频信号的电路，包括产生高频信号的高频振荡器、小信号选频放大器、高频功率放大器、幅度调制器、检波器、混频器和倍频器等，这些都是本书要讨论的内容。

另外，在高频电路中，常常需要准确调整放大器的输出电压振幅、混频器的本振频率、振荡信号的频率或相位等，所以还要了解反馈控制电路的一些基本知识。

知识链接： 学习任务7　反馈控制电路

要点总结

电子线路的划分有多种形式，本书主要研究模拟、高频、分立元件、非线性电子线路。

现代通信就是通过电信号来实现发送者与接收者之间的信息传递。实现信息传递所需要的设备总和称为通信系统。通信系统包括信号源、发送设备、信道、接收设备、终端设备等。

发送设备的主要功能是实现调制，使高频载波信号的振幅、频率或相位按照调制信号的变化规律而变化。

接收设备的主要功能是从高频调幅波信号中解调出原来的调制信号。

构成通信系统的基本电路大部分是处理高频信号的电路，本课程的学习就围绕这些电路来进行。

巩固与提高

1. 通信系统由哪几部分组成？各部分的作用如何？
2. 无线电通信系统中，发送设备由哪几部分组成？各部分的作用如何？
3. 无线电通信为什么要采用调制技术？
4. 无线电发送设备中调制的作用是什么？
5. 无线电接收设备中检波的作用是什么？

学习任务2

正弦波振荡器

学习线索

- 反馈振荡器的组成及工作原理
- *LC* 正弦波振荡器
- 石英晶体振荡器
- *RC* 振荡器

学习重点

- *LC* 正弦波振荡器
- 石英晶体振荡器

学习内容

振荡器是一种能自动将直流电源能量转换为一定波形的交变振荡信号能量的转换电路。它不需要外加激励信号，就能自行产生具有一定频率、波形和振幅的交流信号。

正弦波是电子技术、通信、电子测量等领域中应用最广泛的波形，能够产生正弦波的振荡器称正弦波振荡器，前面介绍的通信系统发送设备和接收设备中的载波信号源和混频信号源都是正弦波振荡器。

正弦波振荡器按照工作原理来分可分为反馈振荡器和负阻振荡器。常用的正弦波振荡器是反馈振荡器，主要包括 *LC* 正弦波振荡器、石英晶体振荡器和 *RC* 振荡器。负阻振荡器是利用负阻元器件的负阻效应产生正弦波，主要用于微波通信领域，本任务重点学习反馈振荡器。

2.1 反馈振荡器的组成及工作原理

2.1.1 反馈振荡器的组成

反馈振荡器由放大器、反馈网络、选频网络和稳幅环节组成，它的组成框图如图 2—1

所示。

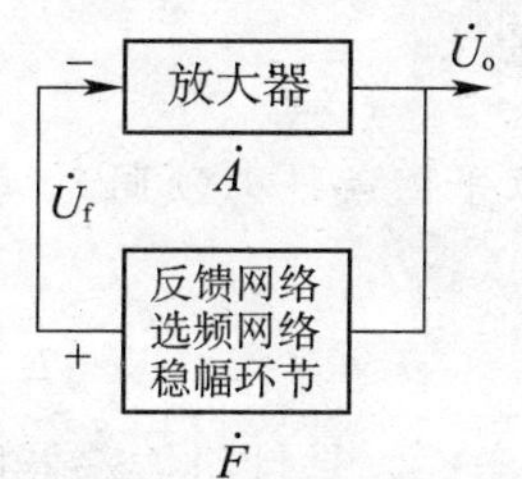

图 2—1　反馈振荡器的组成框图

1. 放大器

放大器是维持振荡器连续工作的主要环节，没有放大，信号就会逐渐衰减，不可能产生持续的振荡。放大器一般由晶体管或集成运放构成。

2. 反馈网络

反馈网络的作用是形成反馈（主要是正反馈），从而实现自激振荡。

3. 选频网络

选频网络的主要作用是产生单一频率的振荡信号，在很多振荡电路中，选频网络和反馈网络结合在一起，经选频网络的选频，使得只有某一频率的信号能反馈到放大器的输入端，而其他频率的信号被抑制。

4. 稳幅环节

稳幅环节的作用是使振荡信号幅值稳定，是振荡器持续工作的主要环节。

2.1.2　振荡的平衡条件和起振条件

1. 振荡的平衡条件

假定振荡已经建立，下面研究电路满足什么条件，才能维持振荡，即振荡的平衡条件。

图 2—1 中，$\dot{A}$表示放大器的放大倍数，$\dot{F}$表示反馈网络的反馈系数，$\dot{U}_o$和 $\dot{U}_f$分别表示输出电压和反馈电压，设输入电压为 $\dot{U}_i$，因已建立振荡，所以有：

$$\dot{U}_f=\dot{U}_i \tag{2—1}$$

将$\dot{U}_o=\dot{A}\dot{U}_i$和 $\dot{U}_f=\dot{F}\dot{U}_o$带入式（2—1），整理可得：

$$\dot{A}\dot{F}=1 \tag{2—2}$$

式（2—2）为振荡的平衡条件，它包括振幅平衡条件和相位平衡条件。

振幅平衡条件为：

$$AF=1 \tag{2—3}$$

式（2—3）表明振荡平衡时反馈系数和放大倍数的乘积等于 1，使反馈电压与输入电压大小相等。

相位平衡条件为：

$$\varphi_A+\varphi_F=2n\pi\ (n=0,1,2\cdots) \tag{2—4}$$

式（2—4）表明放大器与反馈网络的总相移等于 2π 的整数倍，使反馈电压与输入电压相位相同，以保证环路构成正反馈。

提示： 振幅平衡条件和相位平衡条件必须同时满足，才能维持稳定振荡。

2. 振荡的起振条件

上面的内容是维持振荡的平衡条件，是针对振荡器已进入稳定振荡而言，假如振荡器已经有一个稳定的输出，只要满足上面的平衡条件，振荡器就能维持该输出不变。但是振荡器总有接通电源的瞬间，稳定的输出是一个从无到有的上升过程，这就是起振过程，因此，起振过程中，反馈电压幅度必须大于输入电压幅度，而反馈电压的相位同样要与放大器输入电压相位同相，这样才能完成起振，进入稳定振荡。

综上所述，振荡的起振条件如下。

振幅起振条件为：

$$AF>1 \tag{2—5}$$

相位起振条件为：

$$\varphi_A+\varphi_F=2n\pi\ (n=0,1,2\cdots) \tag{2—6}$$

由此可见，反馈振荡器既要满足起振条件，又要满足平衡条件，同时放大器应具有非线性特性，即放大倍数随输出幅度的增大而减小的特性。这样，在起振时，放大倍数 A 较大，满足 $AF>1$，随着输出幅度不断增大，放大倍数 A 逐渐减小，输出幅度的增大受到抑制，直至 $AF=1$，输出幅度不再增大，振荡进入稳定状态，以上所述其实就是振荡电路的稳幅环节。要使反馈振荡器能够产生持续的等幅振荡，必须满足振荡的起振条件、平衡条件，它们是缺一不可的。

此外，为获得正弦波，振荡器中要有选频网络，振荡频率通常就是由选频网络确定的。选频网络经常与反馈网络合二为一。

2.2　LC 正弦波振荡器

LC 正弦波振荡器主要用来产生高频正弦波信号，它的选频网络由电感和电容组成。常见的 LC 正弦波振荡器有变压器反馈式振荡器、电感反馈式振荡器、电容反馈式振荡器，它们的选频网络一般采用 LC 并联谐振回路。

2.2.1　LC 并联谐振回路

LC 并联谐振回路如图 2—2 所示，图中 r 表示回路的等效损耗电阻，$\dot{I}_s$ 为电流源，$\dot{U}_o$ 为回路输出电压。

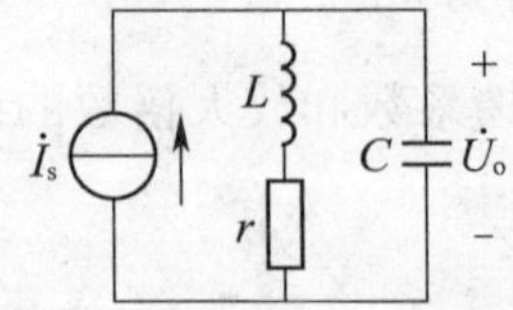

图 2—2　LC 并联谐振回路

由图可知，电路的总阻抗为：

$$Z=\frac{1}{j\omega C}//(r+j\omega L)=\frac{\frac{1}{j\omega C}(r+j\omega L)}{\frac{1}{j\omega C}+(r+j\omega L)} \tag{2—7}$$

考虑到通常 $r \ll \omega L$，所以有：

$$Z \approx \frac{\frac{L}{C}}{r+j\left(\omega L-\frac{1}{\omega C}\right)} \tag{2—8}$$

当电路中感抗与容抗相等即 $\omega L=\frac{1}{\omega C}$ 时，回路呈现电阻性，产生并联谐振，等效阻抗最大：

$$Z=\frac{L}{rC} \tag{2—9}$$

令谐振时的频率为 ω_0，则谐振频率等于：

$$\omega_0=\frac{1}{\sqrt{LC}} \text{ 或 } f_0=\frac{1}{2\pi\sqrt{LC}} \tag{2—10}$$

即当输入信号（$\dot{I}_s$）的频率 f_s 等于 LC 回路谐振频率 f_0 时，电路产生并联谐振，整个电路呈电阻性，等效阻抗 Z 最大，输出信号 $\dot{U}_o=\dot{I}_s Z$ 最强，这就是选频的基础。

知识链接：选频原理的进一步学习见学习任务 3　高频小信号选频放大电路——3.1 选频器

2.2.2　变压器反馈式振荡器

1. 电路构成

如图 2—3（a）所示，变压器反馈式振荡器由晶体管构成放大器、LC 并联谐振回路构成选频网络，变压器 Tr 构成反馈网络，图中的黑点表示两个电感线圈的同名端。图 2—3（b）是它的等效交流通路。

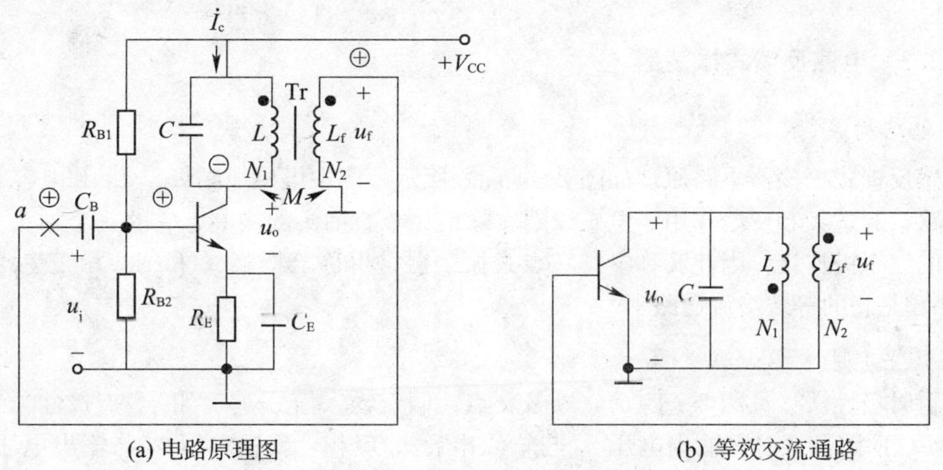

(a) 电路原理图　　(b) 等效交流通路

图 2—3　变压器反馈式振荡器

2. 选频与稳幅

当电源接通瞬间，电路中产生很窄的脉冲信号，由于很窄的脉冲信号内具有十分丰富的频率分量，LC 并联谐振回路使得与谐振频率 f_0 相同的频率分量经选频网络反馈到放大器的输入端，其他频率分量的信号得到抑制。这一频率分量的信号经放大后，又通过反馈网络回送到输入端，该反馈信号幅度 U_f 如果比原输入信号 U_i 幅度大，再放大、再反馈，最后放大器进入非线性工作区，放大倍数 A 下降，输出信号幅度的增大受到抑制，最后当反馈信号 U_f 正好等于输入信号 U_i 时，振荡幅度不再变化，电路进入稳定的平衡状态。这种稳幅作用我们通常称为放大电路的内稳幅作用。

反馈式振荡器的选频与稳幅作用同此类似，我们不再赘述。

3. 相位条件

由瞬时极性法（见图 2—3 (a)，断开 a 点，假定输入信号 u_i，判断各点极性）判断可知，当 LC 回路谐振时，输出电压 u_o 与输入电压 u_i 反相，反馈电压 u_f 与输出电压 u_o 反相，所以可判断 u_f 与 u_i 同相，振荡回路构成正反馈，满足振荡的相位条件：

$$\varphi_A+\varphi_F=2n\pi\ (n=0,\ 1,\ 2\cdots)$$

4. 振幅条件

这类反馈电路只要变压器变比和晶体管选择合适，振幅条件很容易满足，而振幅的稳定是靠晶体管的非线性来实现的，因此后面的振荡器我们只讨论相位条件。

5. 振荡频率

变压器反馈式振荡器的振荡频率为：

$$f_0\approx\frac{1}{2\pi\sqrt{LC}} \qquad (2—11)$$

改变电容 C 就可改变电路的谐振频率。

6. 变压器反馈式振荡器的特点

变压器反馈式振荡器由于变压器耦合的漏感等影响，它的工作频率不高，只能应用在中、短波波段，并且要考虑同名端或正反馈极性的问题，改进电路常应用电感反馈式振荡器。

2.2.3 电感反馈式振荡器

1. 电路构成

电感反馈式振荡器电路原理如图 2—4 (a) 所示，图中电感线圈 L_1、L_2 和电容 C 构成振荡回路，起选频和反馈作用，电感线圈实际是一个有抽头的线圈，它的三个抽头分别和晶体管的三个极连接，因此又称电感三点式振荡器（也称哈特莱（Hartley）振荡器)。图 2—4 (b) 是它的等效交流通路。

2. 相位条件

由瞬时极性法（见图 2—4 (a)，断开 a 点，假定输入信号 u_i，判断各点极性）判断可知，当 LC 回路谐振时，输出电压 u_o 与输入电压 u_i 反相，反馈电压 u_f 与输出电压 u_o 反相，所以可判断 u_f 与 u_i 同相，振荡回路构成正反馈，满足振荡的相位条件：

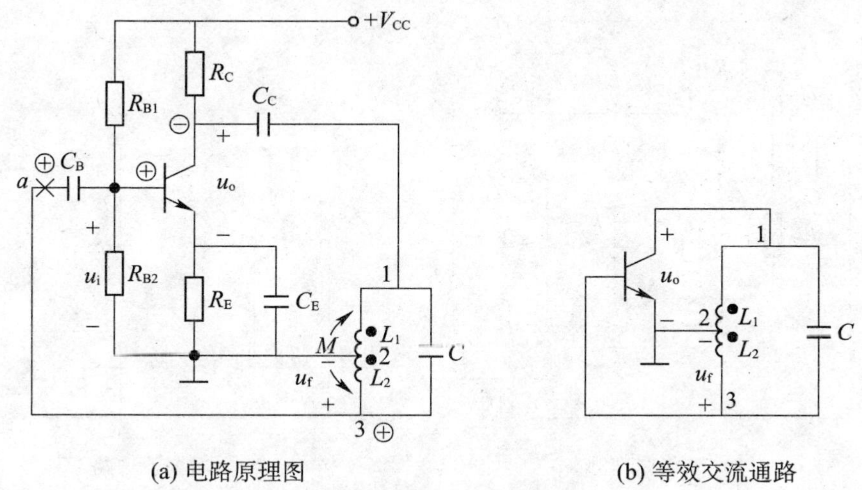

(a) 电路原理图　　　　(b) 等效交流通路

图 2—4　电感反馈式振荡器

$\varphi_A + \varphi_F = 2n\pi$（$n=0$，1，2…）

3. 振荡频率

电感反馈式振荡器的振荡频率为：

$$f_0 \approx \frac{1}{2\pi\sqrt{(L_1+L_2+2M)\ C}} = \frac{1}{2\pi\sqrt{LC}} \tag{2—12}$$

式中，$L=L_1+L_2+2M$，M 为线圈 L_1、L_2 之间的互感。

4. 电感反馈式振荡器的特点

电感反馈式振荡器的 L_1、L_2 一般是自耦变压器，耦合很紧、容易起振。改变抽头位置，可获得较好的正弦波振荡，且输出幅度较大。频率的调节利用可变电容，调节方便而且调节时不影响反馈。但由于反馈信号取自电感 L_2 两端，而 L_2 对高次谐波呈现高阻抗，故不能抑制高次谐波的反馈，使输出波形中高次谐波成分较大、波形较差、频率稳定性较差，振荡频率较低。

一般电感反馈式振荡器用于收音机的本机振荡、高频加热器等。

2.2.4　电容反馈式振荡器

1. 电路构成

电容反馈式振荡器与电感反馈式振荡器的区别只是把 LC 回路中的电感和电容的位置互换，电路原理图如图 2—5（a）所示。图中 LC 回路电容有三个连接点，分别接到晶体管的三个极，因此又称电容三点式振荡器（也称考毕兹（Colpitts）振荡器）。图 2—5（b）是它的等效交流通路。

2. 相位条件

判断方法同电感反馈式振荡器判断方法一样，当 LC 回路谐振时，输出电压 u_o 与输入电压 u_i 反相，反馈电压 u_f 与输出电压 u_o 反相，所以可判断 u_f 与 u_i 同相，振荡回路构成正反馈，满足振荡的相位条件：

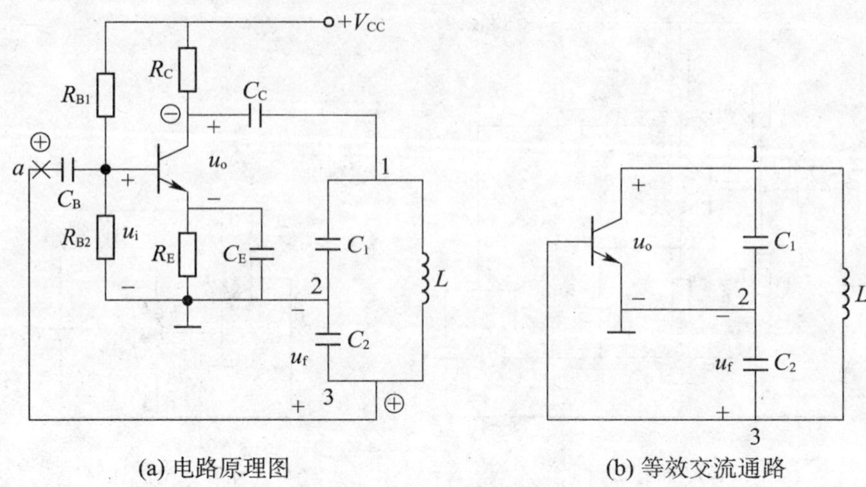

图 2—5 电容反馈式振荡器

$$\varphi_A + \varphi_F = 2n\pi \ (n=0, 1, 2\cdots)$$

3. 振荡频率

电容反馈式振荡器的振荡频率为：

$$f_0 \approx \frac{1}{2\pi\sqrt{L\left(\frac{C_1C_2}{C_1+C_2}\right)}} = \frac{1}{2\pi\sqrt{LC}} \qquad (2\text{—}13)$$

式中，$C=\frac{C_1C_2}{C_1+C_2}$是并联谐振回路的串联总电容值。

4. 电容反馈式振荡器的特点

电容反馈式振荡器的反馈信号取自电容 C_2 两端，因电容对高次谐波呈现较小的阻抗，反馈信号中高次谐波分量较小，振荡频率较高，振荡输出波形好。但当改变 C_1 或 C_2 来调节频率时，电容 C_1、C_2 比例关系的变化，会直接影响反馈系数 $\dot{F}$ 的大小，使输出信号幅度发生变化，甚至会造成停振，而通过调节电感来调节频率又不方便，所以只适合于频率调节范围不大的场合。

5. 改进型电容反馈式振荡器

如图 2—6（a）所示是串联改进型电容三点式振荡器，又称克拉泼（Clapp）振荡器，它在电感 L 支路中串联一个容量较小（远远小于 C_1 和 C_2）的可调电容 C_3，用它来调节振荡频率，既可以改善频率的调节范围，又可以消除晶体管极间电容的影响。图 2—6（b）是它的等效交流通路，图中 C_{CB}、C_{CE}和 C_{BE}分别为晶体管集基极、集射极和基射极间的极间电容。

串联改进型电容三点式振荡器的振荡频率为：

$$f_0 \approx \frac{1}{2\pi\sqrt{LC}} \approx \frac{1}{2\pi\sqrt{LC_3}} \qquad (2\text{—}14)$$

式中，C 为电路的总电容，即 $C=\frac{1}{\frac{1}{C_1}+\frac{1}{C_2}+\frac{1}{C_3}} \approx C_3$。

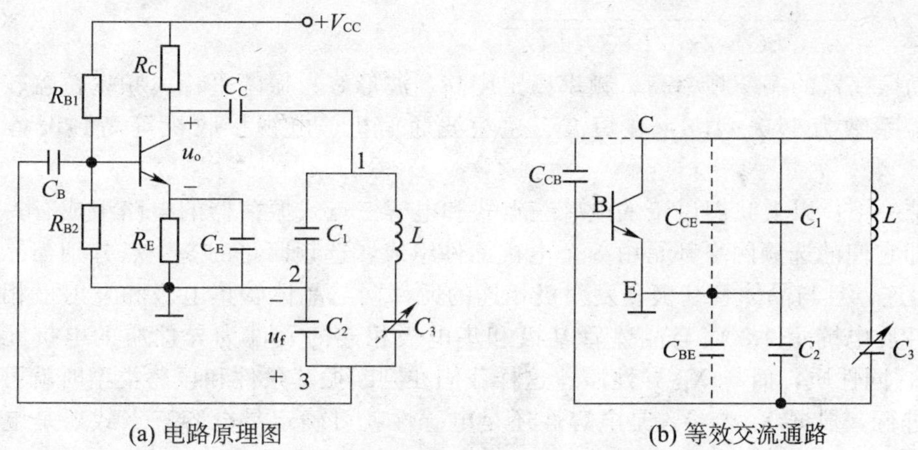

(a) 电路原理图　　(b) 等效交流通路

图 2—6　串联改进型电容三点式振荡器

可见，克拉泼振荡器的总电容主要取决于 C_3，调节 C_3 可改变振荡频率 f_0 的大小。C_1、C_2 对 f_0 几乎没有影响，与 C_1、C_2 并接的晶体管极间电容的影响也就很小，振荡频率的稳定度较高，C_3 越小，频率稳定度越高。但由于克拉泼振荡器在改变振荡频率时需调整 C_3，当 C_3 改变时，晶体管 C、E 两端等效负载将发生变化，使放大器的放大倍数发生变化，从而使振荡器输出幅值发生改变。C_3 越往小调，放大倍数越小，如 C_3 过小，振荡器会停振，所以克拉泼振荡器不适合做波段振荡器，只适合做固定频率振荡器或波段覆盖系数较小的可变频率振荡器。所谓波段覆盖系数是指振荡器在一定波段范围内连续振荡的最高工作频率与最低工作频率之比，一般克拉泼振荡器的波段覆盖系数为 1.2～1.3。

为了克服串联改进型电容三点式振荡器的缺陷，出现了并联改进型电容三点式振荡器，又称西勒（Seiler）振荡器，电路原理图如图 2—7（a）所示。由图可见，它是在克拉泼振荡器基础上，在电感 L 两端又并联了一个小电容 C_4，调节 C_4 可微调振荡频率。图 2—7（b）是它的等效交流通路。

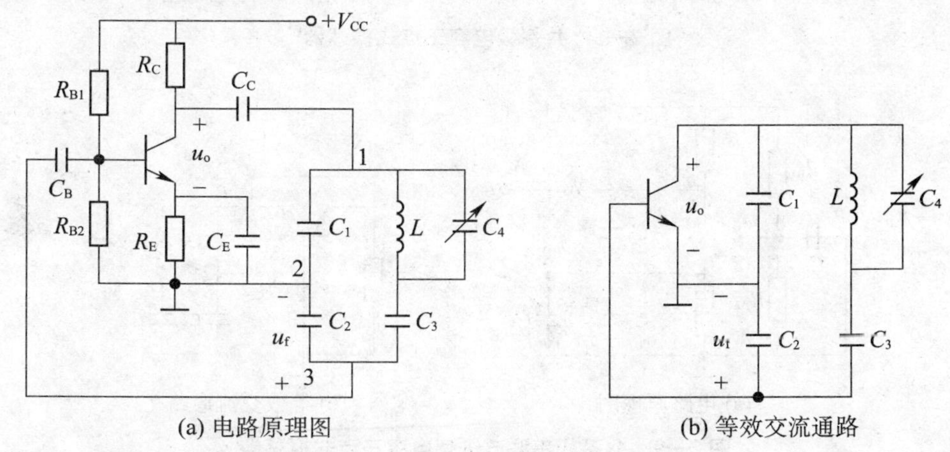

(a) 电路原理图　　(b) 等效交流通路

图 2—7　并联改进型电容三点式振荡器

并联改进型电容三点式振荡器的振荡频率为：

$$f_0 \approx \frac{1}{2\pi\sqrt{LC}} \approx \frac{1}{2\pi\sqrt{L\ (C_3+C_4)}} \tag{2—15}$$

西勒振荡器的振荡频率高、频率稳定度高、波形好、振幅平稳，频率覆盖较宽，其波段覆盖系数为1.6～1.8，在短波、超短波通信机、电视接收机等高频设备中广泛应用。

总结一下：以上我们讨论的电感三点式和电容三点式振荡器的电路组成有一个共同特点，即它们的选频网络都是由3个电抗元件组成，选频回路的3个点分别与晶体管的3个极相连，且与晶体管基极和发射极相连的元件同与晶体管集电极和发射极相连的元件为同性质电抗元件，而与晶体管基极和集电极相连的元件为异性质的电抗元件，即X_{BE}与X_{CE}同性质，而与X_{BC}异性质。这样我们在判断振荡条件和振荡类型时就可以此为依据来进行。根据X_{BE}与X_{CE}是电容性还是电感性就可确定是电容三点式还是电感三点式振荡器。

6. 共基极电容反馈式振荡器

上面介绍的电容反馈式振荡器都是共射极振荡器，共基极电容三点式振荡器、共基极串联改进型电容三点式振荡器和共基极并联改进型电容三点式振荡器的电路原理图和等效交流通路，如图2—8～图2—10所示。同学们可运用瞬时极性法或三点式振荡器的组成特点来进行判断。

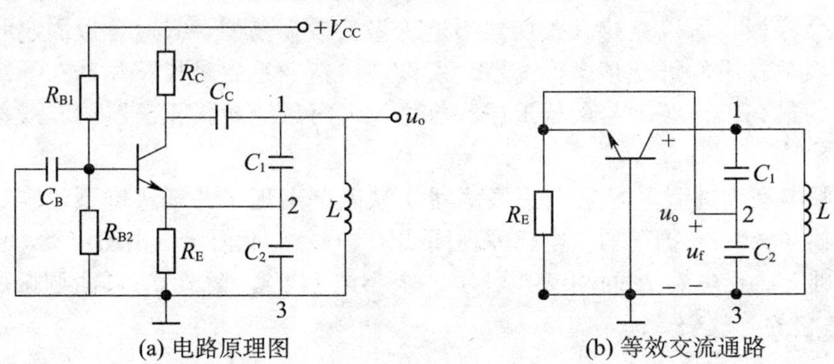

图2—8 共基极电容三点式振荡器

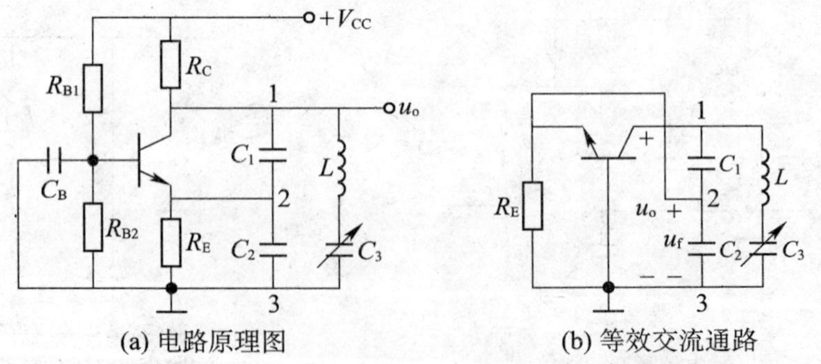

图2—9 共基极串联改进型电容三点式振荡器

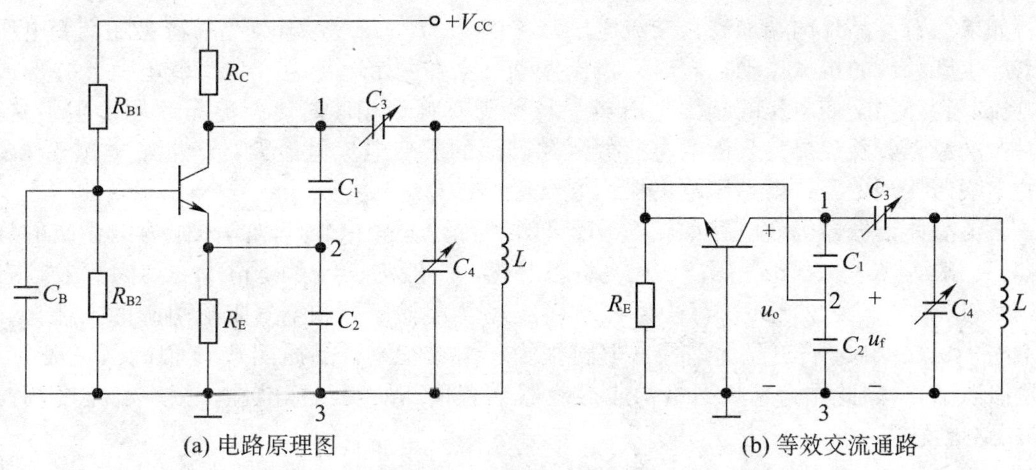

图 2—10　共基极并联改进型电容三点式振荡器

应用链接： 本任务——应用举例——（2）

2.3　石英晶体振荡器

上面介绍的 LC 正弦波振荡器振荡频率很高，但频率稳定度很低。什么是频率稳定度呢？频率稳定度就是指在规定的时间内，规定的温度、湿度、电源电压等变化范围内，振荡频率的相对变化量。LC 正弦波振荡器尽管采取了各种稳频措施，但它的频率稳定度仍很难突破 10^{-5} 数量级，在需要频率稳定度更高的场合，如标准频率发生器、脉冲计数器和电子计算机的时钟信号发生器等，则采用石英晶体做谐振回路的元件，这种振荡器为石英晶体振荡器。石英晶体振荡器的频率稳定度最高可达到 10^{-11} 数量级。

2.3.1　石英晶体谐振器

石英晶体是二氧化硅（SiO_2）结晶体，具有各向异性的物理特性，从石英晶体上按一定方位切割下来的薄片叫石英晶片，切割的方位不同，晶片的特性也各异。在晶片的两面涂上银层作为电极，电极上焊出两根引线固定在管脚上，就构成了石英晶体谐振器，一般用金属或玻璃外壳密封。图 2—11 为石英晶体谐振器结构、产品外形和电路符号。

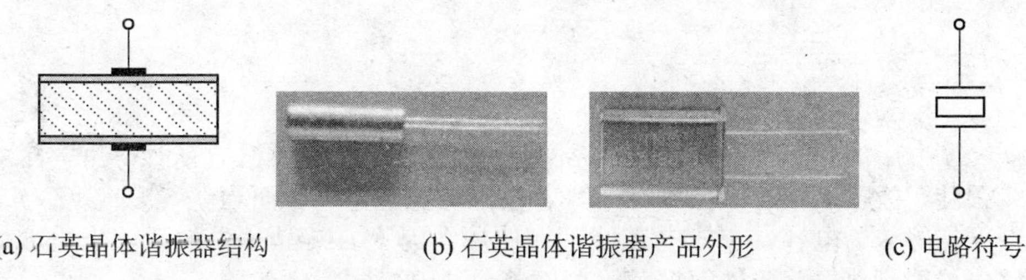

(a) 石英晶体谐振器结构　　(b) 石英晶体谐振器产品外形　　(c) 电路符号

图 2—11　石英晶体谐振器结构、产品外形和电路符号

石英晶体之所以能做成谐振器，是因为它具有压电效应，就是当在石英晶片表面加机械力时，石英晶片表面将出现电荷；当在石英晶片表面加电压时，石英晶体又会产生机械形变。

如果在石英晶片两端加高频交流电压（见图 2—12（a）），石英晶片将会随交变电压的频率产生周期性的机械振动，同时，机械振动又会在两个电极上产生交变电荷，并形成交变电流。当外加交变电压的频率与石英晶片的固有频率相等时，石英晶片便产生了共振，此时振动最强，石英晶片表面的电荷数量和其间的交变电流也最大，产生了类似于 LC 电路的串联谐振现象，这就是压电谐振。

石英晶体谐振器等效电路如图 2—12（b）所示。图中 C_0 是以晶体作为电介质的静态电容，一般为 $10^0 \sim 10^1$ pF；L_q 为等效动态电感，一般为 $10^0 \sim 10^2$ mH；C_q 为等效动态电容，一般为 $10^{-12} \sim 10^{-2}$ pF，可认为 $C_q \ll C_0$；r_q 为机械摩擦和空气阻尼引起的损耗，一般为 $10^0 \sim 10^2\,\Omega$。由于石英晶体谐振器电感很大，电容很小，品质因数 Q 很高（一般为 10^5 数量级以上），因此作为选频网络构成振荡器会有很高的回路标准性，频率稳定度高，比 LC 回路更优越。

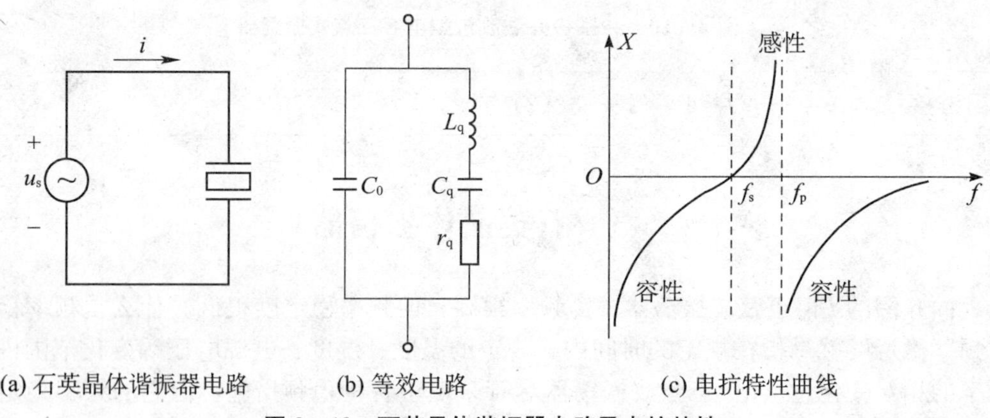

(a) 石英晶体谐振器电路　(b) 等效电路　(c) 电抗特性曲线

图 2—12　石英晶体谐振器电路及电抗特性

石英晶体谐振器的电抗特性曲线如图 2—12（c）所示。当 $f < f_s$ 时，两个支路容抗起主要作用，电路呈电容性，随频率的增加，容抗减小；当 $f = f_s$ 时，C_q 的容抗与 L_q 的感抗相等，C_q、L_q 支路发生串联谐振，总阻抗 $X=0$；当 $f_s < f < f_p$ 时，L_q、C_q 支路电感起主要作用，回路呈电感性；当 $f = f_p$ 时，回路产生并联谐振，总阻抗 $X \to \infty$；当 $f > f_p$ 时，C_0 支路起主要作用，电路又呈电容性。

可见，石英晶体有两个谐振频率，一个是串联谐振频率 f_s，公式为：

$$f_s = \frac{1}{2\pi\sqrt{L_q C_q}} \tag{2—16}$$

另一个是并联谐振频率 f_p，公式为：

$$f_p = \frac{1}{2\pi\sqrt{L_q \dfrac{C_0 C_q}{C_0 + C_q}}} = f_s\sqrt{1 + \frac{C_q}{C_0}} \tag{2—17}$$

当 $f_s < f < f_p$ 时，石英晶体谐振器等效为电感，因为 $C_q \ll C_0$，所以 f_s 与 f_p 很接近，感抗曲线很陡，故当工作于该区域时，具有很强的稳频作用；而当 $f < f_s$ 或 $f > f_p$ 时，石英晶体谐振器等效为电容，一般电容区不宜使用，因为石英晶片失效后静态电容 C_0 还存在，电路仍可能满足振荡条件而振荡，但石英晶体已失去稳频作用。

2.3.2　石英晶体振荡器电路

石英晶体构成的正弦波振荡器基本电路有两类，一类是并联型晶体振荡器，另一类是串联型晶体振荡器。在并联型晶体振荡器中，晶体作为电感元件与其他元件并联构成振荡所需的并联谐振回路，工作频率介于 f_s 和 f_p 之间。在串联型晶体振荡器中，振荡器工作在串联谐振状态，振荡频率等于 f_s，晶体呈最低阻抗，可作为高选择性短路元件。

1. 并联型晶体振荡器

如图 2—13 所示为并联型晶体振荡器电路原理图和等效交流通路。由图可见，石英晶体与 C_1、C_2 构成并联谐振回路，它在回路中起电感作用，构成电容三点式振荡器。

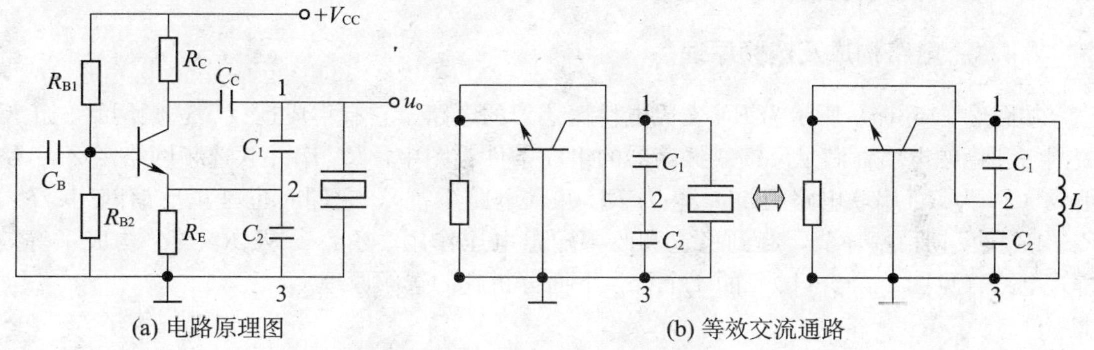

(a) 电路原理图　　(b) 等效交流通路

图 2—13　并联型晶体振荡器

2. 串联型晶体振荡器

如图 2—14 所示为串联型晶体振荡器电路原理图和等效交流通路。图中，石英晶体串接在正反馈通路中，当反馈信号频率等于石英晶体串联谐振频率时，石英晶体阻抗最小，且为纯电阻，相当于将石英晶体短接，此时正反馈最强，电路满足振荡的相位和幅度条件而产生振荡，构成了电容三点式振荡电路。当偏离串联谐振频率时，石英晶体阻抗迅速增大并产生较大的相移，振荡条件不能满足而不能产生振荡。由此可见，这种振荡器的振荡频率受石英晶体串联谐振频率 f_s 的控制，具有很高的频率稳定度。为减小 L、C_1、C_2 回路对频率稳定性的影响，要将该回路调谐在石英晶体的串联谐振频率 f_s 上。

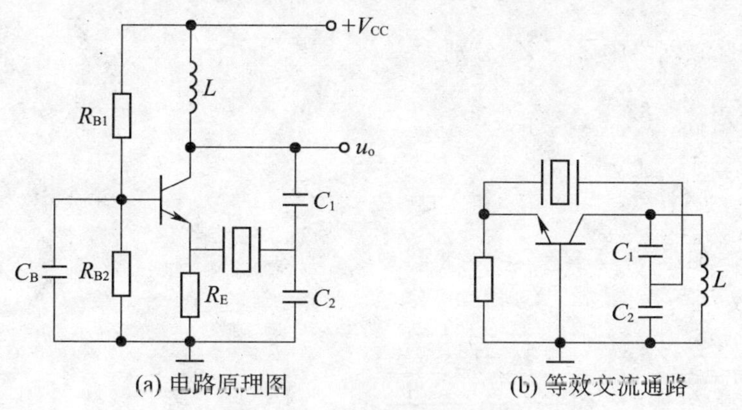

(a) 电路原理图　　(b) 等效交流通路

图 2—14　串联型晶体振荡器

应用链接： 本任务——应用举例——（3）和（4）

2.4 RC 振荡器

采用 RC 选频网络构成的振荡器，称为 RC 振荡器，它适用于低频振荡，一般用于产生 1Hz～1MHz 的低频信号。RC 振荡器的选频网络是由电阻和电容组成的，根据 RC 选频网络的形式可分为 RC 文氏电桥振荡器和 RC 移相式振荡器，我们这里只介绍目前使用较多的 RC 文氏电桥振荡器。

2.4.1 电路构成及选频原理

如图 2—15（a）所示为 RC 文氏电桥振荡器的电路，它有集成运放、选频网络、正反馈网络和稳幅电路，满足反馈式振荡器的组成条件。图中，RC 串并联选频网络由 Z_1、Z_2 组成（Z_1 为 RC 串联电路阻抗，Z_2 为 RC 并联电路阻抗），它同时也是正反馈网络；R_1、R_2 构成负反馈稳幅环节，起到稳定和改善输出电压作用。Z_1、Z_2 及 R_1、R_2 构成了等效桥式电路（见图 2—15（b））的 4 个臂，下面分析它的选频原理。

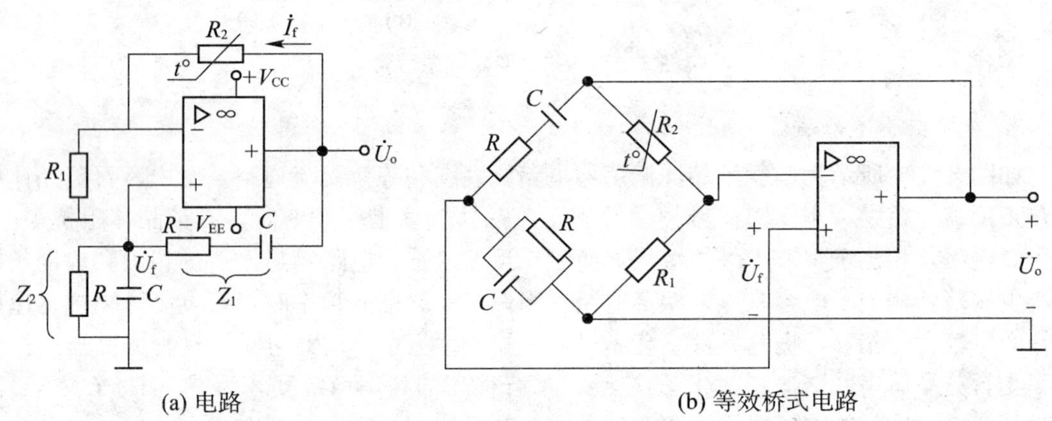

图 2—15 RC 文氏电桥振荡器

RC 串并联选频网络中 Z_1、Z_2 分别为：

$$Z_1=R+\frac{1}{\mathrm{j}\omega C} \tag{2—18}$$

$$Z_2=\frac{R\,\frac{1}{\mathrm{j}\omega C}}{R+\frac{1}{\mathrm{j}\omega C}} \tag{2—19}$$

则反馈系数为：

$$\dot{F}=\frac{\dot{U}_\mathrm{f}}{\dot{U}_\mathrm{o}}=\frac{Z_2}{Z_1+Z_2}=\frac{1}{3+\mathrm{j}(\omega RC-\frac{1}{\omega RC})} \tag{2—20}$$

令 $\omega_0=1/RC$ 则式（2—20）可简化为：

$$\dot{F}=\frac{1}{3+\mathrm{j}(\frac{\omega}{\omega_0}-\frac{\omega_0}{\omega})} \tag{2—21}$$

由此可得，RC 串并联选频网络的幅频特性和相频特性分别为：

$$F=\frac{1}{\sqrt{3^2+\left(\frac{\omega}{\omega_0}-\frac{\omega_0}{\omega}\right)^2}} \tag{2—22}$$

$$\varphi_F=-\arctan\frac{\left(\frac{\omega}{\omega_0}-\frac{\omega_0}{\omega}\right)}{3} \tag{2—23}$$

由此作出的幅频特性曲线和相频特性曲线如图 2—16 所示。当 $\omega=\omega_0$ 时，F 达到最大值，并等于$\frac{1}{3}$，相位角 $\varphi_F=0$，即反馈电压 U_f 是输出电压 U_o 的$\frac{1}{3}$，反馈电压与输出电压同相位。

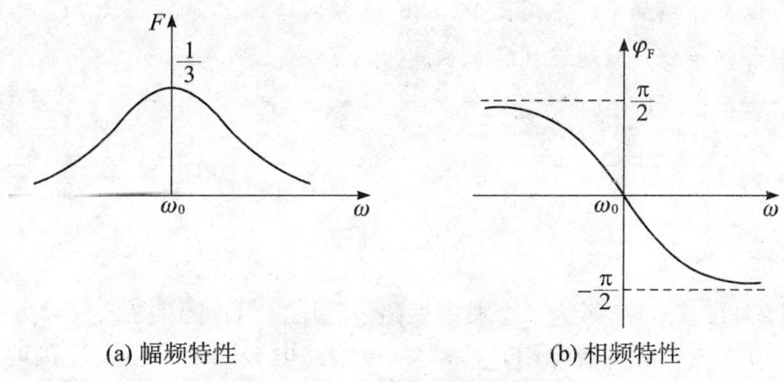

(a) 幅频特性　　(b) 相频特性

图 2—16　*RC* 串并联网络的频率特性

2.4.2　振荡条件的满足及稳幅电路

1. 振荡条件的满足

由于集成运放构成同相放大器，所以输出电压 $\dot{U}_o$ 与输入电压 $\dot{U}_i$ 同相，$\varphi_A=0$，满足振荡的相位平衡条件 $\varphi_A+\varphi_F=2n\pi$（$n=0$，1，2…）。

由运放基本理论可知，同相放大器的放大倍数为 $A=1+\left(\frac{R_2}{R_1}\right)$，只要 $R_2>2R_1$，即 $A>3$，振荡电路就能满足振荡的幅度起振条件 $AF>1$，产生自激振荡。随着振荡幅度越来越大，受电路中非线性元件的限制，放大倍数 A 下降到 $A=3$，满足 $AF=1$ 的振幅平衡条件，振荡自动稳定下来，进入平衡状态。

2. 振荡频率

振荡器的振荡频率取决于 RC 串并联网络的参数，由 $\omega_0=\frac{1}{RC}$可求得振荡频率为：

$$f_0=\frac{1}{2\pi RC} \tag{2—24}$$

3. 稳幅电路

从原理上来说，如果 $R_2\gg 2R_1$，即 $A\gg 3$，振荡器更容易起振，不过这样电路会形成很强的正反馈，振荡幅度增长很快，会使运放工作进入很深的非线性区域后，方能使电路满足振荡平衡条件 $AF=1$，建立起稳定的振荡。而由于放大器进入非线性区域后会产生很严重的波形失真，所以实际电路中常采用外稳幅来改善输出电压波形，同时限制振荡幅度的增长，这种外稳幅就是通过 R_1、R_2 构成的负反馈网络实现的。

如图 2—15 所示，R_2 采用非线性元件，如负温度系数的热敏电阻（温度升高，阻值减小），其稳幅过程如下：

$$U_O\uparrow\rightarrow I_f\uparrow\rightarrow R_2\text{功耗}\uparrow\rightarrow R_2\text{温度}\uparrow\rightarrow R_2\text{阻值}\downarrow\rightarrow A\downarrow\rightarrow A=3\rightarrow AF=1\text{(稳幅)}$$

同理，R_1 如果用一个正温度系数的电阻代替，也可以实现外稳幅，请同学们自行分析其稳幅过程。

提示：以上介绍的 RC 振荡器中，RC 选频网络的选频作用比 LC 回路差很多，输出波形和频率稳定度也比 LC 正弦波振荡器差。

应用链接：本任务——应用举例——（5）

应用举例

（1）如图 2—17（a）所示为一个典型振荡电路原理图，图中 L_C、C_{C2} 为直流电源滤波器，R_{B1}、R_{B2}、R_E 为直流偏置电阻，C_B 为基极旁路电容，使基极交流接地，C_1、C_2、L 构成并联谐振回路，R_L 为外接负载电阻。它的等效交流通路如图 2—17（b）所示。由图可知，此电路为共基极电容三点式振荡电路，根据式（2—13）可得该电路的振荡频率为：

$$f_0\approx\frac{1}{2\pi\sqrt{L\left(\frac{C_1C_2}{C_1+C_2}\right)}}=7.65\times10^6\,\text{HZ}=7.65\text{MHZ}$$

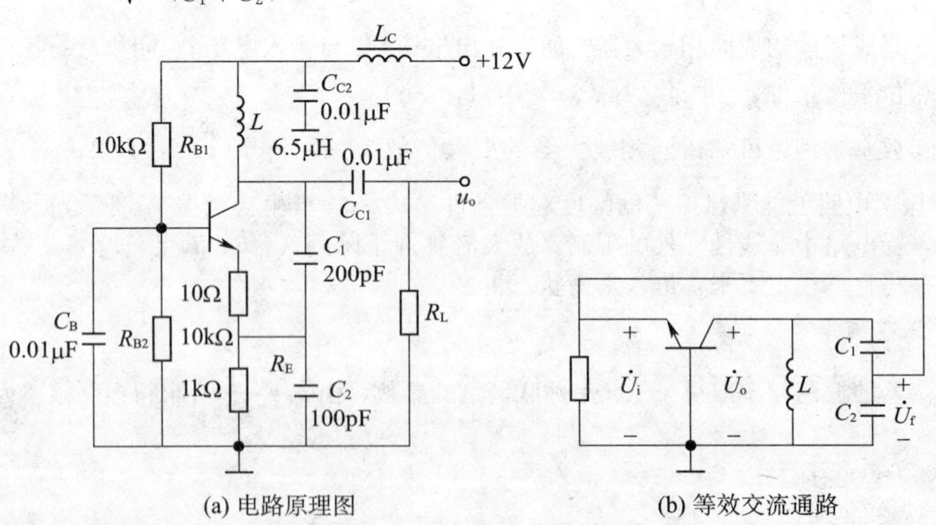

图 2—17　实用电容三点式振荡电路

（2）图 2—18 是 BT-4 型扫频仪中的变容二极管扫频振荡器的电路原理图和等效交流通路。结合前面的理论不难看出，这是一个串联改进型电容三点式振荡器。不同的是，一般频率可调的电容三点式振荡器用波段开关切换不同容量的电容，从而达到改变频率的目的，而变容二极管扫频振荡器用一个或多个变容二极管（图中 VD_1、VD_2）和回路电容并联，变容二极管结电容会随着外加反向锯齿波电压的变化而变化，从而引起谐振回路谐振频率的变化，达到改变振荡频率的目的。该电路的振荡频率为：

$$f_0 \approx \frac{1}{2\pi\sqrt{LC}}$$

式中，$C=\dfrac{1}{\dfrac{1}{C_2}+\dfrac{1}{C_3}+\dfrac{1}{C_4}+\dfrac{1}{C_5+C_{VD_1}+C_{VD_2}}}$。

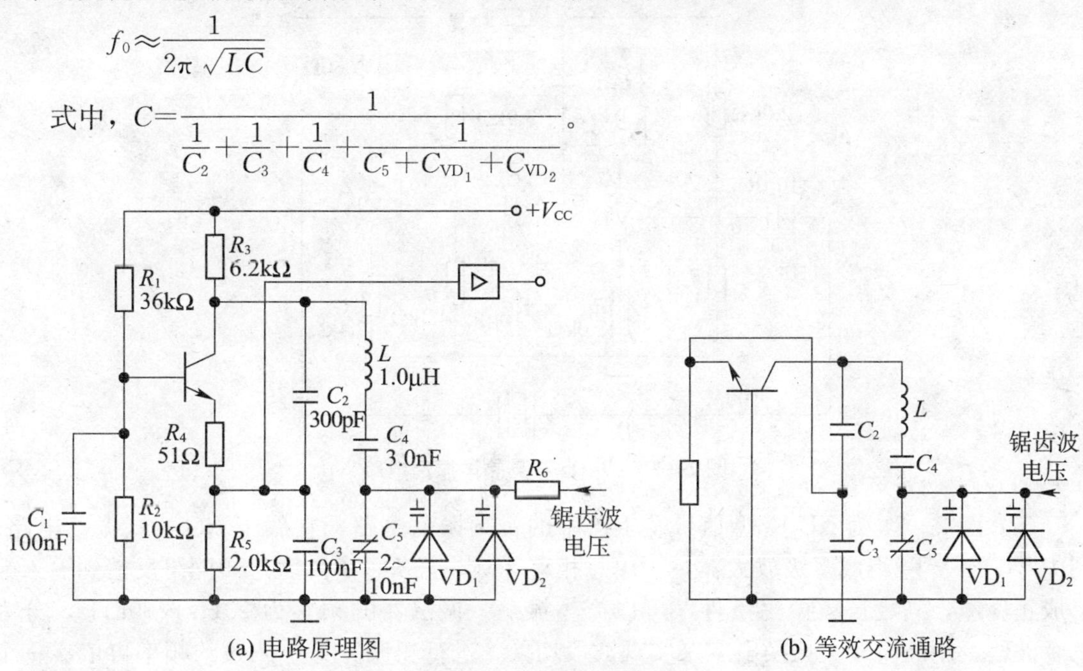

图2—18 扫频振荡器电路

（3）图2—19（a）为某通信接收机9.5kHz的本振电路原理图，图2—19（b）为其等效交流通路。图中 C_6 为发射极旁路电容，C_5 为输出耦合电容，稳压二极管 VD_Z 用来稳定集电极电源电压，C_1、C_2、C_3、C_4 和石英晶体构成选频网络，从等效交流通路可以看出这个电路是西勒电路，石英晶体在电路中起电感作用。

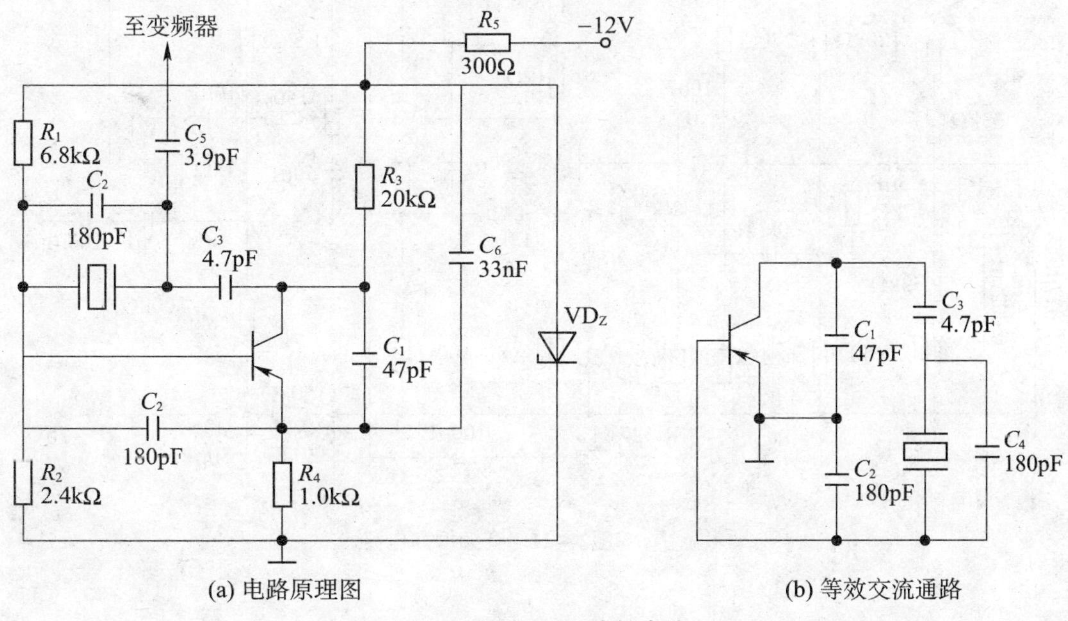

图2—19 9.5kHz本振电路

(4) 如图 2—20 所示为某 9kHz 石英晶体振荡电路，该电路为串联型石英晶体振荡电路，石英晶体串联在两级共发射极放大器的正反馈回路中充当高 Q 值的短路元件。

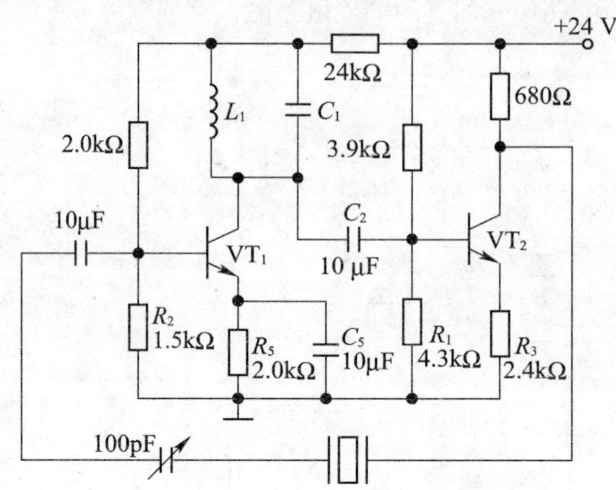

图 2—20　9kHz 石英晶体振荡电路

(5) 图 2—21 为 XB-18 型信号发生器中的音频振荡电路，它属于 RC 桥式振荡电路。图中 $VT_1 \sim VT_4$ 组成多级放大器，输出总相移 360°，经 RC 串并联选频网络反馈到输入端形成正反馈，满足自激振荡条件，可以产生振荡。振荡器的频率为 20Hz～20kHz，分为三个波段，用波段开关切换电容来实现波段切换，进行粗调。每个波段的频率再依靠一个双联同轴电位器 R_P（33kΩ）连续调节，进行细调。VT_5 构成射极输出器，用来减小负载对振荡器的影响。负反馈中采用热敏电阻提高振荡的稳定性。

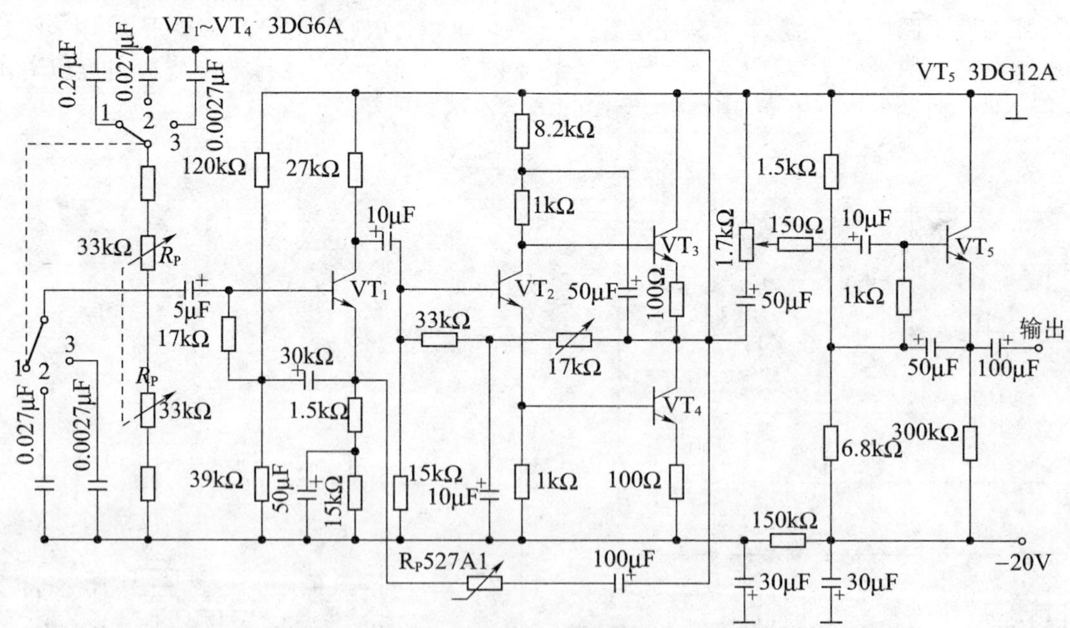

图2—21　音频振荡电路

要点总结

正弦波振荡器用于产生一定频率和幅度的正弦波信号。按组成选频网络元件的不同，可分为 LC、石英晶体和 RC 三类；按组成原理不同，可分为反馈和负阻振荡器。

反馈振荡器是利用选频网络通过正反馈产生自激振荡的，它的振荡相位平衡条件为 $\varphi_A+\varphi_F=2n\pi$（$n=0$，1，2…），振幅平衡条件为 $AF=1$，振荡的起振条件为 $AF>1$。

LC 正弦波振荡器有变压器反馈式、电感反馈式及电容反馈式等电路，其振荡频率近似等于 LC 谐振回路的谐振频率。

LC 正弦波振荡器中频率稳定度与 LC 谐振回路参数的稳定性密切相关，也与电路其他元器件参数的稳定性有关。提高频率稳定度的基本措施是，尽量减小外界因素的变化，努力提高谐振回路的标准性。

石英晶体振荡器是采用石英晶体谐振器构成的振荡器，振荡频率的准确性和稳定性很高。石英晶体振荡器有并联型和串联型。并联型晶体振荡器中，石英晶体的作用相当于一个电感；串联型晶体振荡器中，石英晶体的作用相当于一个短路元件。

RC 振荡器的振荡频率较低，它只适用于低频的场合，其选频网络由电阻和电容组成，目前使用较多的是文氏电桥振荡器。

巩固与提高

1. 正弦波反馈振荡电路由哪几部分组成？各组成部分的作用是什么？产生振荡的条件是什么？

2. 反馈振荡器的起振条件和平衡条件有何异同？

3. 何谓三点式振荡器？其电路构成有什么特点？

4. 克拉泼振荡器在电路结构上有何特点？它有何优点？C_3 的大小对振荡器性能有何影响？

5. 在反馈式振荡器中，振荡频率较高的振荡器有（　　）；振荡频率较低的振荡器有（　　）；振荡器稳定度较高的振荡器有（　　）。

6. 石英晶体振荡器有几种基本类型？石英晶体在不同类型电路中各起什么作用？

7. 如图 2—15 所示的 RC 文氏电桥振荡电路中，$R_1=10\text{k}\Omega$，若发生如下情况对振荡电路的输出有何影响？

（1）R_1、R_2 位置互换。

（2）R_2 改用 15kΩ 的固定电阻。

（3）R_2 改用 43kΩ 的固定电阻。

8. 分析如图 2—22 所示的电路，标明二次线圈的同名端，使之满足相位平衡条件，并求出振荡频率。

9. 某超外差收音机的本振电路如图 2—23 所示。

（1）在振荡线圈的次极标出同名端；

（2）增加或减小 L_{2-3} 对振荡器的振荡频率及反馈系数有何影响？

（3）说明 C_1、C_2 的作用，若去掉 C_1，电路能否维持振荡。

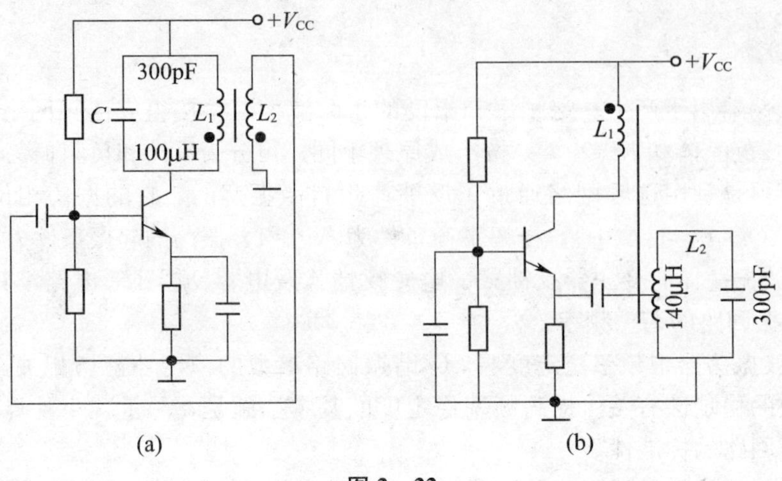

图 2—22

(4) 若 $L_{1-3}=100\mu$H，试计算在电容 C_3 的变化范围内，振荡器振荡频率的可调范围。

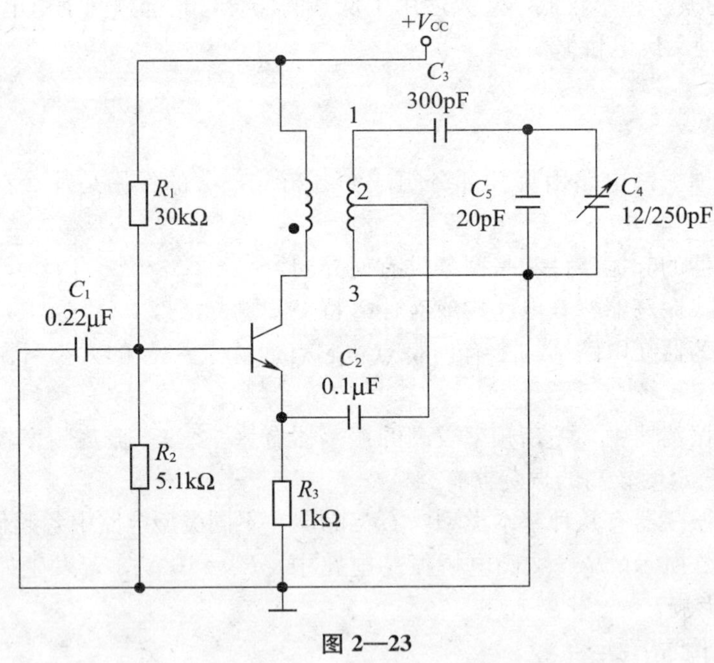

图 2—23

10. 画出如图 2—24 所示电路的等效交流通路，根据振荡的相位平衡条件，判断能否产生振荡。如果能，判断是什么类型的振荡，并求出振荡频率大小。

11. 如图 2—25 所示为石英晶体振荡器，判断它们属于哪一种类型的晶体振荡器，并说明石英晶体在电路中的作用。

12. 画出如图 2—26 所示电路的等效交流通路，并指出电路类型。

13. RC 振荡电路如图 2—27 所示。

(1) 说明 R_1 应具有怎样的温度系数，其冷态电阻大小应满足什么条件。

(2) 求振荡频率。

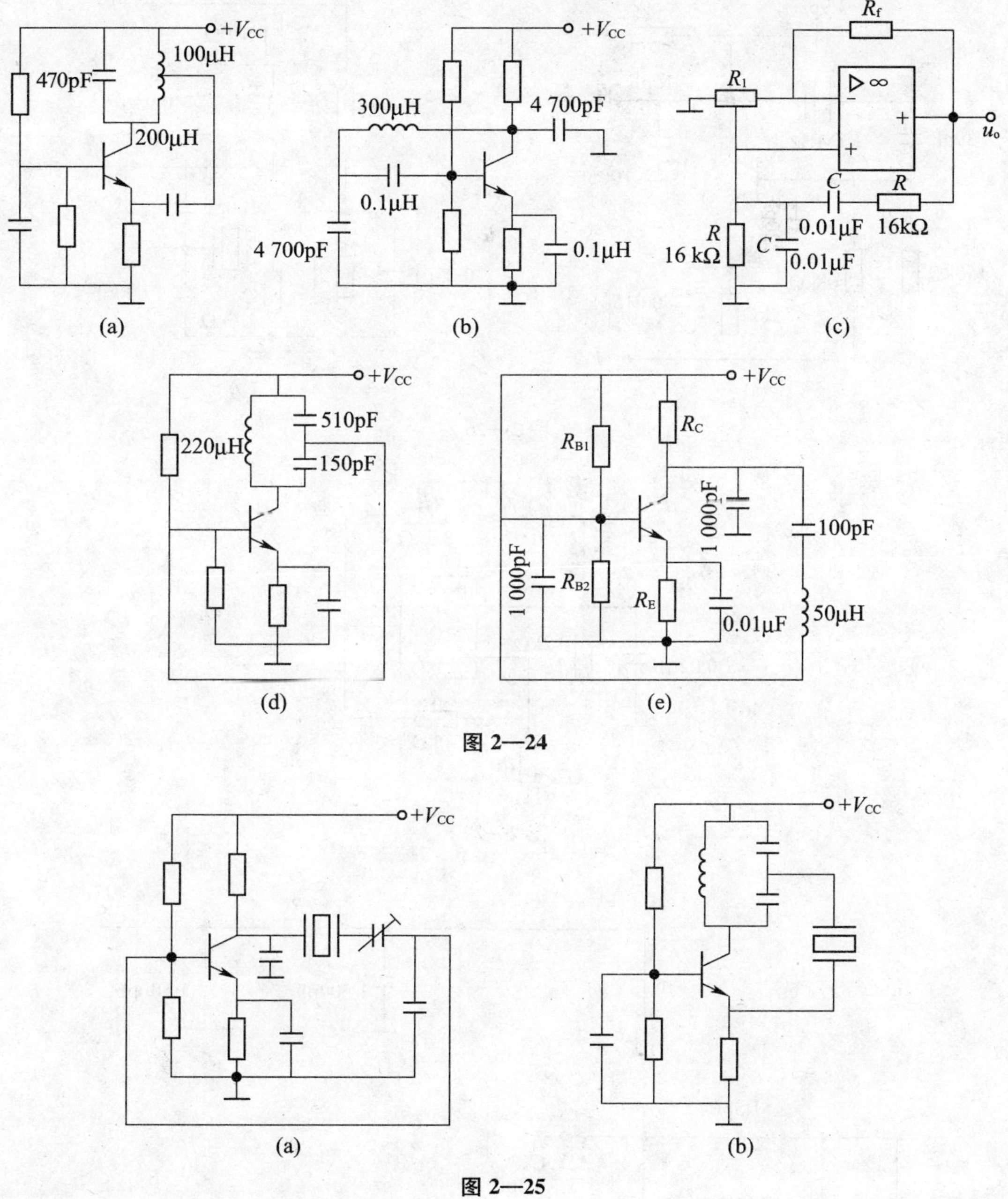

图 2—24

图 2—25

14. 如图 2—28 所示为某电视机高频头的本振电路。

(1) 试分析电路中各元件的作用。

(2) 画出电路的等效交流通路，并说明振荡器的类型。

(3) 写出振荡频率的表达式。

15. 如图 2—29 所示为一石英晶体振荡器电路。

(1) 画出该电路的交流等效通路，并指出振荡器类型。

(2) 若石英晶体的标准频率为 5MHz，那么振荡器的振荡频率是多少？

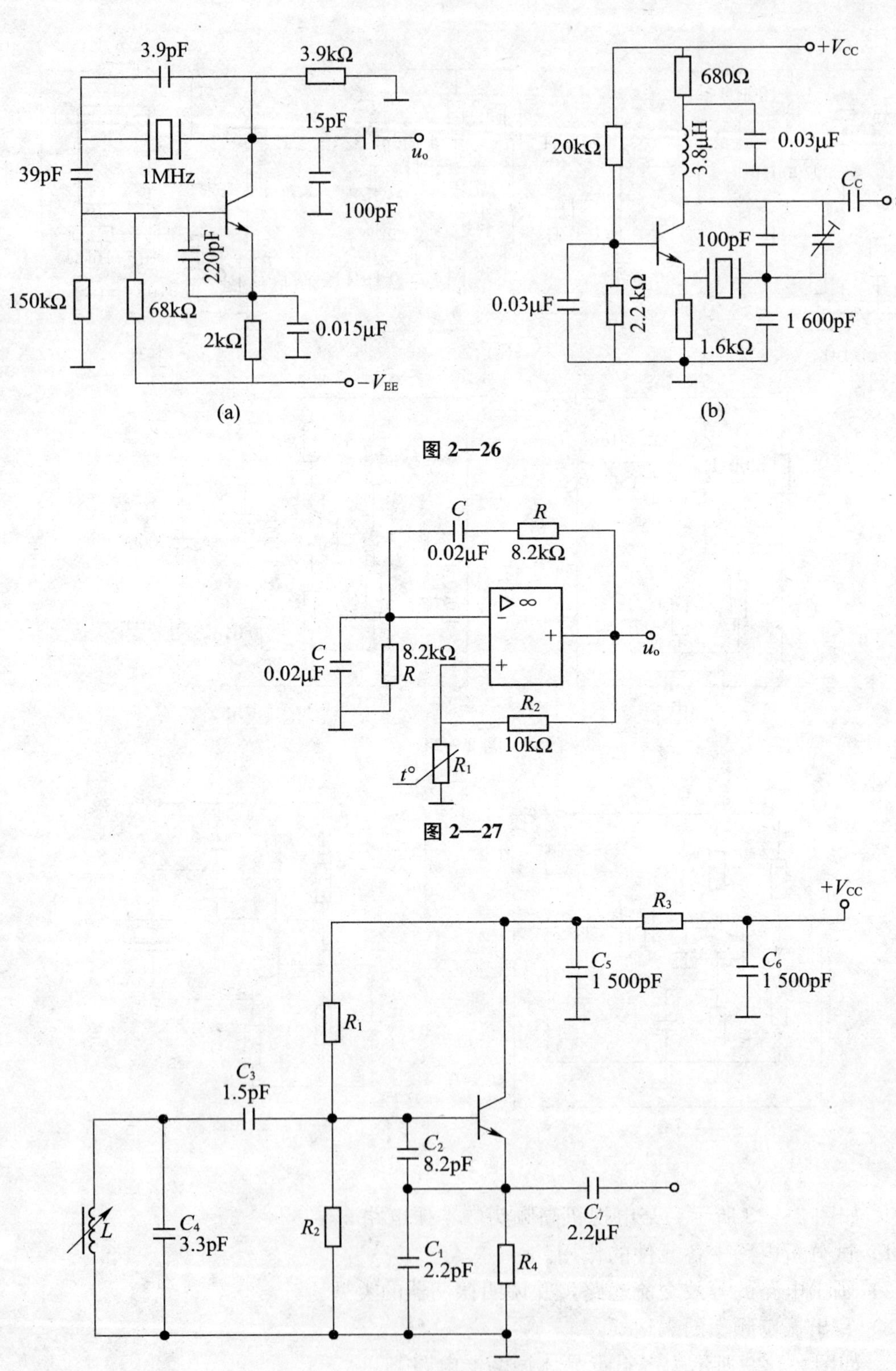

图 2—26

图 2—27

图 2—28

（3）说明石英谐振器在电路中的作用。

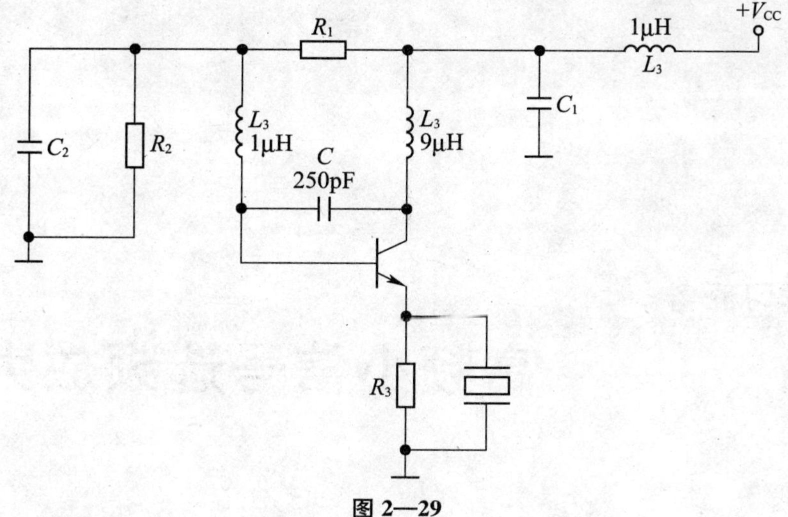

图 2—29

学习任务3

高频小信号选频放大电路

学习线索

- 选频器
- 小信号选频放大器
- 集中选频放大器

- 单调谐回路选频放大器的原理分析
- 集中选频放大器及其应用

学习内容

高频小信号选频放大电路是构成无线电设备的主要电路之一，它的作用是对来自信道的微弱信号进行选频放大，抑制无用频率的信号，选出有用频率（载频）的信号加以放大，以提高接收信号的质量和强度。“高频”指放大器的工作频率位于高频段；“小信号”强调放大器工作在线性范围；“选频放大”强调放大电路主要由放大器与选频器两部分组成。这里的放大器与低频电路中的放大器没有本质的区别，用于放大的器件可以是半导体三极管，也可以是场效应管、集成运放等；这里的选频器作为放大器的负载或作为放大器与负载之间的匹配器，可以是 *LC* 谐振回路，也可以是石英晶体滤波器、陶瓷滤波器以及声表面波滤波器等。不同的通信设备，对高频小信号选频放大电路的要求不同，主要分多级调谐和集中调谐两种方式，如图 3—1 所示。

放大器+选频器 …… 放大器+选频器

(a) 多级调谐方式

放大器+集中选频器+放大器

(b) 集中调谐方式

图 3—1　高频小信号选频放大电路的组成方式

3.1 选频器

选频器是构成高频放大电路的一个基本电路，作用是满足电路对通频带与选择性的要求，同时实现放大器与负载之间的阻抗匹配。选频器按功能可分为低通滤波器、高通滤波器、带通滤波器、带阻滤波器等；按工作原理可分为谐振式滤波器和固体滤波器。

LC谐振回路是应用最广的谐振式滤波电路，在高频电路中用于选择信号、阻抗变换或同时作为负载，在调谐放大电路中应用广泛。超外差接收机中的中周就是我们十分熟悉的LC选频网络。

陶瓷滤波器、声表面波滤波器、石英晶体滤波器等被称为固体滤波器，它们的谐振频率无需调整，常被用作集中选频滤波器，在选频放大电路集成化及改善电路特性方面起着重要的作用，在通信设备中应用广泛。

3.1.1 LC谐振回路的选频特性

LC谐振回路由电感元件和电容元件组成，在前面介绍的正弦波振荡电路及后面要学习的调制、混频等电路中都起着重要的作用。简单的LC谐振回路有串联和并联两种连接方式，有时为了获得更好的选择性，可以把多个串、并联谐振回路连接起来，构成带通滤波器。在高频放大电路中，LC谐振回路以并联方式出现在电路中，所以我们主要学习LC并联谐振回路。

1. LC并联谐振回路的组成及特点

(1) LC并联谐振回路的组成。

LC并联谐振回路的组成如图3—2 (a) 所示，图中r代表电感L的损耗电阻，电容的损耗电阻很小略去不计，通常认为电感的损耗就是回路的损耗；$\dot{I}_s$为电流源；$\dot{U}_o$为回路输出电压。它的等效电路如图3—2 (b) 所示。

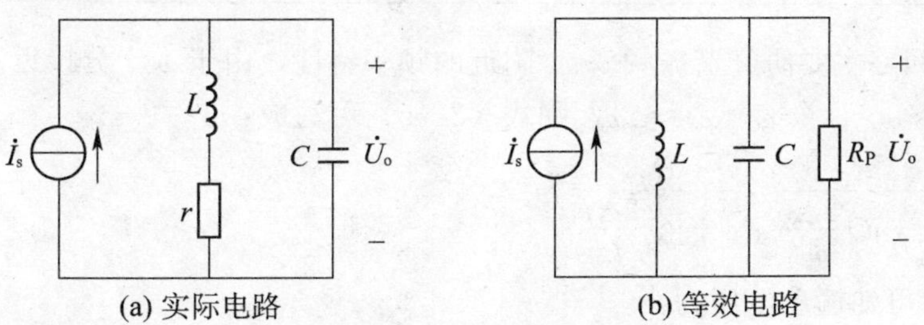

图3—2 LC并联谐振回路

(2) LC并联谐振回路的谐振阻抗R_P。

通过学习任务2我们知道，并联谐振回路的等效阻抗为$Z=\frac{L}{rC}$，我们称它为谐振阻抗，用R_P表示，即：

$$R_P=\frac{L}{rC} \tag{3—1}$$

知识链接： 学习任务 2　正弦波振荡器——2.2.1LC 并联谐振回路——式（2—9）

（3）LC 并联谐振回路的谐振频率 ω_0 或 f_0。

当 LC 并联谐振回路谐振时，谐振频率为：

$$\omega_0=\frac{1}{\sqrt{LC}},\ f_0=\frac{1}{2\pi\sqrt{LC}} \tag{3—2}$$

（4）品质因数 Q。

在 LC 并联谐振回路中，为了评价谐振回路损耗的大小，常引入品质因数 Q，它定义为回路谐振时的感抗（或容抗）与回路等效损耗电阻 r 之比，即：

$$Q=\frac{\omega_0 L}{r}=\frac{1}{r\omega_0 C} \tag{3—3}$$

将式（3—1）、式（3—2）分别代入式（3—3），品质因数又可以表示为：

$$Q=\frac{R_P}{\sqrt{L/C}}=\frac{\sqrt{L/C}}{r} \tag{3—4}$$

一般 LC 并联谐振回路的 Q 值在几十到几百范围内，Q 值越大，谐振回路的损耗越小。

2. LC 并联谐振回路的选择性和通频带

（1）频率特性曲线。

将式（2—8）进行等效变换有：

$$Z\approx\frac{L/C}{r+\mathrm{j}(\omega L-1/\omega C)}=\frac{L/rC}{1+\mathrm{j}\,\frac{(\omega L-1/\omega C)}{r}}$$

$$=\frac{R_P}{1+\mathrm{j}Q(\omega/\omega_0-\omega_0/\omega)} \tag{3—5}$$

知识链接： 学习任务 2　正弦波振荡器——2.2.1LC 并联谐振回路——式（2—8）

通常谐振回路主要研究谐振频率 ω_0 附近的频率特性，由于 ω 十分接近 ω_0，可认为 $\omega+\omega_0\approx2\omega_0$，$\omega\omega_0\approx\omega_0{}^2$，令 $\omega-\omega_0\approx\Delta\omega$，则式（3—5）可写成：

$$Z\approx\frac{R_P}{1+\mathrm{j}Q\frac{2\Delta\omega}{\omega_0}}=\frac{R_P}{1+\mathrm{j}Q\frac{2\Delta f}{f_0}} \tag{3—6}$$

由图 3—2 可知输出电压为：

$$\dot{U}_o=\dot{I}_sZ=\frac{\dot{I}_sR_P}{1+\mathrm{j}Q\frac{2\Delta f}{f_0}}=\frac{\dot{U}_P}{1+\mathrm{j}Q\frac{2\Delta f}{f_0}} \tag{3—7}$$

用 $\dot{U}_P$ 对式（3—7）两边相除，得 LC 并联谐振回路的输出增益幅频特性为：

$$\frac{U_o}{U_P}=\frac{1}{\sqrt{1+(Q\frac{2\Delta f}{f_0})^2}} \tag{3—8}$$

式中，U_P 为谐振时回路两端输出电压；U_o 为任意频率下回路两端输出电压。

由此可得相频特性为：

$$\varphi_F = -\arctan\left(Q\frac{2\Delta f}{f_0}\right) \tag{3—9}$$

由式（3—8）和（3—9）可得幅频特性曲线和相频特性曲线，如图 3—3 所示。

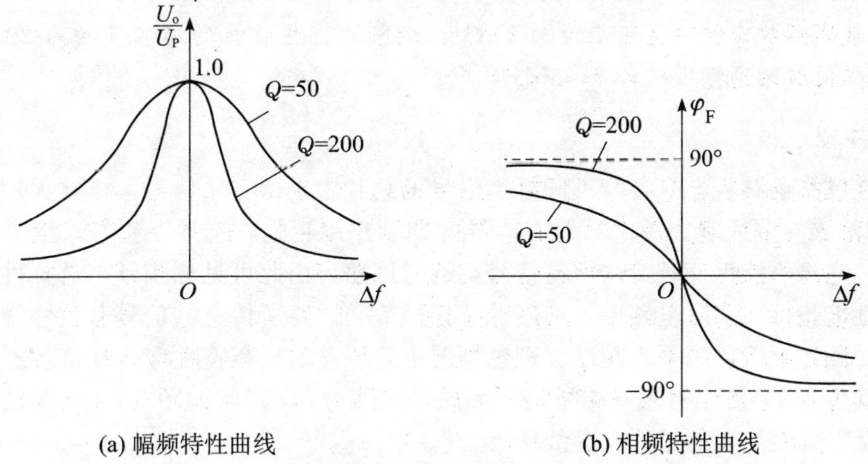

图 3—3　*LC* 并联谐振回路幅频特性曲线和相频特性曲线

由图 3—3 可见，Q 值越大，幅频特性曲线越尖锐，相频特性曲线越陡峭。

（2）通频带。

接收机放大的高频信号不是一个单一的频率信号，而是包含了一定带宽的频谱。如果选频回路的曲线太尖锐，它就不能保证频带内所有信号均匀通过回路。为了衡量回路不同频率信号的通过能力，定义曲线上增益值 U_o/U_P 由最大值 1 下降到 0.707（$1/\sqrt{2}$）时，所对应的频带宽度 $2\Delta f$ 为回路的通频带 $BW_{0.7}$（用对数表示为下降 3dB 时的频带宽度，换算方法为：$d=20\lg(U_o/U_P)=20\lg 1/\sqrt{2}=20\lg 0.707=-3\text{dB}$），如图 3—4 所示。

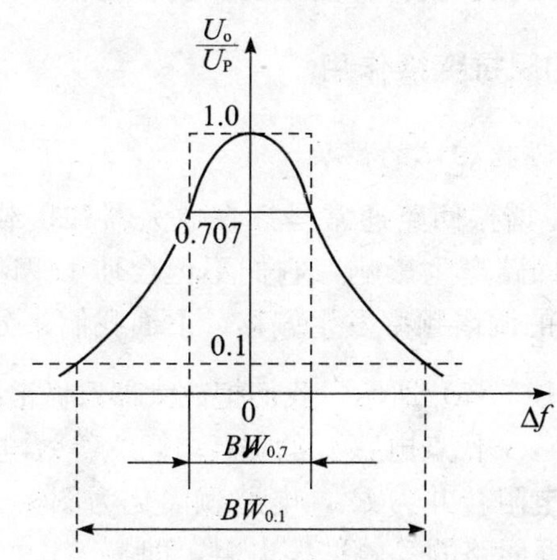

图 3—4　*LC* 并联谐振回路的通频带和选择性

令式（3—8）中 $U_o/U_P=1/\sqrt{2}$，将 $2\Delta f$ 用 $BW_{0.7}$ 代入，则可求得 LC 并联谐振回路的通频带为：

$$BW_{0.7}=\frac{f_0}{Q} \tag{3—10}$$

式（3—10）说明，回路Q值越高，幅频特性曲线越尖锐，通频带越窄；回路谐振频率越高，通频带越宽。

提示：为了使信号不失真地传送，不同的通信设备，放大器通频带要求不一样。一般调幅收音机的通频带约为8kHz，调频广播接收机的通频带约为200kHz，电视接收机的通频带约为6～8MHz。

3. 选择性

选择性是指回路从含有各种不同频率信号的总和中选出有用信号、排除无用信号的能力。LC回路谐振曲线越尖锐，对无用信号的抑制作用越强，选择性越好。但如果谐振曲线太尖锐，它将不能保证频带内所有信号均通过回路，由此可见通频带与选择性是互相矛盾的两个性能指标。实际电路中，回路的选择性应与回路所传送的信号有效频谱宽度相适应，在有效频谱宽度内越平坦越好。理想情况下，回路的幅频特性应该在信号通频带内完全平坦，其值为1；在信号通频带外完全衰减，其值为0，形状如图3—4所示的宽度为信号频谱宽度、高度为1的矩形（虚线所示）。

为了表示电路的实际幅频特性曲线接近理想幅频特性曲线的程度，可以简单用矩形系数来衡量，矩形系数定义为曲线上U_o/U_P值由最大值1下降到0.1（即下降20dB）时的带宽与通频带的比值，用$K_{0.1}$表示：

$$K_{0.1}=\frac{BW_{0.1}}{BW_{0.7}} \tag{3—11}$$

理想情况下，$K_{0.1}$等于1；实际电路中，$K_{0.1}$总是大于1。如果将$U_o/U_P=0.1$代入式（3—8）可得$BW_{0.1}=10f_0/Q$，则$K_{0.1}=BW_{0.1}/BW_{0.7}=10$，此值远远大于1，故一个单独的$LC$并联谐振回路选择性很差。实际选频放大电路中，为减小矩形系数，改善幅频特性，常采用多级调谐电路或采用石英晶体滤波器、陶瓷滤波器或声表面波滤波器等。

3.1.2 *LC*谐振回路的阻抗变换作用

1. 信号源及负载对LC谐振回路的影响

在选频放大电路中，LC谐振回路通常是插在放大器和负载之间，放大器的输出阻抗和负载阻抗都会对LC谐振回路产生影响，它们不但会使LC谐振回路品质因数下降、选择性变差，同时还会使回路的调谐频率发生偏移，下面我们来分析一下这种影响。

LC并联谐振回路如图3—5（a）所示，我们把放大器看做谐振回路的信号源$\dot{U}_s$，信号源的内阻为R_s，R_L为负载电阻，r代表电感L的损耗电阻。等效电路如图3—5（b）所示。

将图3—5（b）中所用电阻合并为R_e，电路就简化为图3—5（c），实际上R_e就是考虑到R_s、R_L影响后并联谐振回路的等效谐振电阻，即：

$$R_e=R_s//R_P//R_L \tag{3—12}$$

由此可见，$R_e<R_P$，回路谐振电阻下降。由R_e可求得等效LC并联谐振回路的品质因数Q_e：

$$Q_e=R_e\sqrt{\frac{C}{L}} \tag{3—13}$$

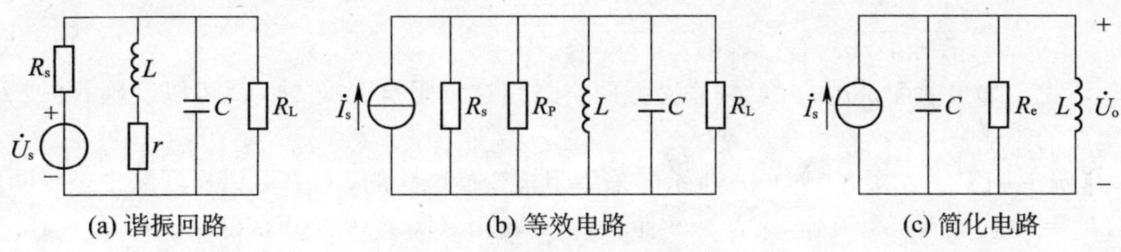

(a) 谐振回路　　(b) 等效电路　　(c) 简化电路

图 3—5　LC 并联谐振回路分析

提示：Q_e 称为有载品质因数，式（3—4）中的 Q 称空载品质因数。由于 $R_e<R_P$，所以有载品质因数小于空载品质因数，相应的通频带要宽一些。R_s、R_L 越小，R_e 也越小，则 Q_e 下降就越多，回路的选择性就越差。

2. 常用的阻抗变换电路

为减小信号源及负载对谐振回路的影响，除了增大 R_s、R_L 外，还可采用阻抗变换电路，如互感变压器变换电路、自耦变压器变换电路及电容分压器变换电路等。我们以变压器阻抗变换电路为例来说明阻抗变换原理。

如图 3—6（a）所示为互感变压器阻抗变换电路，设变压器无损耗，N_1 为变压器一次绕组匝数，N_2 为变压器二次绕组匝数，则变压器的匝比 n 为：

$$n=\frac{N_1}{N_2}=\frac{U_1}{U_2}=\frac{I_2}{I_1} \tag{3—14}$$

负载折算到一次绕组两端的等效电阻：

$$R_L'=\frac{U_1}{I_1}=\frac{nU_2}{I_2/n}=n^2R_L \tag{3—15}$$

变换后的阻抗是增大了，还是减少了，取决于 n 的大小。如果 n 大于 1，则增大；n 小于 1，则减少。

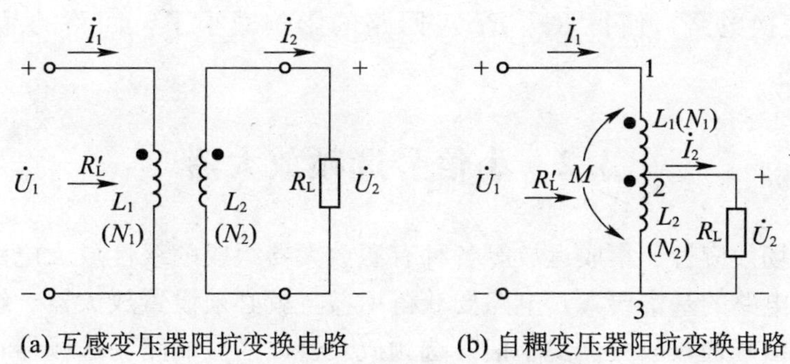

(a) 互感变压器阻抗变换电路　　(b) 自耦变压器阻抗变换电路

图 3—6　变压器阻抗变换电路

如图 3—6（b）所示为自耦变压器阻抗变换电路，设变压器无损耗，自耦变压器的匝比 n 为：

$$n=\frac{N_1+N_2}{N_2}=\frac{U_1}{U_2}=\frac{I_2}{I_1} \tag{3—16}$$

由此可得负载电阻 R_L 折算到一次绕组两端的等效电阻为：

$$R'_L=\frac{U_1}{I_1}=\frac{nU_2}{I_2/n}=n^2R_L \tag{3—17}$$

可见，如果前面讲过的 LC 并联谐振回路采用这种阻抗变换方式就可以改善 R_s 或 R_L 对电路的影响。

【例 3—1】 如图 3—7（a）所示的采用阻抗变换电路的 LC 并联谐振回路中，线圈匝数 $N_{12}=10$ 匝，$N_{13}=50$ 匝，$N_{45}=5$ 匝，$L_{13}=8.4\text{mH}$，$C=51\text{pF}$，$Q=100$，$I_s=1\text{mA}$，$R_s=10\text{k}\Omega$，$R_L=2.5\text{k}\Omega$，求有载品质因数 Q_e，并与没有阻抗变换作用的电路进行比较。

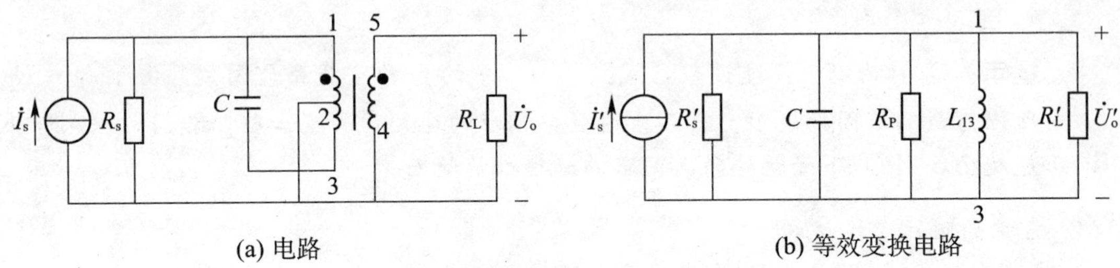

图 3—7 采用阻抗变换电路的 LC 并联谐振回路

解 将 R_s、R_L 均折算到 LC 并联谐振回路 1～3 两端，分别用 R'_s、R'_L表示，如图 3—7（b）所示，则：

$$R'_s=n_1^2R_s=(\frac{N_{13}}{N_{12}})^2R_s==(\frac{50}{10})^2\times10=250\text{k}\Omega$$

$$R'_L=n_2^2R_L=(\frac{N_{13}}{N_{45}})^2R_L==(\frac{50}{5})^2\times2.5=250\text{k}\Omega$$

$$R_P=Q\sqrt{L_{13}/C}=100\sqrt{8.4\times10^{-6}/51\times10^{-12}}=40.6\text{k}\Omega$$

$$R_e=R'_s//R_P//R'_L=30.6\ \text{k}\Omega$$

$$Q_e=R_e\sqrt{C/L_{13}}=30.6\times10^3\sqrt{51\times10^{-12}/8.4\times10^{-6}}=75$$

若没有阻抗变换电路，则 $R'_e=R_s//R_P//R_L=1.91\text{k}\Omega$，$Q'_e=4.68$。由此可见，由于采用了阻抗变换电路，使得 R_e、R_L 对回路的影响减小了，回路的品质因数下降得不多。

3.2 小信号选频放大器

由晶体管、场效应管、集成运放等各种有源放大器组成的线性放大电路，是组成高频小信号选频放大电路的基本要素，电路要获得增益，就必须设置放大器。线性放大器加选频器就构成了小信号选频放大器。小信号选频放大器以谐振回路为选频器，也称小信号调谐放大器。

3.2.1 单调谐回路选频放大器

1. 组成及特性

如图 3—8（a）所示为常用的晶体管单调谐回路选频放大器电路，简称单调谐放大器电路。图中 LC 并联谐振回路作为选频器通过中间抽头与放大器相连接，通过耦合线圈与负载相连接，从而减少放大器输出阻抗和负载对谐振回路的影响。单调谐放大器的直流偏置由 R_{B1}、R_{B2}、R_E 来实现，C_B、C_E 为高频旁路电容。单调谐放大器等效交流通路如图 3—8（b）所示。

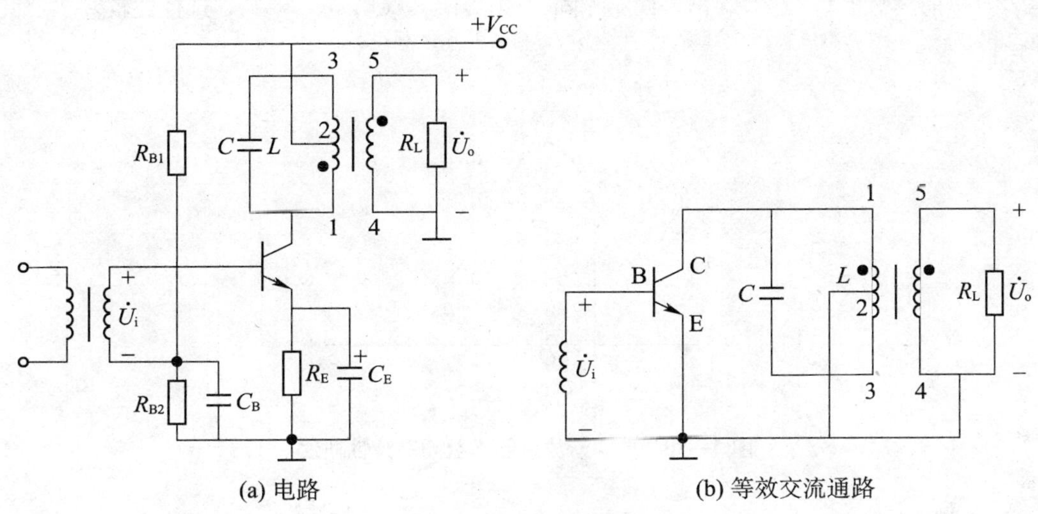

(a) 电路　　(b) 等效交流通路

图 3—8　单调谐放大器

利用小信号放大电路的微变等效电路法将放大电路进行微变等效变换，如图 3—9（a）所示。再将 LC 并联谐振回路进行等效变换，如图 3—9（b）所示。

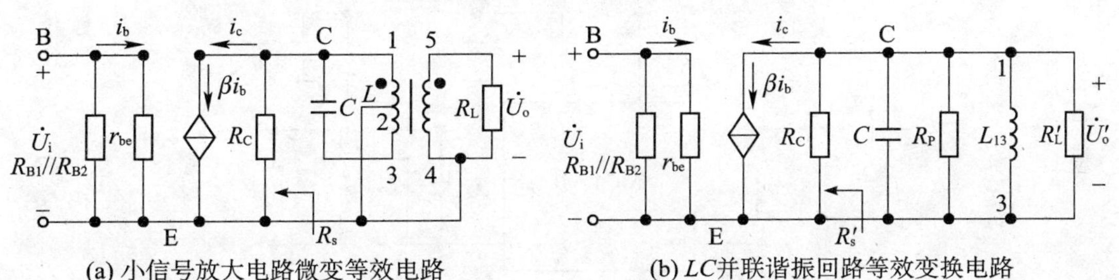

(a) 小信号放大电路微变等效电路　　(b) LC并联谐振回路等效变换电路

图 3—9　等效变换

当 LC 并联谐振回路调谐在输入信号频率上，回路产生谐振时，放大器输出电压最大，故电压增益也最大，称谐振电压增益，用 $\dot{A}_{u0}$ 表示，即：

$$\dot{A}_{u0}=\frac{\dot{U}_o}{\dot{U}_i} \tag{3—18}$$

当输入信号频率不等于谐振频率 f_0 时，回路失谐，输出电压下降，故电压增益下降。由于在谐振频率 f_0 附近很窄的频率范围内，晶体管的放大特性随频率变化不大，因此，单调谐放大器的增益频率特性取决于 LC 并联谐振回路，由式（3—8）和（3—18）可得放大器的增益频率特性为：

$$\frac{A_u}{A_{u0}}=\frac{1}{\sqrt{1+\left(Q_e\frac{2\Delta f}{f_0}\right)^2}} \tag{3—19}$$

式中，A_{u0}为谐振时的电压增益；A_u 为任意频率下的电压增益；Q_e 为 LC 并联谐振回路考虑负载及晶体管参数影响后的有载品质因数。

单调谐放大器的增益频率特性曲线（见图 3—10）显然与图 3—4 很相似，它的通频带、选择性和矩形系数也与 LC 并联谐振回路相同，$BW_{0.7}=f_0/Q_e$，$K_{0.1}=10$，选择性较差。

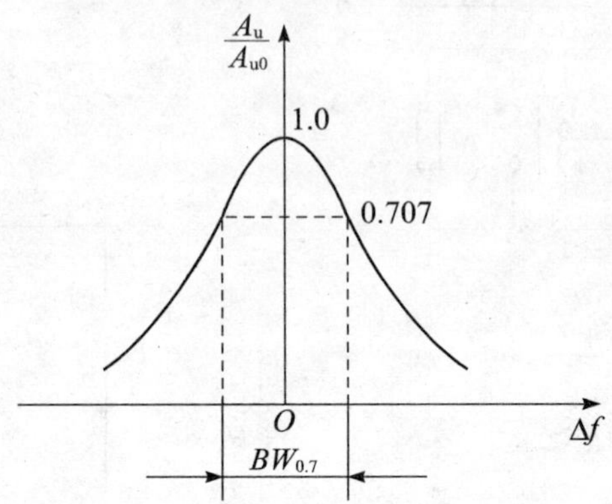

图 3—10　单调谐放大器增益频率特性曲线

2. 举例

图 3—11 为采用单片集成放大器 MC1590 构成的谐振放大器。MC1590 是适用于小信号谐振放大器的典型放大器，其输入端是由共射—共基电路构成的差分电路。

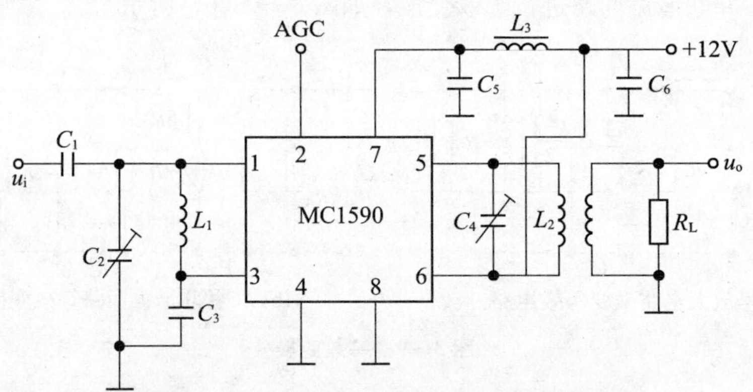

图 3—11　单调谐集成电路谐振放大器

我们先来了解一下共射—共基组合谐振放大器的作用。由于晶体管基极和集电极之间存在结电容 C'_{BC}，其值虽然很小（几个皮法），但高频时仍能使放大器输出和输入之间形成反馈通路（称内反馈），另外 LC 谐振回路阻抗随频率剧烈变化的特性使这种内反馈随频率变化而剧烈变化，致使放大器的幅频特性发生变形，增益、通频带、选择性等都发生变化，严重时会在某频率点满足自激条件，产生自激振荡，导致放大器工作不稳定。所以我们在设计选频放大器时，除了要考虑在增益、选择性、通频带等方面满足设计要求外，还必须考虑到工作稳定性。

为减小上述内反馈的影响，提高谐振放大器工作稳定性，常采用共射—共基组合电路构成调谐放大器。图 3—12 为共射—共基组合谐振放大器的等效交流电路图，图中 VT_1 为共射组态，VT_2 为共基组态，由于共基组态输入阻抗很小，比共射组态的输出阻抗小得多，那么输出电压相应减小，对输入端的影响就减小了，故放大器的稳定性得到提高。

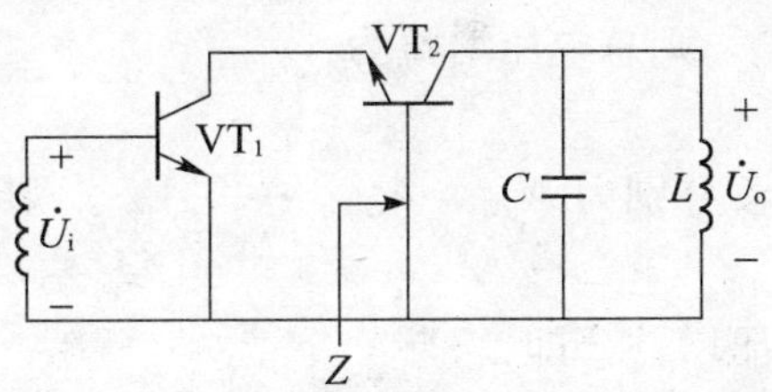

图 3—12　共射—共基组合谐振放大器的等效交流电路

图 3—11 中谐振放大器的 MC1590 具有工作频率高，不易自激的特点，并带有自动增益控制功能。MC1590 内部结构为一个双端输入、双端输出的全差动式电路，其输入端就是采用共射—共基电路构成的差动电路，内反馈很小，工作稳定性很高。输入信号 u_i 通过耦合电容 C_1 加到引脚 1，引脚 3 通过隔直电容 C_3 交流接地，构成单端输入。C_2、L_1 构成输入调谐回路。引脚 5、6 为双端输出端，引脚 6 与正电源端连接，并通过 C_6 接地，故为单端输出。C_4、L_2 构成输出调谐回路，经变压器耦合后输出，回路 C_2、L_1 和 C_4、L_2 均调谐在信号的中心频率上。C_5、L_3、C_6 构成电源去耦合滤波器，用来减小输出级信号通过电源对输入级的寄生反馈。

提示：实际应用中，往往需要把微弱信号放大到足够大，以求放大器有较高的增益，如果单级调谐放大器的增益不能满足要求，可采用多个单级调谐放大器级联而成。如电视接收机中的中频放大器一般有 3～4 级，雷达接收机中的中频放大器有 6 级。

3.2.2　多级单调谐回路选频放大器

如图 3—13 所示为一个两级单调谐回路选频放大器的电路图。

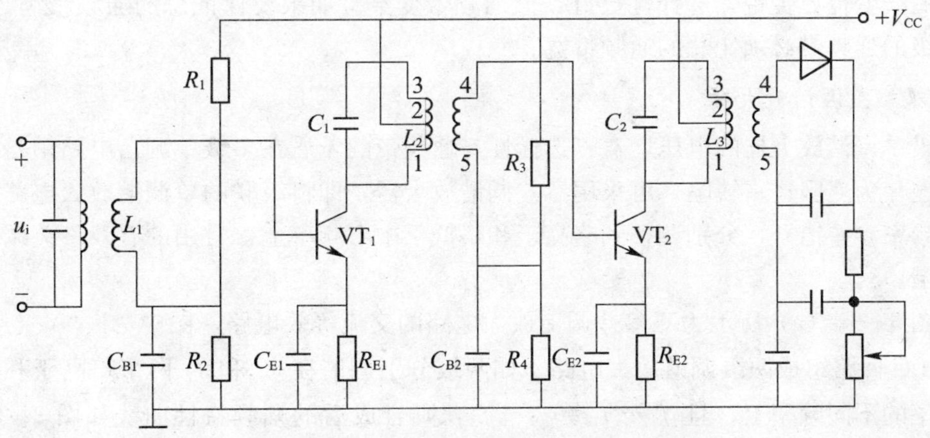

图 3—13　两级单调谐回路选频放大器电路图

1. 同步调谐放大器

如果放大器由 n 级单调谐放大器级联而成，各级都调谐在同一频率上，每级的电压增益分别为 A_{u1}，A_{u2}，…，A_{un}，则总电压增益为：

$$A_{u\Sigma}=A_{u1}A_{u2}\cdots A_{un} \tag{3—20}$$

若谐振时每级的电压增益分别为 A_{u01}，A_{u02}，…，A_{u0n}，则谐振时总电压增益为：

$$A_{u0\Sigma}=A_{u01}A_{u02}\cdots A_{u0n} \tag{3—21}$$

以分贝表示谐振时总电压增益，即：

$$A_{u0\Sigma}\ (\text{dB})=A_{u01}\ (\text{dB})+A_{u02}\ (\text{dB})+\cdots+A_{u0n}\ (\text{dB}) \tag{3—22}$$

如图 3—14 所示为多级同步调谐放大器的增益幅频特性曲线。

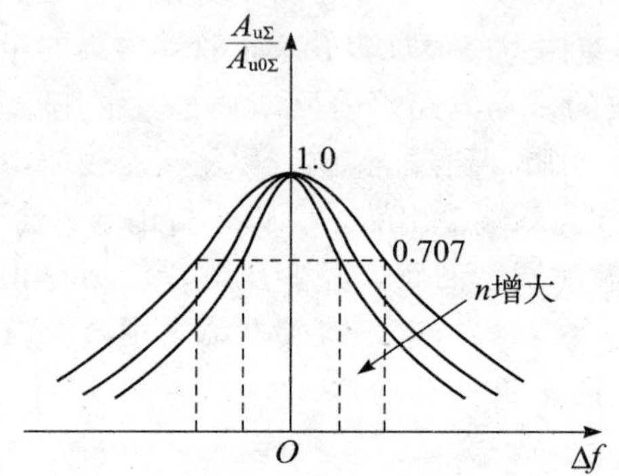

图 3—14　多级同步调谐放大器增益幅频特性曲线

n 级放大器的通频带和矩形系数分别为：

$$BW_{n0.7}=BW_{0.7}\sqrt{2^{1/n}-1} \tag{3—23}$$

$$K_{0.1}=\frac{\sqrt{100^{1/n}-1}}{\sqrt{2^{1/n}-1}} \tag{3—24}$$

由此可见，多级单调谐放大器的级数越多，谐振增益越大，矩形系数也有所改善，幅频特性曲线变得更尖锐，选择性更好，但通频带变窄。如果要保证总的通频带满足要求，那么每级的通频带必须比总的通频带宽。

2. 双参差调谐放大器

多级单调谐放大器的电压增益、选择性与通频带的矛盾在多级单调谐电路中是一个突出的问题，为克服这一缺陷，可采用参差调谐放大器，即将级联的单调谐放大电路每一级的谐振频率参差错开，分别调整到略高于和略低于中心频率上，常用的有双参差调谐和三参差调谐。

如图 3—15（a）所示为双参差调谐放大电路的交流等效电路，图中 A_1、A_2 与各自的选频器 LC 回路组成两级调谐放大电路。如两级分别调谐在 f_1 和 f_2 两个略高于和略低于中心频率的不同频率上，且 $f_1-f_0=f_0-f_2$，则合成后的幅频特性曲线如图 3—15（b）中实线所示。

由图 3—15（b）可见，双参差调谐放大器中的幅频特性曲线更接近矩形，通频带加宽，选择性和通频带都比单调谐放大器有较大改善。

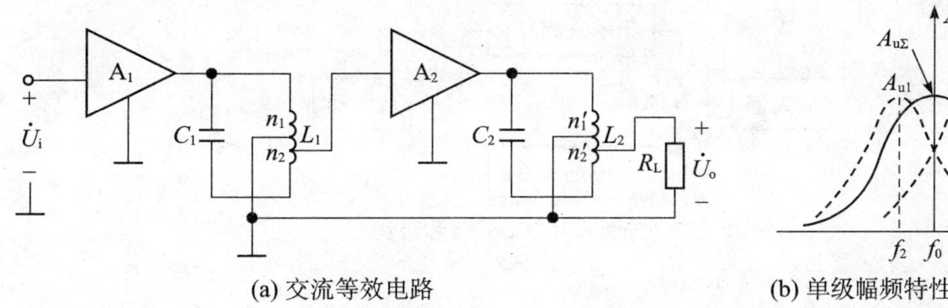

(a) 交流等效电路　　(b) 单级幅频特性曲线及合成曲线

图 3—15　双参差调谐放大电路

3.3　集中选频放大器

前面讨论的分立元件的谐振放大器存在如下缺点：

(1) 稳定性较差，工作频率难以达到很高。

(2) 多级放大器的回路多，调谐不方便。

(3) 谐振回路直接与有源器件相连，频率特性易受晶体管参数和工作点变化的影响。

随着电子技术的发展，在小信号选频放大器中已越来越多地采用集中选频放大器，它由高增益宽带集成放大器和集中选频滤波器组成，电路的稳定性大大提高，电路频率特性改善显著（幅频特性曲线接近理想矩形），电路的调整也大大简化。

3.3.1　集中选频放大器的基本组成与特点

集中选频放大器的基本组成框图如图 3—16 所示，其中放大器主要起放大作用，一般为集成宽带运算放大器；集中选频滤波器主要起选频和滤波作用，一般是石英晶体滤波器、陶瓷滤波器、声表面波滤波器等，用于对可能进入宽带放大器的带外干扰和噪声的信号进行一定的衰减，以改善传输信号的质量；集中选频滤波器与放大器之间的匹配器一般为 LC 匹配网络，用来满足选频器对信号的选择性要求。

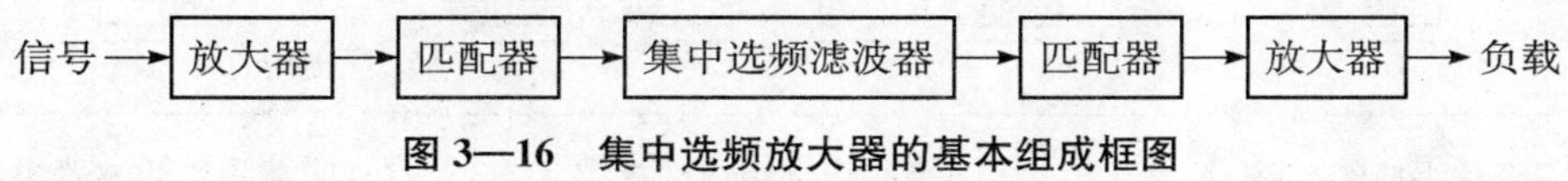

图 3—16　集中选频放大器的基本组成框图

集中选频放大器中的放大器和集中选频滤波器一般由专门厂家设计生产，如国产 F733、FC-91、SG012、XFG79 等型号，设备或电路的设计人员只需要正确选用即可，大大简化了选频放大器的设计和调谐。

与分立元件的多级调谐放大器相比，集中选频放大器有以下优点：

(1) 滤波器矩形系数接近 1，因而放大器的选择性好，调整也容易。

(2) 变换中心频率和带宽方便。如图 3—17 所示，只要拨动开关 S，即可更换滤波器，从而改变中心频率和带宽。

(3) 温度稳定性好。宽带放大电路温度特性好，所以集中选频放大器温度稳定性好。

(4) 由于采用集成电路，所以电路体积小，可靠性高。

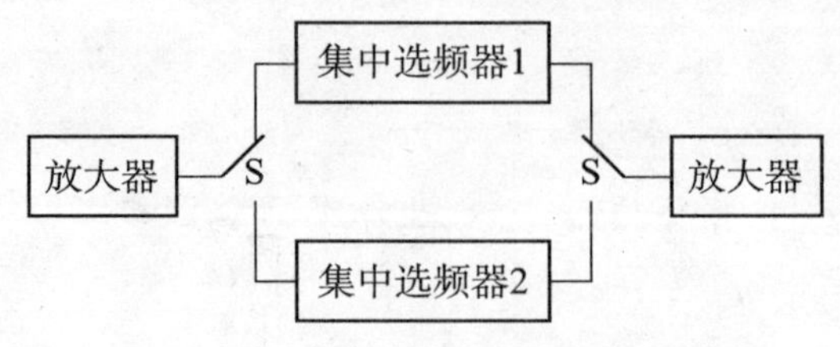

图 3—17　方便改变中心频率和带宽

3.3.2　集中选频滤波器

1. *石英晶体滤波器*

石英晶体滤波器是利用压电效应原理制成的选频器件，材料是石英晶体。石英晶体滤波器的等效电路及电抗特性曲线可参见图 2—12（b）、（c），它的品质因数 Q 很高，一般可达 10^5 数量级以上；工作频率很高，可达几百兆赫兹；频率稳定度高，最高可达到 10^{-11} 数量级。

知识链接：学习任务 2　正弦波振荡器——2.3 石英晶体振荡器

2. *陶瓷滤波器*

陶瓷滤波器是利用陶瓷片的压电效应原理制成的，材料是锆钛酸铅陶瓷。它的等效电路、电路符号、电抗特性曲线都和石英晶体滤波器一样，Q 值比一般 LC 谐振回路的高，可获得接近矩形的幅频特性。但其 Q 值、工作频率及稳定性都不及石英晶体滤波器。

若将不同频率的压电陶瓷片进行适当的组合连接，就可获得矩形系数接近 1 的理想滤波器。如图 3—18 所示分别为由 2 个和 9 个陶瓷片组成的四端陶瓷滤波器及四端陶瓷滤波器电路符号。

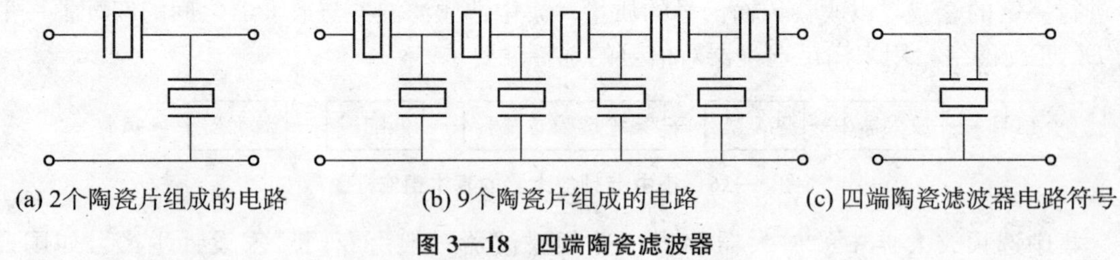
(a) 2个陶瓷片组成的电路　(b) 9个陶瓷片组成的电路　(c) 四端陶瓷滤波器电路符号

图 3—18　四端陶瓷滤波器

陶瓷滤波器的工作频率可以从几百千赫兹到几十兆赫兹。使用时，输入阻抗须与信号源阻抗匹配，输出阻抗须与负载阻抗匹配。

陶瓷滤波器具有体积小、成本低、受外界影响小等优点，缺点是：频率特性曲线难以控制、生产一致性差、通频带不够宽等。

3. *声表面波滤波器*

声表面波滤波器同样利用了材料的压电效应，基片材料是石英、铌酸锂、钛酸钡等压电材料，利用真空蒸镀法，在基片材料表面制成如图 3—19（a）所示的两组相互交错的叉指形金属膜电极，它具有能量转换的功能，所以称叉指换能器。在声表面波滤波器中，输入端和输出端各有一个这样的换能器，分别称为发端换能器和收端换能器。声表面波滤波器的电路符号如图 3—19（b）所示。

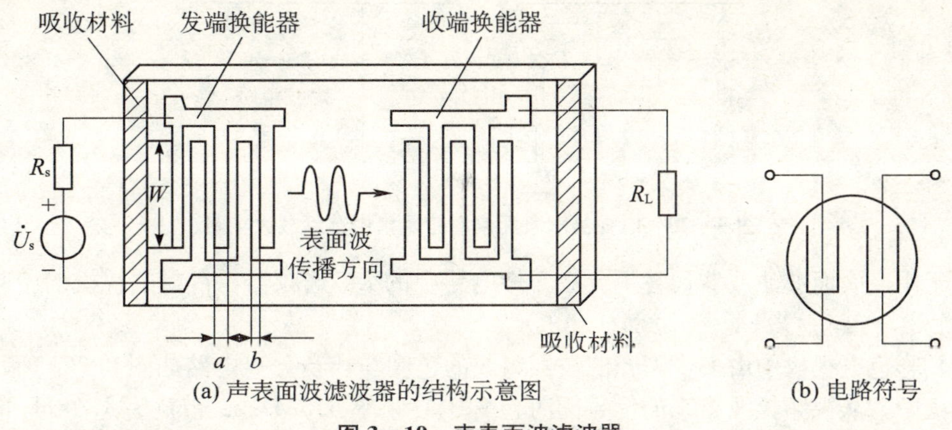

(a) 声表面波滤波器的结构示意图　　(b) 电路符号

图 3—19　声表面波滤波器

当在发端换能器上加输入信号时，叉指电极间便产生交变电场，由于压电效应的作用，使基片材料表面产生弹性形变，激发出与输入信号同频率的声表面波，它沿基片材料表面传输至收端换能器，由于压电效应的作用，在收端的叉指电极间得到电信号，并传输给负载。

当信号频率等于叉指换能器的固有频率时，换能器产生共振，输出信号幅度最大；当信号频率偏离叉指换能器的固有频率时，输出信号幅度减小，所以声表面波滤波器有选频作用。

声表面波滤波器具有体积小、重量轻、中心频率高（几兆赫兹至几千兆赫兹）、相对带宽较宽、矩形系数接近 1 等优点。实用的声表面波滤波器的矩形系数小于 1.2，相对带宽达 50%。它采用与集成电路工艺相同的平面加工工艺，制造简单、成本低，重复性和设计灵活性高，所以在通信、雷达、彩色电视机等电子设备中得到广泛应用。

应用链接： 本任务——应用举例——（1）、（2）

应用举例

集中选频放大器由于具有线路简单、选择性好、性能稳定、调整方便等优点，已广泛应用于通信、电视等各种电子设备中。

（1）电视机通道部分用声表面波滤波器组成的集中选频放大电路，如图 3—20 所示。该电路的作用是对从电视机高频头输出的频带信号选频。根据电视原理及我国的电视制式，电视机的中心频率为 38MHz，带宽约 8MHz，用一个声表面波滤波器即能满足整机要求。

图 3—20 中，由于声表面波滤波器损耗较大，所以在它前面加一级预中放电路。取自高频头混频后的中频信号经预中放电路输出后，加至声表面波滤波器的 1 脚，经声表面波滤波器选频后的信号从滤波器的 3、4 脚平衡输出，通过 L_2、L_3 加至集成宽带放大器（中放电路）前级差分放大电路的两个输入端。L_1、L_2、L_3 为外加调谐匹配电感，它们与声表面波滤波器输入、输出端分布电容组成调谐匹配器，用来抵消分布电容的影响，以实现良好的阻抗匹配。电容 C 为交流耦合电容。

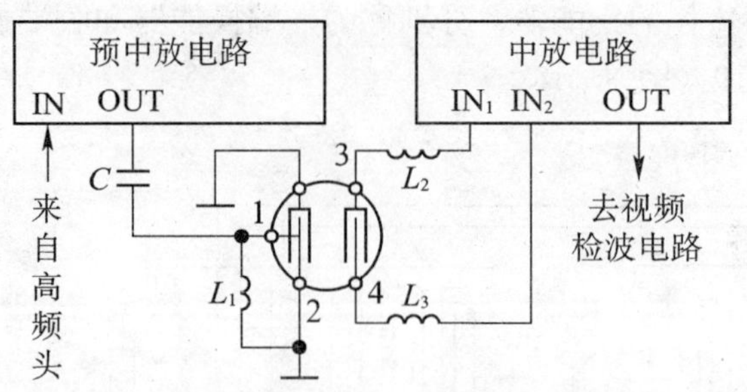

图 3—20　电视机声表面波滤波器集中选频放大电路

由于用声表面波滤波器代替了分立元件电路中的 LC 选频器，目前电视机的中频已无须调整。

(2) 彩色电视机中由多个陶瓷滤波器组成的色度与伴音分离电路如图 3—21 所示。彩色电视机中，从视频检波出来的信号同时包含中心频率 6.5MHz、带宽为 130kHz 的伴音信号及中心频率 4.43MHz、带宽为 1.3MHz 的色度信号，这两种信号的流向如图 3—22 所示。由图 3—22 可见，在视频检波以后，必须有滤波器分别将两种信号取出来。电路中，三端陶瓷滤波器 CF_1 与 CF_2 的中心频率分别为 6.5MHz 和 4.43MHz，各自将对应频率的信号取出来，而两端陶瓷滤波器 CF_3 与 CF_4 则构成陷波器，将串到对方信道的信号吸收掉。与滤波器相连的电感与电容和滤波器内部电容构成匹配网络。

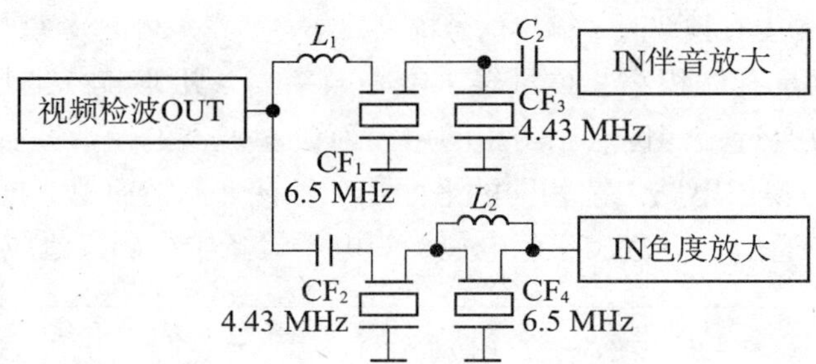

图 3—21　彩色电视机中色度信号与伴音信号分离电路

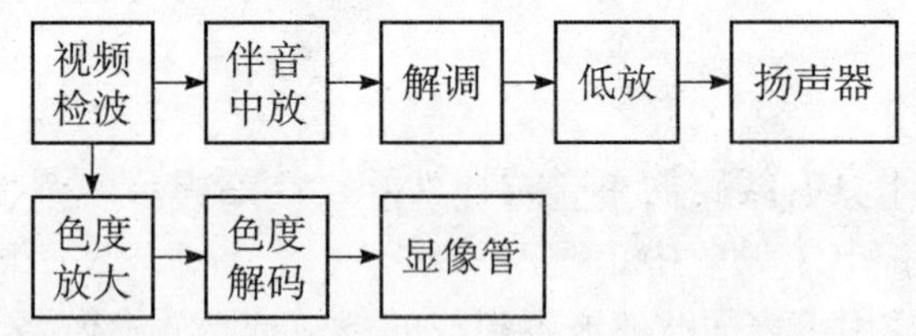

图 3—22　彩色电视机中色度信号与伴音信号的流向

要点总结

高频小信号选频放大器由放大器和选频器组成，其作用是实现选频放大，即从接收到的众多信号中，选出有用信号加以放大，同时对无用信号、干扰信号、噪声信号进行抑制，提高接收信号的质量和抗干扰能力。高频小信号选频放大器广泛应用于广播、电视、通信、测量仪器等设备中，典型应用是超外差接收机。

高频小信号选频放大器的主要技术指标有中心频率、增益、通频带、选择性、噪声系数等，其中中心频率、通频带、选择性主要由选频器决定，增益、噪声系数主要由放大器决定。

选频器主要有 *LC* 并联谐振回路和固体滤波器。选频器的性能由幅频特性曲线来描述，谐振回路的品质因数越高，幅频特性曲线越尖锐，通频带越窄，通频带和选择性相互制约。矩形系数是用以综合反映通频带和选择性的参数，选频器的实际幅频特性曲线越接近理想幅频特性曲线，矩形系数越接近 1，选频特性越好。

LC 并联谐振回路在作为选频器的同时，还可以实现放大器、选频器、负载三者之间的匹配。

小信号选频放大器的通频带、选择性和矩形系数与选频器相同。

为保证单调谐放大器工作的稳定性，可采用共射—共基组合电路。

多级单调谐放大电路可以提高放大电路的放大倍数，减小矩形系数，但频带变窄了，为克服这一缺点，可采用参差调谐放大电路。

集中选频放大器由集成宽带放大器、集中选频滤波器构成，它具有接近理想矩形的幅频特性，性能稳定可靠、调试方便，逐渐取代了多级调谐放大电路，得到了广泛的应用。

巩固与提高

1. *LC* 并联谐振回路有何基本特性？说明品质因数对回路特性的影响。

2. 何谓矩形系数？它的大小说明什么问题？单谐振回路的矩形系数等于多少？

3. 小信号选频放大器不稳定的原因是什么？

4. 双参差调谐放大电路与多级单调谐放大电路有何区别？

5. 在同步调谐的多级单调谐放大电路中，当级数 n 增加时，放大电路的选择性和通频带如何变化？

6. 集中选频放大器如何构成？有何优点？

7. 怎样理解晶体和压电陶瓷的压电效应？

8. 说明陶瓷滤波器和声表面波滤波器的工作特点。

9. 已知 *LC* 并联谐振回路的电感 $L=1\mu\text{H}$，谐振频率 $f_0=30\text{MHz}$，$Q=100$，求电容 C 值和并联谐振电阻 R_P。

10. 已知 *LC* 并联谐振回路的 $L=1\mu\text{H}$，$C=20\text{pF}$，$Q=100$，求该并联回路的谐振频率 f_0、谐振电阻 R_P 及通频带 $BW_{0.7}$。

11. *LC* 并联谐振回路如图 3—23 所示，已知 $C=300\text{pF}$，$L=390\mu\text{H}$，$Q=100$，信号源内阻 $R_s=100\text{k}\Omega$，负载电阻 $R_L=200\text{k}\Omega$，求该回路的谐振频率、谐振电阻、通频带。

12. *LC* 并联谐振回路如图 3—24 所示，已知 $C=360\text{pF}$，$L_1=280\mu\text{H}$，$Q=100$，$L_2=50\mu\text{H}$，$n=N_1/N_2=10$，$R_L=1\text{k}\Omega$，求该并联回路考虑 R_L 影响后的通频带及等效谐振电阻。

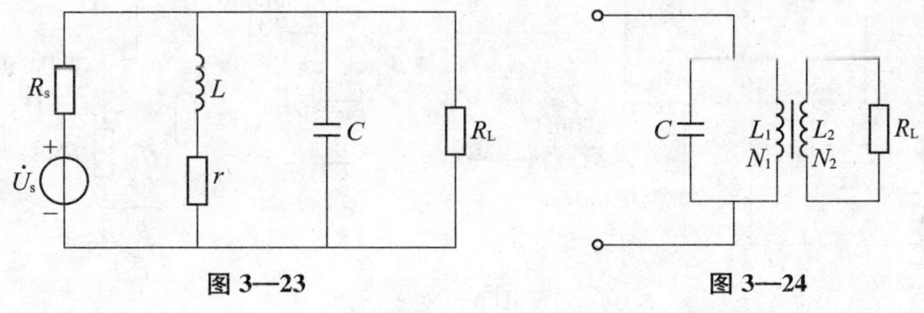

图 3—23　　图 3—24

13. 已知用于调幅波段的中频调谐回路（见图 3—7（a））谐振频率 $f_0=465\text{kHz}$，空载品质因数 $Q=100$，初级线圈匝数为 160 匝，次级线圈匝数为 10 匝，初级中心抽头至下端匝数为 40 匝，$C=200\text{pF}$，$R_L=1\text{k}\Omega$，$R_s=16\text{k}\Omega$。试求回路电感 L、有载品质因数 Q_e 和通频带 $BW_{0.7}$。

14. 已知 3 级同步单调谐放大器中，工作频率为 465kHz，每级 LC 回路的 $Q_e=40$，求总的通频带 $BW_{n0.7}$。如果每级电压增益 $A_{u0}=10$，则总的电压增益 $A_{u0\Sigma}$ 为多少？

15. 采用完全相同的 3 级单调谐放大电路组成的中放电路其总增益为 66dB，总的通频带 $BW_{n0.7}$ 为 5kHz，工作频率为 465kHz，求每级放大电路的增益、通频带及每个回路的有载品质因数。

16. 分析如图 3—11 所示电路的类型及各组成部分的作用。

17. 分析如图 3—25 所示电路的类型，说明放大器采用这种组合方式的作用。

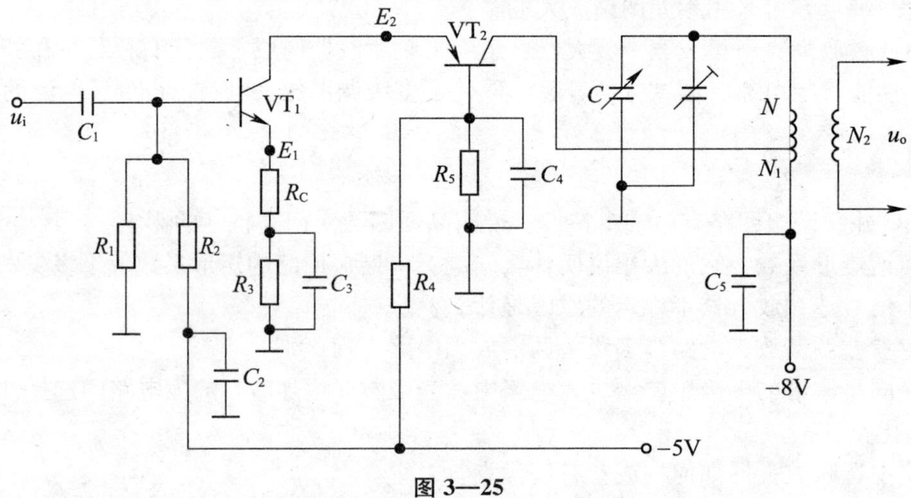

图 3—25

18. 分析如图 3—26 所示的电路，指出放大器和选频器的类型和作用，分析阻抗匹配，指出 4.7kΩ 电阻、0.033μF 电容、470μH 电感的作用。

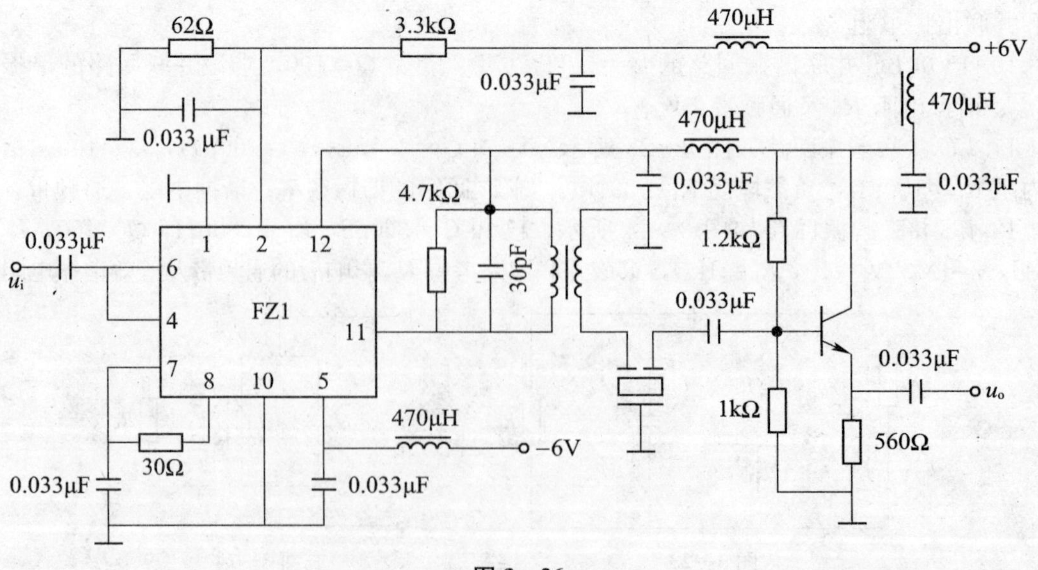

图 3—26

19. 分析如图3—27所示的电路，指出放大器和选频器的类型和作用，分析阻抗匹配，指出 C_1、C_2、C_3 以及 R_2、C_4 的作用。

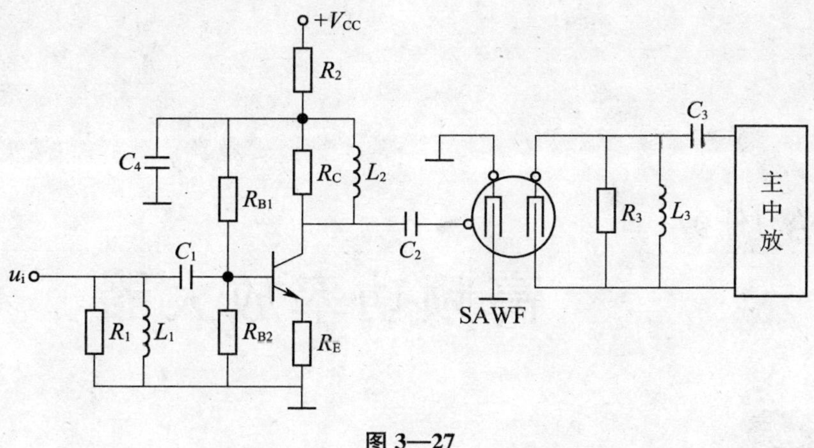

图3—27

学习任务4

高频功率放大器

学习线索

- 谐振功率放大器的工作状态
- 丙类谐振功率放大器的工作原理
- 丙类谐振功率放大器的工作特性
- 谐振功率放大电路
- 丙类倍频器

学习重点

- 丙类谐振功率放大器的工作原理及工作特性
- 谐振功率放大电路分析

学习内容

高频功率放大器是无线电发送设备的重要组成部分，它主要用在发射机的末端。信号经高频功率放大器放大后能够满足天线对发射功率的要求，以足够大的功率发射出去，被远方的接收机可靠地接收。

高频功率放大器按工作频带来划分，可分为窄带高频功率放大器和宽带高频功率放大器。窄带高频功率放大器通常以 *LC* 谐振网络作为负载，因此又称为谐振功率放大器。实用高频信号通常是窄带信号，窄带信号是指带宽远小于其中心频率的信号，例如中波广播电台的带宽为 10kHz，中心频率为 1 000kHz，带宽远小于中心频率，该信号即为窄带信号。窄带信号具有类似于单一频率正弦信号的特性，可采用谐振回路滤波。宽带功率放大器是以传输线变压器为负载，因此又称为非谐振功率放大器。区别于窄带功率放大器，宽带功率放大器可在很宽的范围内变换工作频率而不必调谐，但不具有滤波能力。本学习任务主要学习窄带高频功率放大器，即谐振功率放大器，对于宽带功率放大器，同学们可参阅相关资料自主学习和讨论。

4.1　谐振功率放大器的工作状态

通过“模拟电子技术”课程的学习，我们了解了低频功率放大电路，知道功率放大电路的实质是将直流电源供给的直流功率转换为交流功率输出，在转换过程中，存在着能量损耗，这部分能量损耗会使放大器件（如晶体管）发热，如果损耗过大，就会使放大器件因过热而损坏。因此如何提高放大器的效率、减小损耗是设计和调试放大器的首要问题。

提高功率放大器的效率，主要是设计好放大器的工作状态，放大器的工作状态按其导通时间不同，分为甲类、乙类、甲乙类、丙类等，如图 4—1 所示。在整个输入信号周期内，放大器都有电流流过的，称工作在甲类工作状态，导通角 $\theta=\pi$；在一个周期内，放大器只有半个周期时间内有电流流过的，称工作在乙类工作状态，导通角 $\theta=\pi/2$；在一个周期内，放大器有超过半个周期时间有电流流过的，称工作在甲乙类工作状态，导通角 $\pi/2<\theta<\pi$；在一个周期内，放大器在小于半个周期时间内有电流流过的，称工作在丙类工作状态，导通角 $\theta<\pi/2$。由低频功率放大电路的知识可知，导通角越小，放大器效率越高。

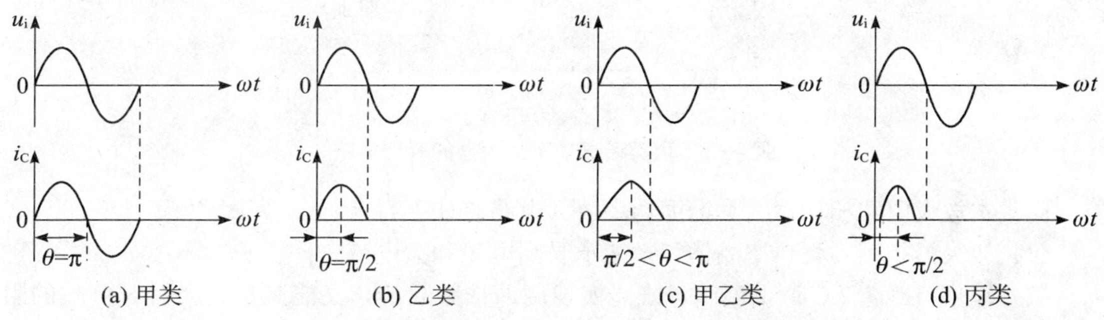

图 4—1　晶体管不同工作状态下的集电极电流波形

甲类放大（导通角最大）的优点是波形失真小，但由于静态工作点电流大，故管耗大，放大电路效率低，所以它主要用于小功率放大电路中；乙类和甲乙类放大（导通角较小）由于管耗小，放大电路效率高，在低频功率放大电路中应用广泛，但由于波形失真严重，实际电路中通常采用两个晶体管轮流导通的推挽电路并结合深度负反馈来减小失真。高频谐振功率放大器常采用丙类放大，为什么呢？

高频功率放大器和低频功率放大器的共同特点是要求输出功率大和效率高，但两者的工作频率和相对带宽（带宽/中心频率）差别很大：低频功率放大器的工作频率一般很低（20Hz～20kHz），但相对带宽较宽，所以，低频功率放大器不能采用谐振回路做负载；高频功率放大器的工作频率很高（几百千赫兹至几百兆赫兹），但相对带宽很窄，所以可以采用谐振回路做负载，故通常工作在丙类状态（导通角最小），可通过谐振回路的选频作用，滤除集电极电流中的谐波成分，消除非线性失真，因此具有比低频放大器更高的效率。

4.2 丙类谐振功率放大器的工作原理

4.2.1 电路组成及特点

丙类谐振功率放大器的原理电路（见图4—2），由输入回路、晶体管和谐振回路组成。图中U_{BB}、U_{CC}为基极和集电极直流电源电压，U_{BB}设置为$U_{BB}<u_{BE(ON)}$（$u_{BE(ON)}$为基极和发射极之间的导通电压）或为负偏压，使得当没有输入信号u_i时，晶体管处于截止状态，$i_C=0$，当有输入信号时，只有当u_{BE}的瞬时值大于$u_{BE(ON)}$时，晶体管才导通，确保放大器工作于丙类状态。图中LC谐振回路调谐在输入信号频率上，作为晶体管集电极负载，具有选频滤波和阻抗匹配的作用。

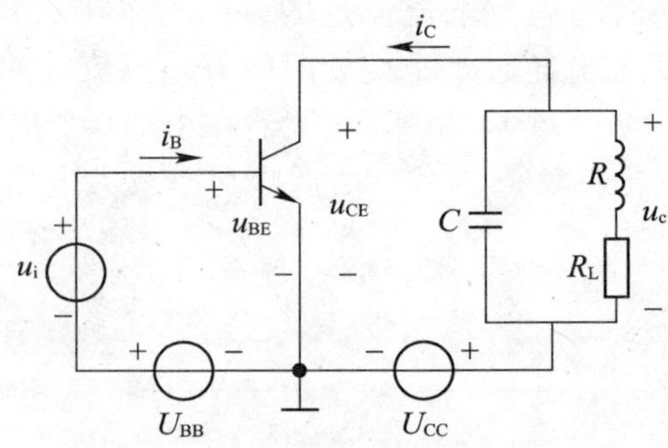

图4—2 丙类谐振功率放大器的原理电路

同基本放大电路相比，丙类谐振功率放大电路有如下特点：

（1）放大器是高频大功率晶体管，能承受高电压和大电流。

（2）输出负载为LC调谐回路，既能实现调谐选频功能，又能满足放大器对负载的阻抗匹配要求。

（3）电路工作于丙类状态。

（4）集电极输出电流为余弦脉冲波形。

4.2.2 工作电流和电压

当基极输入一高频信号$u_i=U_{im}\cos(\omega t)$后，晶体管基极和发射极之间的电压为：

$$u_{BE}=U_{BB}+u_i=U_{BB}+U_{im}\cos(\omega t) \tag{4—1}$$

u_{BE}、U_{BB}、u_i、$u_{BE(ON)}$的关系如图4—3（a）所示，只有当u_{BE}的瞬时值大于$u_{BE(ON)}$时，晶体管才导通，产生基极脉冲电流i_B，如图4—3（b）所示。

基极导通后，晶体管由截止区进入放大区，集电极将产生电流i_C，与基极电流i_B一样也是脉冲电流，如图4—3（c）所示。

集电极脉冲电流i_C为非正弦信号电流，我们可以将它按傅里叶级数展开为多种频率成分：

$$i_C=I_{C0}+I_{C1m}\cos(\omega t)+I_{C2m}\cos(2\omega t)+\cdots+I_{Cnm}\cos(n\omega t) \tag{4—2}$$

式中，I_{C0}、I_{C1m}、I_{C2m}…I_{Cnm}分别为集电极电流的直流分量、基波分量、二次谐波及各高次谐波分量的幅值，其中基波分量 I_{C1m} 的频率 ω 与输入信号的频率 ω 相同。

当图4—2电路中的 LC 谐振回路调谐在输入信号频率 ω 上时，输出回路只对集电极电流中的基波分量表现为高阻抗，而对其他频率分量呈现很小的阻抗并可看成短路，于是，含有多种频率成分的电流 i_C 流经 LC 谐振回路时，只有基波产生谐振，表现出最强的输出电压，其他频率的谐波则因失谐而十分微弱。因此尽管谐振功率放大器的集电极电流是尖顶脉冲电流，但放大器的输出电压仍为不失真的余弦电压波形，与输入信号同频反相。设谐振回路谐振电阻为 R_e，则：

$$u_C = -R_e I_{C1m}\cos(\omega t) = -U_{Cm}\cos(\omega t) \tag{4—3}$$

晶体管集电极和发射极之间的电压为：

$$u_{CE} = U_{CC} + u_C = U_{CC} - U_{Cm}\cos(\omega t) \tag{4—4}$$

u_{CE} 电压波形如图4—3（d）所示。

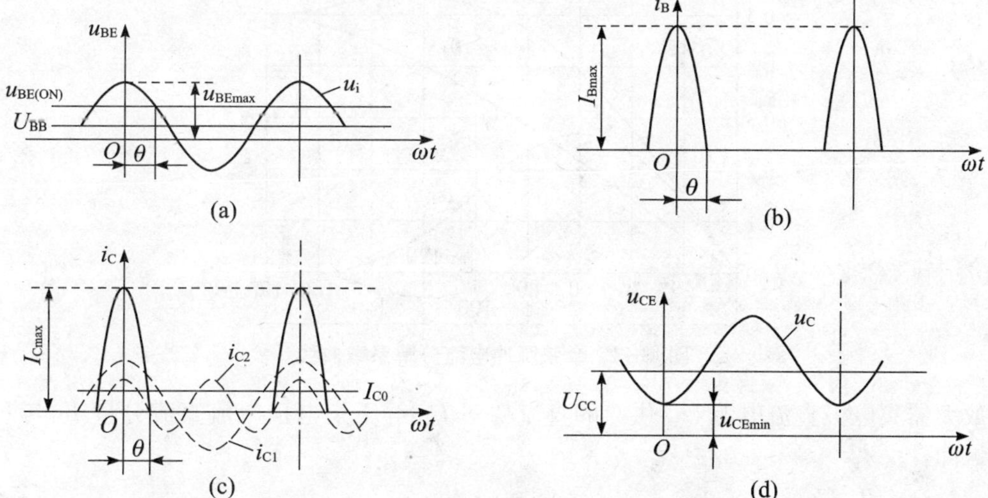

图4—3　丙类谐振功放电流、电压波形

由此可见，利用谐振回路的选频作用，可以将失真的集电极脉冲电流变换为不失真的余弦电压输出。同时谐振回路还可以将含有电抗分量的外接负载变换为纯电阻 R_e，通过调节 L、C 可将 R_L 转换成晶体管所需的负载值 R_e，实现阻抗匹配。

4.2.3　输出功率和效率

利用数学求傅里叶级数的方法，可以求出式（4—2）的直流分量及各次谐波分量的幅值，它们都是导通角 θ 的函数，而且各分量都与余弦脉冲的高度 I_{Cm} 成正比，它们的关系分别是：

$$\begin{aligned} I_{C0} &= i_{Cmax}\alpha_0(\theta) \\ I_{C1m} &= i_{Cmax}\alpha_1(\theta) \\ &\vdots \\ I_{Cnm} &= i_{Cmax}\alpha_n(\theta) \end{aligned} \tag{4—5}$$

$\alpha_n(\theta)$ 称为余弦脉冲电流分解系数，是导通角 θ 的函数，我们不做具体的推导，只给出前两项的表达式以便同学们对它有个认识，$\alpha_0(\theta)$ 和 $\alpha_1(\theta)$ 分别为：

$$\alpha_0(\theta)=\frac{1}{\pi}\frac{\sin\theta-\theta\cos\theta}{1-\cos\theta}$$
$$\alpha_1(\theta)=\frac{1}{\pi}\frac{\theta-\sin\theta\cos\theta}{1-\cos\theta} \tag{4—6}$$

根据 $\alpha_n(\theta)$ 的函数形式，可作出如图 4—4 所示的分解系数曲线，从曲线可以看出基波分量对应的分解系数 $\alpha_1(\theta)$ 最高，其次是直流分量对应的分解系数 $\alpha_0(\theta)$，而其他各次谐波分量对应的分解系数随次数的增加越来越小，这一点和前面我们阐述的输出回路调谐在基波频率上，高次谐波处于失谐状态相应电压很小的理论恰是一致的，因此，在谐振功率放大器中我们只需研究直流及基波功率。

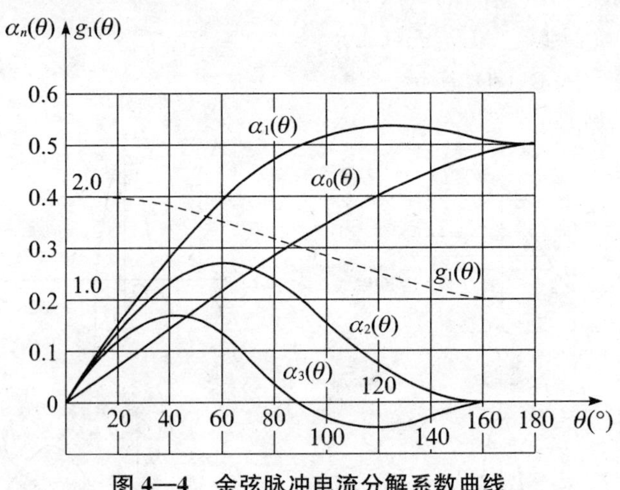

图 4—4　余弦脉冲电流分解系数曲线

放大器集电极直流电源 U_{CC} 供给的直流功率 P_D 等于集电极电流直流分量 I_{C0} 与 U_{CC} 的乘积，即：

$$P_D=I_{C0}U_{CC} \tag{4—7}$$

放大器输出功率 P_o 等于集电极电流基波分量 i_{C1} 在谐振电阻 R_e 上的平均功率，即：

$$P_o=\frac{1}{2}I_{C1m}U_{Cm}=\frac{1}{2}I_{C1m}^2R_e=U_{Cm}^2/2R_e \tag{4—8}$$

集电极功耗 P_C 等于直流电源供给功率 P_D 减去输出功率 P_o，即：

$$P_C=P_D-P_o \tag{4—9}$$

放大器集电极效率 η_C 等于输出功率 P_o 与直流电源供给功率 P_D 之比，即：

$$\eta_C=\frac{P_O}{P_D}=\frac{1}{2}\frac{I_{C1m}}{I_{C0}}\frac{U_{Cm}}{U_{CC}}=\frac{1}{2}\frac{\alpha_1(\theta)}{\alpha_0(\theta)}\frac{U_{Cm}}{U_{CC}}=\frac{1}{2}g_1(\theta)\xi \tag{4—10}$$

式中，$\xi=\frac{U_{Cm}}{U_{CC}}$，称为集电极电压利用系数，高频功率放大器的集电极输出信号幅度 U_{Cm} 接近电源电压 U_{CC}，所以 ξ 约等于 1；$g_1(\theta)=\frac{\alpha_1(\theta)}{\alpha_0(\theta)}$，称为波形系数，是导通角 θ 的函数，函数关系曲线如图 4—4 中虚线所示。导通角 θ 越小，波形系数 $g_1(\theta)$ 越大，则放大器的效率 η_C 越高。设 $\xi=1$，由式（4—10）可得效率与放大器工作状态之间的关系。

甲类工作状态：$\theta=\pi$，$g_1(\theta)=1$，$\eta_C=\frac{1}{2}g_1(\theta)\xi=50\%$。

乙类工作状态：$\theta=\pi/2$，$g_1(\theta)\approx1.5$，$\eta_C=\frac{1}{2}g_1(\theta)\xi=75\%$。

丙类工作状态：$\theta=\pi/3$，$g_1(\theta)\approx1.75$，$\eta_C=\frac{1}{2}g_1(\theta)\xi=87.5\%$。

由此可见，丙类工作状态的效率最高，而且θ越小，效率越高。但θ减小，$\alpha_1(\theta)$就减小，由式（4—5）和式（4—8）可知，输出功率P_o也随之减小。工程设计中，θ一般不应小于$\pi/3$，以便同时兼顾效率和输出功率两个重要指标。

我们来总结一下谐振功率放大器的效率是怎样得到保证的：一方面，从放大器工作状态来看，谐振功率放大器是丙类放大，在一个信号周期内，只有小于半个周期的时间内有集电极电流通过，形成余弦脉冲电流，电流导通角$\theta<\pi/2$，波形系数$g_1(\theta)$较大，因而集电极输出效率η_C较高；另一方面，从电路结构和信号波形来看，集电极余弦脉冲电流依靠LC谐振回路的选频作用，滤除直流和各次谐波成分，才输出不失真的余弦信号波形，而当LC回路谐振时，由图4—3可以看出，晶体管集电极电流i_C与管压降u_{CE}的变化相反，当i_C为最大时，u_{CE}最小，i_C只在u_{CE}很低的时候出现，它们的乘积较小，故瞬时管耗较小，放大器的效率因而比较高。

实际中，提高功率放大器效率有两层意义：一是在要求一定的输出功率前提下，提高效率能节省发射机输入电源功率，这对移动电话和卫星转发器之类的设备很重要；二是提高效率能降低晶体管管耗，减少晶体管发热，从而提高整机的可靠性，或者在允许晶体管管耗一定的条件下提高效率，使晶体管可输出更大的功率。例如某晶体管允许管耗为10W，在效率为80%时放大器可输出功率40W，在效率为90%时可输出功率90W。

小信号选频放大器和谐振功率放大器都以谐振回路为负载，它们有什么区别呢？

（1）作用与要求不同。小信号选频放大器主要用于高频小信号的选频放大，要求有较高的选择性和谐振增益；谐振功率放大器主要用于高频信号的功率放大，要求效率高、输出功率大。

（2）工作状态不同。小信号选频放大器输入信号很小，失真小，故工作在甲类状态；谐振功率放大器为大信号放大器，为了提高效率，工作在丙类状态。

（3）对谐振回路要求不同。小信号选频放大器主要用来选择有用信号抑制干扰信号，选择性要求较高，故谐振回路的Q值较高；谐振功率放大器谐振回路主要用于抑制谐波，实现阻抗匹配，输出大功率，滤波网络中L、C与负载R_L构成并联谐振回路，R_L较大，所以回路的Q值较低。

4.3　丙类谐振功率放大器的工作特性

根据前面的讨论，我们知道放大器的工作状态按其导通时间不同，可分为甲类、乙类、甲乙类、丙类等，这种划分方法我们也可以理解为是按晶体管是否进入截止区和进入截止区的时间长短来划分的。通过分析知道，为了提高效率，谐振功率放大器通常工作在丙类，丙类工作状态的集电极电流为导通角较小的余弦脉冲电流，条件是晶体管不能进入饱和区，否则会出现凹陷的余弦脉冲波形，使放大器工作在过压状态。

什么是过压状态呢？其实，根据丙类晶体管工作在饱和区还是放大区，可分为欠压、临界和过压三种状态。

(1) 欠压状态：当输出电压幅值U_{Cm}较小时，根据式(4—4)可知u_{CE}的最小值较大，晶体管工作在放大区，i_C受i_B控制，i_C为如图4—5所示的①尖顶余弦脉冲。

(2) 临界状态：如果增大U_{Cm}, u_{CE}的最小值将减小，当u_{CE}的最小值减小到临界饱和电压值即$u_{CEmin}=u_{CE(sat)}$时，晶体管工作于放大和饱和的临界点上，i_C为如图4—5所示的②顶端变化平缓的余弦脉冲。

(3) 过压状态：继续增大U_{Cm}，u_{CE}将继续减小，当U_{Cm}过大，使u_{CE}的最小值减小到$u_{CEmin}<u_{CE(sat)}$时，晶体管将瞬间进入饱和区，在饱和区，i_B对i_C失去控制作用，i_C会随u_{CE}的减小迅速减小，从而出现凹陷，u_{CE}越小，凹陷越深，脉冲高度越小，i_C为如图4—5所示的③凹陷余弦脉冲。

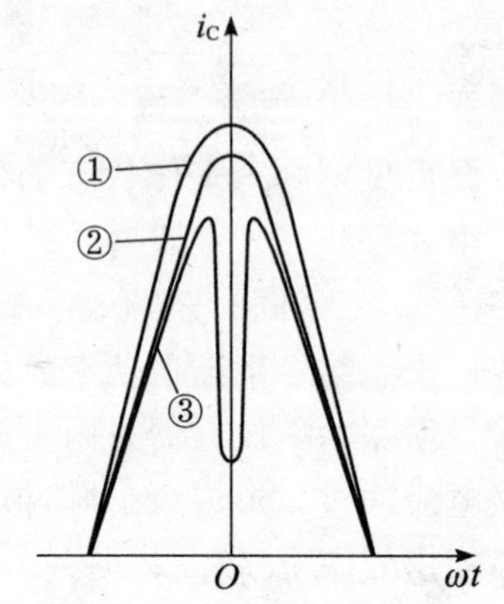

图4—5 丙类功率放大器的三种状态脉冲电流波形

当集电极负载回路的谐振阻抗R_e、输入信号的幅度U_{im}、基极偏置电压U_{BB}以及集电极电源电压U_{CC}大小变化时都会引起u_{CE}的变化，使集电极电流脉冲形状发生变化，从而使丙类放大器的工作状态发生改变，而放大器工作状态的改变又会引起谐振功率放大器的输出功率及效率的变化，因此通过对电路这些特性的分析，可以了解谐振功率放大器的应用及正确的调试方法。

4.3.1 负载变化对工作状态的影响——负载特性

放大器的负载特性描述的是当U_{CC}、U_{BB}、U_{im}不变时，放大器的电流、电压、功率和效率等随集电极负载变化的特性。

集电极负载的变化是怎么引起的呢？一方面，高频功率放大器的实际负载常常是天线，而天线的阻抗很容易受周围环境的影响而变化；另一方面，实际负载是通过复杂的阻抗变换和滤波网络变换成晶体管所要求的谐振负载的，因此，即使实际负载是确定值，在调试过程中仍会因为谐振元件的调整而使晶体管集电极的负载阻抗剧烈变化。此外，负载回路未能准确调谐也会造成电路工作状态的改变。

我们将集电极负载的变化概括为两种情况，一是集电极调谐准确，但谐振电阻R_e的大小偏离理想值；二是负载回路未准确调谐（失谐），使集电极负载阻抗包含电抗成分。下面分别讨论两种情况。

1. 谐振电阻R_e改变

假设R_e由小变大，则根据$U_{Cm}=R_eI_{C1m}$，U_{Cm}也随之由小变大，u_{CE}则由大变小。当u_{CE}减小到进入饱和区后，放大器从欠压状态经临界状态过渡到过压状态，i_C余弦脉冲电流波形的变化如图4—6所示。

让我们来看一下i_C、U_{Cm}、P_D、P_o、P_C以及η_C随R_e的变化关系。

(1) i_C与R_e的变化关系。

在欠压状态下，i_C尖顶脉冲的高度随R_e的增加而略有下降（i_C主要受i_B控制），所

以从中分解出来的 I_{C0} 和 I_{C1m} 变化不大；在过压状态下，i_C 脉冲的凹陷程度随着 R_e 的增加而急剧加深，使 I_{C0} 和 I_{C1m} 急剧下降，I_{C0} 和 I_{C1m} 随 R_e 变化的关系曲线如图 4—7（a）所示。

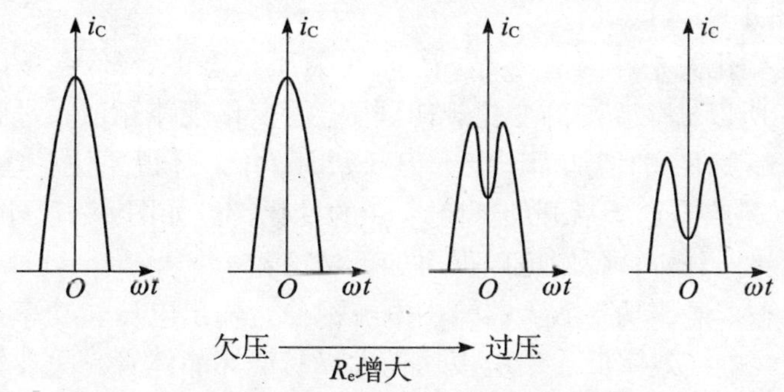

图 4—6　负载 R_e 变化对 i_C 波形的影响

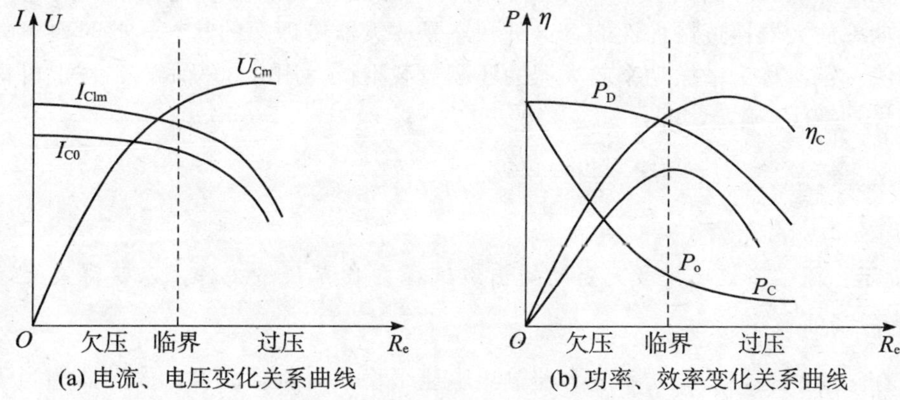

图 4—7　谐振功率放大器负载特性

（2）U_{Cm} 与 R_e 的变化关系。

因为 $U_{Cm}=I_{C1m}R_e$，在欠压状态下，I_{C1m} 随 R_e 的增加而下降缓慢，所以 U_{Cm} 受 R_e 的影响较大，随着 R_e 的增加而增加较快；在过压状态下，I_{C1m} 随 R_e 的增加而下降较快，所以 U_{Cm} 随 R_e 的变化而缓慢地增加，其变化关系曲线如图 4—7（a）所示。

（3）P_D、P_O、P_C、η_C 与 R_e 的变化关系。

1）P_D 与 R_e 的变化关系：因 $P_D=I_{C0}U_{CC}$，由于 U_{CC} 不变，所以 P_D 随 R_e 的变化规律与图 4—7（a）中 I_{C0} 的变化规律相同。P_D 的变化特点如图 4—7（b）所示。

2）P_o 与 R_e 的变化关系：因 $P_o=\frac{1}{2}I_{C1m}^2R_e$，在欠压状态下，$I_{C1m}$ 随 R_e 的增加而下降缓慢，P_o 受 I_{C1m} 的影响较小，受 R_e 的影响较大，所以 P_o 随 R_e 的增加而增加显著；在过压状态下，I_{C1m} 随 R_e 的增加而下降很快，P_o 受 I_{C1m} 的影响较大，所以随着 R_e 的增加，P_o 反而下降，因而可以得出结论——临界状态时集电极输出功率最大。P_o 的变化特点如图 4—7（b）所示。

3）P_C 与 R_e 的变化关系：因 $P_C=P_D-P_o$，所以 P_C 曲线可以由 P_D 曲线与 P_o 曲线相减得到，在欠压状态下，尤其在 R_e 很小时，P_C 很大，极端情况当 $R_e=0$（负载回路短路），$P_o=0$，$P_C=P_D$，即集电极直流电源功率全部消耗在晶体管集电极上，晶体管可能因 P_C 太大，超过集电极最大允许功耗而损坏，这在实际工作中是必须注意的。在过压状态，由于 P_D 与 P_o 几乎以同一规律下降，所以 P_C 很小，且几乎不随 R_e 的变化而变化。P_C 的变化特点如图 4—7（b）所示。

4）η_C 与 R_e 的变化关系：因 $\eta_C=P_o/P_D$，在欠压状态下，P_D 随 R_e 变化很小，P_o 随 R_e 的增加而增加，所以 η_C 随 R_e 的变化规律同 P_o 的变化规律相似；过临界状态进入过压状态后，P_D 和 P_o 都随 R_e 的增加而下降，但开始时 P_D 下降得要快一些，随后 P_o 下降得要快一些，所以 η_C 是略有增大后开始下降。η_C 的变化特点如图 4—7（b）所示。

由上面的负载特性分析，我们可以得出如下结论：

（1）在欠压状态，谐振功率放大器输出电流平稳，输出电压、功率都随负载变化而变化，输出功率小、集电极效率低、集电极功耗大、易烧坏晶体管。除非输出信号有幅度调制，否则这种状态应避免。

（2）在临界状态，谐振功率放大器输出功率最大，集电极功耗较小、集电极效率较高，谐振功率放大器接近最佳性能，这种状态是放大器最理想的状态，此时要求集电极负载阻抗的值一定，称为谐振功率放大器的匹配负载阻抗，用 R_{eopt} 表示，工程上可根据所需的输出信号功率 P_o 确定，即：

$$R_{eopt}=\frac{1}{2}\frac{U_{Cm}^2}{P_o}=\frac{1}{2}\frac{(U_{CC}-u_{CE(sat)})^2}{P_o} \tag{4—11}$$

提示： 通常多级功率放大器的输出级选择在临界状态工作，以获得最大输出功率和较高的效率。

（3）在过压状态，谐振功率放大器输出电压平稳，对负载而言，放大器相当于一个恒压源，可用于负载变化范围大的场合。而且在临近临界的过压状态，集电极效率最高，输出功率较大，因此比较适用于中间级，保证级间功率放大器在其负载变化时仍能向下一级提供平稳的输出电压。

2. 负载回路失谐

负载回路失谐一般发生在晶体管的调试过程中，或调试好后因发射机实际负载偏离设计值而造成调谐网络失谐的情况下，当负载回路严重失谐时，集电极负载阻抗绝对值通常很小，电源输出功率基本全部消耗在晶体管上，晶体管会因为过热而损坏。

4.3.2 各极电压对工作状态的影响

1. U_{CC} 对功率放大器工作状态的影响

通常，功率放大器的集电极电压 U_{CC} 应保持稳定，但在集电极调幅电路中则依靠改变 U_{CC} 来实现高频信号的幅度调制。分析 U_{CC} 对工作状态的影响，目的在于搞清楚正确实现调幅的条件。

当 R_e、U_{BB}、U_{im} 不变，只有集电极电源电压 U_{CC} 变化时，集电极脉冲电流 i_C 波形的变化如图 4—8（a）所示。分析可知，当 U_{CC} 由小变大时，u_{CEmin} 将随之增大，放大器的工作状态由过压向欠压状态变化，i_C 脉冲由凹陷形状向尖顶脉冲形状变化。

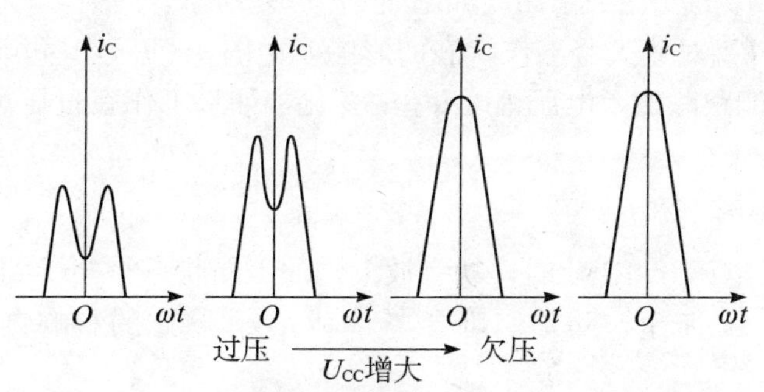

(a) U_{CC}变化时i_C脉冲电流的变化

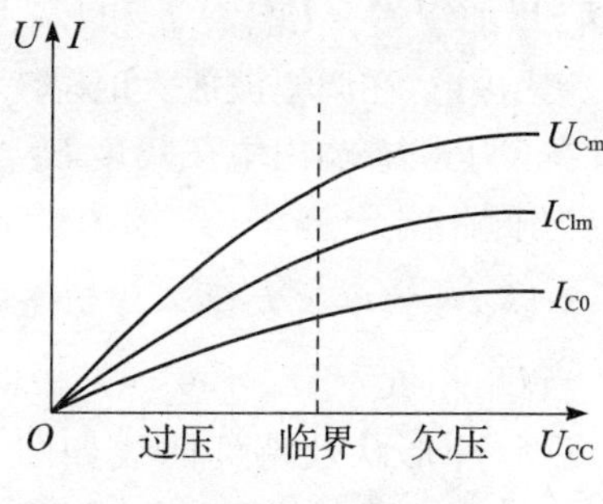

(b) 集电极调制特性

图 4—8 U_{CC}对功率放大器工作状态的影响

在欠压状态，i_C 由 i_B 控制，脉冲高度变化不大，所以从 i_C 中分解出来的 I_{C0} 和 I_{C1m} 变化不大，U_{Cm}（$=I_{C1m}R_e$）也变化不大。在过压状态，随着 U_{CC} 的减小，u_{CEmin} 随之减小，I_{C0} 和 I_{C1m} 随之较快地下降，并且在 $U_{CC}=0$ 时，I_{C0}、I_{C1m} 和 U_{Cm} 都等于 0，I_{C0}、I_{C1m} 和 U_{Cm} 随 U_{CC} 的变化关系曲线如图 4—8（b）所示。

我们把 R_e、U_{BB}、U_{im} 不变时 U_{Cm} 随 U_{CC} 变化的特性称为集电极调制特性。集电极调幅就是利用过压状态下这一变化原理来实现的，让 U_{CC} 按照调幅信号的包络变化，即可在晶体管集电极输出调幅电压，具体应用请参考“知识链接”。

> **知识链接：**学习任务 5 幅度调制、解调与混频——频谱搬移电路——5.1.2 幅度调制电路——2. 高电平调幅电路——(2)集电极调幅电路

2. U_{im} 对功率放大器工作状态的影响

当 U_{CC}、R_e、U_{BB} 不变时，功率放大器的工作状态将随输入信号幅值 U_{im} 的变化而变化，这一特性我们称之为振幅特性或放大特性。

当 U_{im} 由小变大时，由图 4—2 和式（4—1）可知，晶体管 u_{BE}（$=U_{BB}+U_{im}\cos(\omega t)$）增大，从而使集电极电流 i_C 脉冲宽度和高度均增加，I_{C1m} 增加，U_{Cm} 增加，u_{CEmin} 减小，功率放大器由欠压状态进入过压状态，脉冲波形出现凹陷，如图 4—9（a）所示。

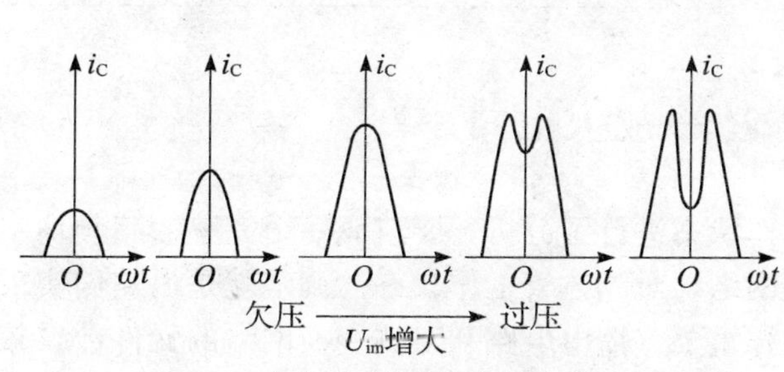

(a) U_{im}变化时i_C脉冲电流的变化

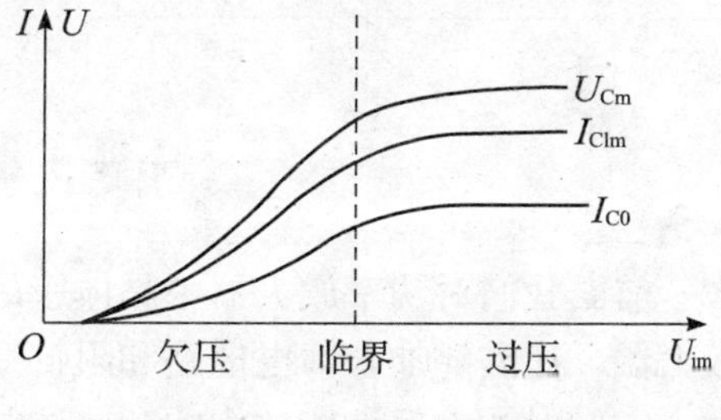

(b) 晶体管的放大特性

图 4—9 U_{im}对功率放大器工作状态的影响

在欠压状态，U_{im} 增大时，i_C 脉冲高度增加显著，所以 I_{C0}、I_{C1m} 和 U_{Cm} 随 U_{im} 的增加而迅速增大。在过压状态，U_{im} 增大时，i_C 脉冲高度虽有增加，但凹陷加深，所以 I_{C0}、I_{C1m}

和U_{Cm}增加缓慢。I_{C0}、I_{C1m}和U_{Cm}随U_{im}的变化关系曲线如图 4—9（b）所示。

实用中，在调幅波放大时需考虑U_{im}对放大器工作状态的影响，由图 4—9（b）可知，只有在欠压状态输出电压幅度U_{Cm}才能跟踪输入电压幅度U_{im}的变化，如果工作在过压区，则成为限幅器。

3. U_{BB}对功率放大器工作状态的影响

当U_{CC}、R_e、U_{im}不变，基极偏置电压U_{BB}变化时，功率放大器的工作状态将会受到影响。i_C 脉冲形状及特性曲线如图 4—10 所示。同学们可参考U_{im}对工作状态的影响自行分析。

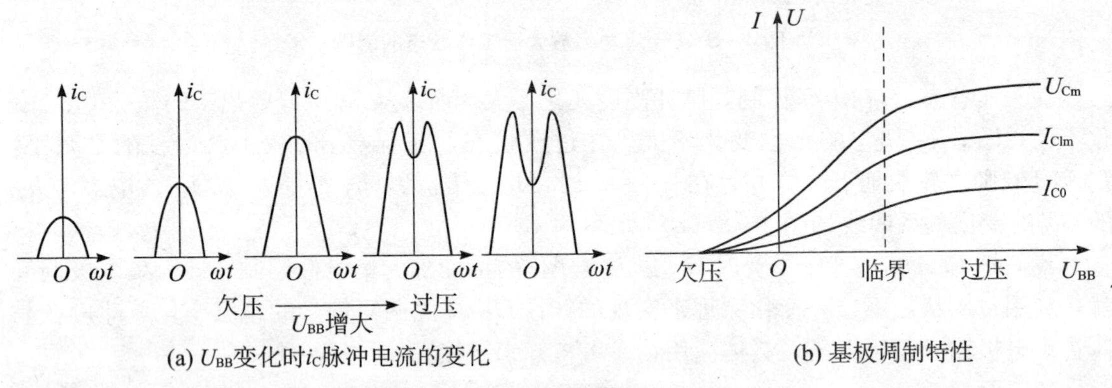

(a) U_{BB}变化时i_C脉冲电流的变化　　(b) 基极调制特性

图 4—10　U_{BB}对功率放大器工作状态的影响

实际中，图 4—10（b）可用于基极调幅或晶体管的调试。用于基极调幅时，又称这一曲线为基极调制特性，因为只有在欠压状态下输出电压幅度U_{Cm}才能跟踪U_{BB}的变化，所以为了实现基极调幅，丙类功率放大电路必须工作在欠压状态，具体应用可参考“知识链接”；用于晶体管的调试是由于高频功率放大器不能像低频放大器那样能精确描述，因此在设计时就留下一些状态或元件参数待实验调整，其中U_{BB}就是一个能较好地调控晶体管状态的参数，调整它就可以调整集电极电流脉冲导通角和高度。

知识链接： 学习任务 5　幅度调制、解调与混频——频谱搬移电路——5.1.2 幅度调制电路——2. 高电平调幅电路——(1)基极调幅电路

4.4　谐振功率放大电路

前面我们对功率放大器中晶体管的工作状态进行了分析，要组成一个完整的高频功率放大器，还需要加入馈电电路和阻抗变换网络，对晶体管工作状态的调整就是由它们实现的，它们对放大器性能的影响和晶体管一样重要。馈电电路和阻抗变换网络的元件数量较多，元件体积较大，为适应晶体管特性定量分析的要求，这些元件中很多都设计成可调的。这样它们一般不能集成到集成电路内，与低频功率放大器明显不同，无论是理论计算还是实际调试，工作量都比较大。

4.4.1　馈电电路

直流电源加到各电极上去的线路叫做馈电电路，欲使高频功率放大电路正常工作，必须有相应的馈电电源，为基极提供适当的偏压，为集电极提供电源电压，因此基极和集电极都要有馈电电路。

1. 集电极馈电电路

集电极馈电电路的功能是将电源电压无损耗地加在晶体管集电极上，其组成原则如下：

（1）馈电电路直流电阻要小（保证电源电压无损耗地加在晶体管集电极上）。

（2）使集电极脉冲电流的基波成分流过谐振回路产生输出功率，有效地滤除高次谐波分量。

（3）由于晶体管集电极电流很大，高次谐波成分很多，好的馈电电路应使到达电源的交流电流很小，以免造成电源电压波动，这种波动可能干扰共用电源的其他功能电路，从而造成系统工作性能降低甚至不稳定。

如图 4—11 所示为两种常用谐振功率放大器的集电极馈电电路。图 4—11（a）中直流电源 U_{CC}、晶体管、负载谐振回路三者为串联连接，直流电流流经谐振负载，我们称这种馈电方式为串联馈电方式，简称串馈；图 4—11（b）中直流电源 U_{CC}、晶体管、负载谐振回路三者为并联连接，直流电流不流过谐振负载，我们称这种馈电方式为并联馈电方式，简称并馈。这里所说的谐振负载是指实际负载经阻抗变换电路变换后的等效电阻。

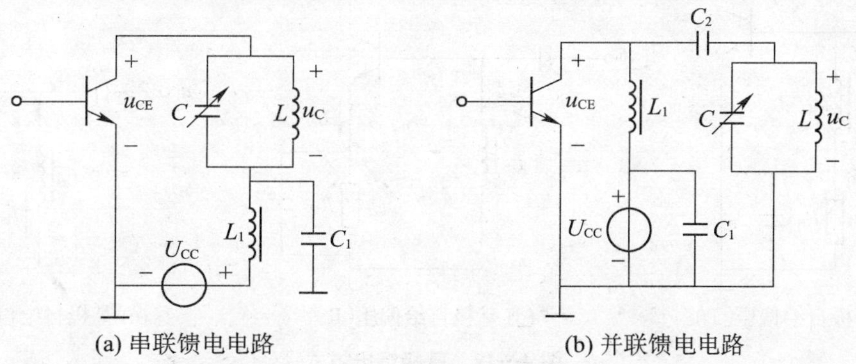

(a) 串联馈电电路　　(b) 并联馈电电路

图 4—11　集电极馈电电路

图中 L_1 为高频扼流圈，它对高频信号感抗大，呈开路状态；C_1 为高频旁路电容，对高频信号呈短路状态，与 L_1 一起构成电源滤波电路，作用是阻止高频信号对直流电源的影响，否则交流信号在电源内阻上形成电压，引起反馈，造成电源电压波动，使工作不稳定；C_2 为隔直电容，它为高频信号提供通路，同时隔断直流信号，避免直流电源 U_{CC} 经 LC 网络对地短路。

提示： 其实串馈电路和并馈电路只是电路形式上的不同，无论哪一种连接方式，交流电压和直流电压都是串联叠加在一起的，都满足式（4—1）和式（4—4）。

2. 基极馈电电路

基极馈电电路的功能是为基极产生要求的偏压而不损失基极的高频电流或电压，其组成原则如下：

(1) 晶体管基极应加反向直流偏压或加小于导通电压 $u_{BE(ON)}$ 的正向直流偏压，以保证工作在丙类。

(2) 基极直流偏压应直接加到晶体管 B、E 两端，并能保持直流压降稳定（滤掉基波和高次谐波）。

与集电极馈电方式不同的是，基极偏压可以采用外加偏置方式，也可以采用自给偏置方式。如图 4—12 所示为几种基极馈电方式。

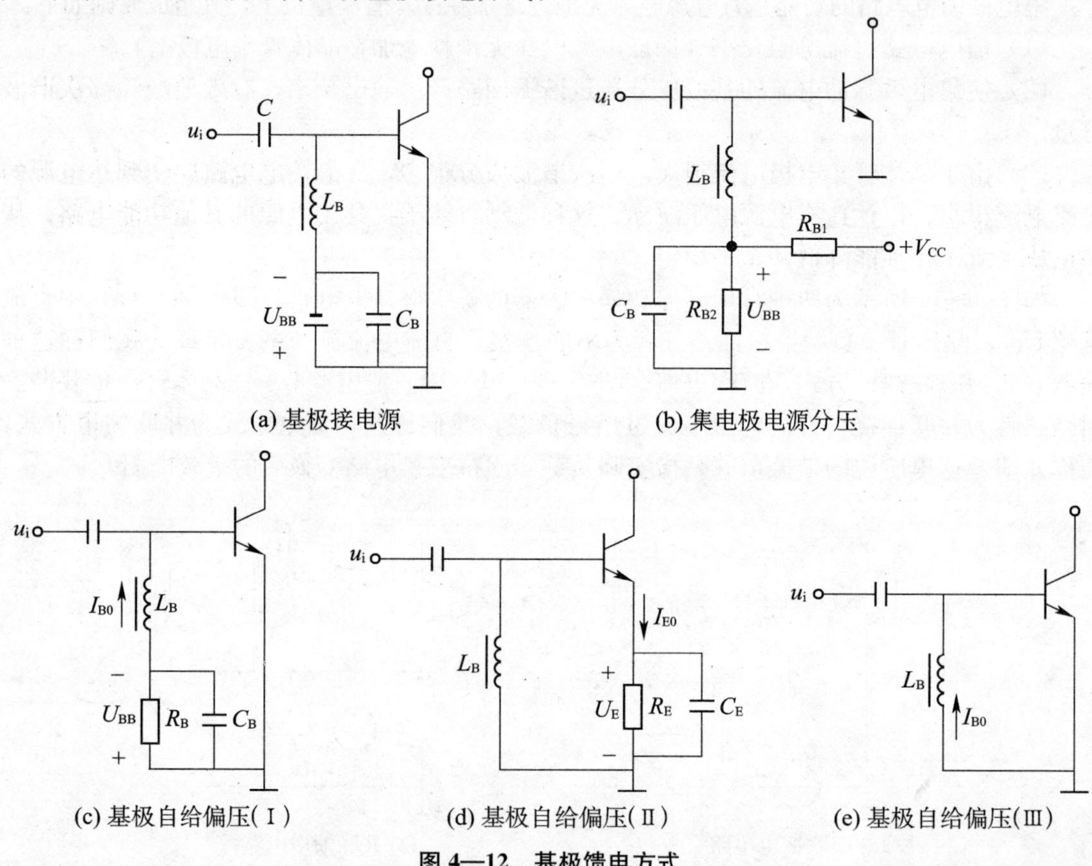

图 4—12 基极馈电方式

图 4—12（a）中，晶体管基极直接接电源 U_{BB}，为保证丙类工作，其值应小于功率管的导通电压或为负压。图中 L_B 为高频扼流圈，C 为交流耦合电容。实际应用中，电路中多为一组电源，应用起来很不方便。

图 4—12（b）中，采用集电极直流电源经电阻 R_{B2} 分压后供给，可提供正向偏置电压，为保证丙类工作，其值应小于功率管的导通电压。图中 C_B 为高频旁路电容，L_B 为高频扼流圈。

采用自给偏压电路，可获得反向偏压，图 4—12（c）、(d)、(e) 为自给偏压式馈电电路。图 4—12（c）是利用基极脉冲电流 i_B 中的直流分量 I_{B0} 在电阻 R_B 两端产生的压降为基极提供较小的负偏置电压。旁路电容 C_B 的容量要求足够大，以便能有效地短路基波及各次谐波电流，使 R_B 上产生稳定的直流压降，改变 R_B 的大小，从而调节反向偏置电压的大小。不接 R_B 和 C_B，利用 L_B 中固有的直流电阻来获得很小很小的反向偏置电压，称为零偏压电路，如图 4—12（e）所示。图 4—12（d）是利用发射极电流 i_E 的直流分量 I_{E0} 在电阻 R_E 上产生的压降提供偏置。

提示：自给偏置电路中，未加输入信号时，$i_B=0$，因此偏置电压也为零。当输入信号幅度由小变大时，i_B 增大，其直流分量 I_{B0} 也增大，反向偏压随之增大。这种偏置电压随输入信号幅度而变化的现象称为自给偏置效应。

4.4.2　阻抗变换网络

为了与前级和后级电路达到良好的传输和匹配关系，高频功率放大器通常接有输入阻抗变换网络和输出阻抗变换网络，输入阻抗变换网络用于信号源与谐振功率放大器之间。由于高频功率放大器的输入电阻很小，通常只有几欧姆，而信号源的内阻一般为 50Ω，高频功率放大器作为信号源的负载，为了使信号源的功率有效地加到高频功率放大器，可采用输入阻抗变换网络来实现低输入电阻和高信号内阻的匹配。输出阻抗变换网络用于输出级与天线负载之间，天线的阻抗一般为 50Ω，为了使输出获得最高的输出功率，功放管应工作在临界状态，将天线阻抗变换为负载匹配阻抗 R_{eopt}，实现输出回路的阻抗匹配（这里的阻抗匹配区别于输入电路中的阻抗匹配，输入电路的阻抗匹配指放大器输入阻抗与信号源的内阻相等时，放大器可从信号源取得最大功率）。阻抗变换网络在电路中的作用除了阻抗变换还有滤波，即滤除集电极电流中的高次谐波成分。

对阻抗变换网络的一般要求是：

（1）在所需频带内进行有效的阻抗变换，输出最大功率。

（2）有效滤除不需要的高次谐波成分。

（3）要求固有损耗要小，传输效率要高。

我们下面介绍和讨论阻抗变换网络的两种形式——并联谐振回路型和滤波型。

1. 并联谐振回路型

如图 4—13 所示，LC 并联谐振回路型输出阻抗变换网络通过变压器耦合线圈与负载回路相连。图中，L_1、C_1 谐振回路有滤波作用，调节抽头位置可改变匝比，从而完成阻抗变换，其原理同学们可参考学习任务 3 的内容。R_A、C_A 分别代表天线的辐射电阻与等效电容；L_3、C_2 为天线回路的调谐元件，其作用是使天线回路处于串联谐振状态，以便使天线回路的电流达到最大，即天线辐射功率达到最大。

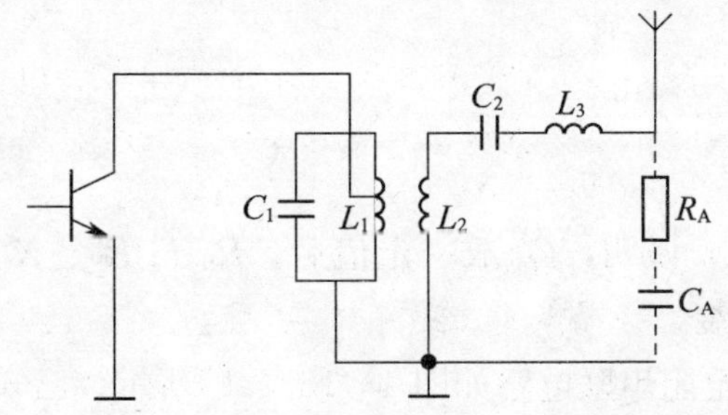

图 4—13　LC 并联谐振回路型输出阻抗变换网络

2. 滤波型

常用滤波型阻抗变换网络有 L 形、π 形和 T 形等，各种类型的阻抗变换网络都是以串、并联阻抗变换为基础的。

(1) 串、并联阻抗变换。

若将图 4—14（a）的电阻、电抗串联电路和图 4—14（b）的并联电路做等效变换，有：

$$\frac{1}{R_S+jX_S}=\frac{1}{R_P}+\frac{1}{jX_P} \tag{4—12}$$

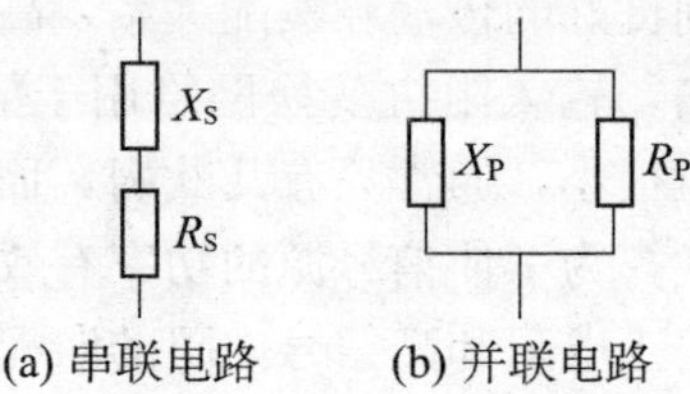

图 4—14　串并联电路阻抗变换

从而有：

$$\frac{R_S}{R_S^2+X_S^2}-\frac{jX_S}{R_S^2+X_S^2}=\frac{1}{R_P}-j\frac{1}{X_P} \tag{4—13}$$

由此可得串、并联阻抗变换关系为：

$$R_P=\frac{R_S^2+X_S^2}{R_S}=R_S\left(1+\frac{X_S^2}{R_S^2}\right)=R_S\left(1+Q_e^2\right)$$
$$X_P=\frac{R_S^2+X_S^2}{X_S}=X_S\left(1+\frac{R_S^2}{X_S^2}\right)=X_S\left(1+\frac{1}{Q_e^2}\right) \tag{4—14}$$

式中，$Q_e=\frac{|X_S|}{R_S}=\frac{R_P}{|X_P|}$。　(4—15)

当串联阻抗变换为并联阻抗时，有：

$$R_P=R_S\left(1+Q_e^2\right)$$
$$X_P=X_S\left(1+\frac{1}{Q_e^2}\right) \tag{4—16}$$

当并联阻抗变换为串联阻抗时，有：

$$R_S=\frac{R_P}{1+Q_e^2}$$
$$X_S=\frac{X_P}{1+1/Q_e^2} \tag{4—17}$$

式（4—16）、（4—17）说明，Q_e 取一定值后，R_S 与 R_P、X_S 与 X_P 之间可以相互转换，转换后的电抗性质不变。

【例 4—1】　电感与电阻串联电路如图 4—15（a）所示，已知频率 f、电感 L_S、电阻 R_S，若变换成如图 4—15（b）所示并联电路，求 R_P、L_P 和 Q_e。

解　由式（4—15）得：

$$Q_e=\frac{|X_S|}{R_S}=\frac{\omega L_S}{R_S}=\frac{2\pi f L_S}{R_S}$$

由式（4—16）得：

$$R_P=R_S\ (1+Q_e^2)$$

$$\omega L_P=\omega L_S\ (1+\frac{1}{Q_e^2})$$

$$L_P=L_S\ (1+\frac{1}{Q_e^2}) \tag{4—18}$$

【例 4—2】 电容与电阻并联电路如图 4—16（a）所示，已知频率 f、电容 C_P、电阻 R_P，若变换成如图 4—16（b）所示的串联电路，求 R_S、C_S 和 Q_e。

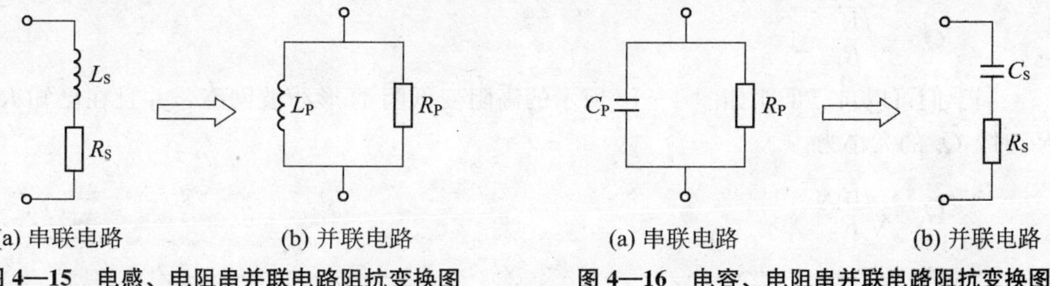

(a) 串联电路　(b) 并联电路

图 4—15　电感、电阻串并联电路阻抗变换图

(a) 串联电路　(b) 并联电路

图 4—16　电容、电阻串并联电路阻抗变换图

解　由式（4—15）得：

$$Q_e=\frac{R_P}{|X_P|}=R_P\omega C_P$$

由式（4—17）得：

$$R_S=\frac{R_P}{1+Q_e^2}$$

$$\frac{1}{\omega C_S}=\frac{1/\omega C_P}{1+1/Q_e^2}$$

$$C_S=C_P\ (1+\frac{1}{Q_e^2}) \tag{4—19}$$

（2）L 形滤波网络的阻抗变换。

如图 4—17 所示，L 形滤波网络是由两个异性电抗元件结成“L”形结构的阻抗变换网络，它是最简单的阻抗变换电路，其实就是前面介绍谐振功率放大器的原理电路时采用的并联谐振回路。图中 R_L 为外接实际负载电阻，它与电感支路串联，可减小高次谐波的输出，对提高滤波性能有利。

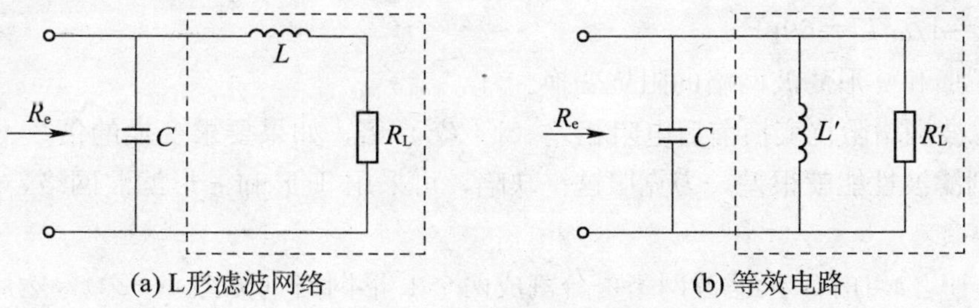

(a) L形滤波网络　(b) 等效电路

图 4—17　L 形滤波网络

将图 4—17（a）中 L 和 R_L 串联电路用并联电路来等效，得到如图 4—17（b）所示的电路，参考例 4—2 可得：

$$R_L'=R_L(1+Q_e^2)$$

$$L'=L(1+\frac{1}{Q_e^2})$$

$$Q_e=\frac{\omega L}{R_L}$$

在工作频率为并联谐振频率时，$\omega L'=1/\omega C$，其电路等效阻抗 R_e 就等于 R_L'。由于 $Q_e>1$，所以 $R_e=R_L'>R_L$，故此电路为低阻变高阻阻抗变换电路，其变换倍数取决于 Q_e 的大小。在已知 R_e 和 R_L 时，Q_e 的大小可由 $R_e=R_L(1+Q_e^2)$ 求出，即：

$$Q_e=\sqrt{\frac{R_e}{R_L}-1} \tag{4—20}$$

同学们可以自己证明如图 4—18 所示的高阻变低阻 L 形滤波网络，并且在已知 R_e 和 R_L 时，Q_e 的大小为：

$$Q_e=\sqrt{\frac{R_L}{R_e}-1} \tag{4—21}$$

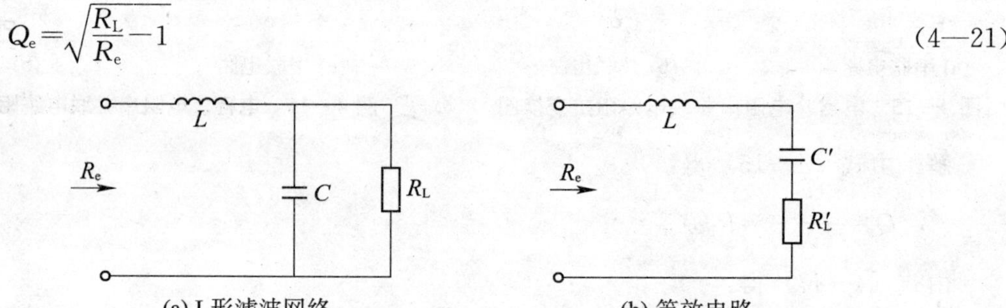

图 4—18　高阻变低阻 L 形滤波网络

【例 4—3】　已知某谐振功率放大器的 $f=50\text{MHz}$，$R_L=10\Omega$，所需的匹配负载为 $R_e=200\Omega$，试确定 L 形滤波网络的类型和参数。

解　应采用低阻变高阻 L 形滤波网络，电路如图 4—17 所示（a）所示。参数设计如下：

$$Q_e=\sqrt{R_e/R_L-1}=\sqrt{19}=4.36$$

$$L=\frac{Q_eR_L}{\omega}=\frac{4.36\times10}{2\times3.14\times5\times10^7}=139\text{nH}$$

$$L'=L\ (1+1/Q_e^2)\ =139\times(1+1/4.36^2)\ =146\text{nH}$$

$$C=1/\omega^2L'=69\text{pF}$$

（3）T 形和 π 形滤波网络的阻抗变换。

L 形滤波网络阻抗变换前后电阻相差（$1+Q_e^2$）倍，如果要求变换的倍数不高，Q_e 就得很小，则滤波性能就很差，为克服这一缺陷，可采用 T 形和 π 形滤波网络，如图 4—19 所示。

图 4—19（a）的 T 形滤波网络可分割成两个 L 形网络（见图 4—20），然后利用 L 形网络变换方法，便可得到它的阻抗变换关系。

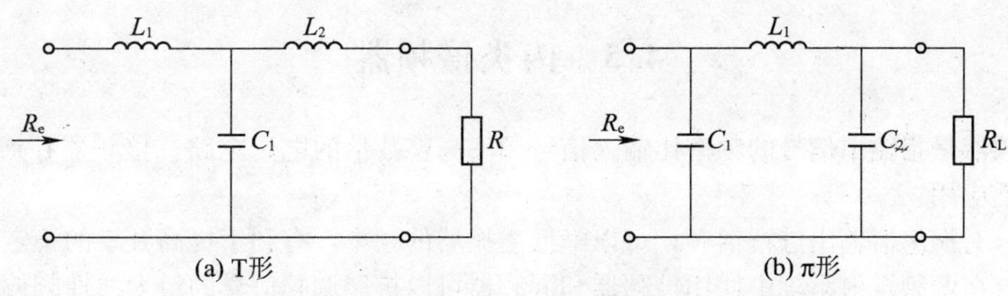

图 4—19　T 形和 π 形滤波网络

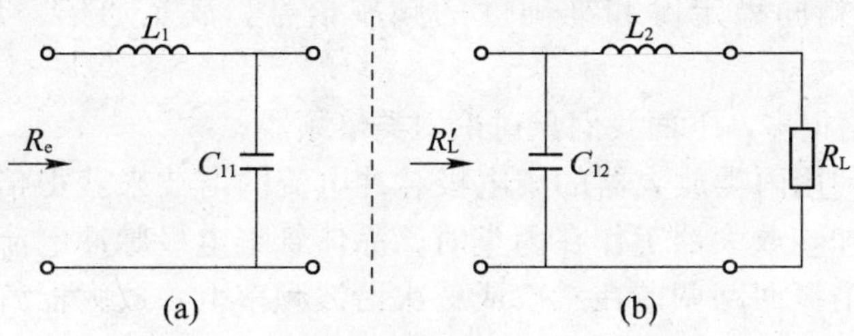

图 4—20　T 形网络拆成两个 L 形网络

图 4—19（b）与图 4—17 L 形滤波网络完全一样，是低阻变高阻的滤波电路，可直接求出等效阻抗：

$$R_L' = R_L\ (1+Q_e^2)$$

R_L'作为图 4—20（a）L 形网络的负载，此网络与图 4—18 所示电路相同，是高阻变低阻的滤波电路，可求得：

$$R_e = \frac{R_L'}{1+Q_e^2}$$

由此可见，$R_L' > R_L$，$R_e < R_L'$，R_L 先变大再变小，这样变换前后的阻抗倍数就得到了控制，只要恰当选择两个 L 形网络的 Q_e 值，就可以兼顾滤波和阻抗变换要求。

π 形滤波网络（见图 4—19（b））的分析过程和 T 形相似，也是将 π 形滤波网络分割成两个基本的 L 形滤波网络，如图 4—21 所示，然后利用上面学习的理论方法进行相应的等效变换，便可得到分析结果，请同学们自己分析。

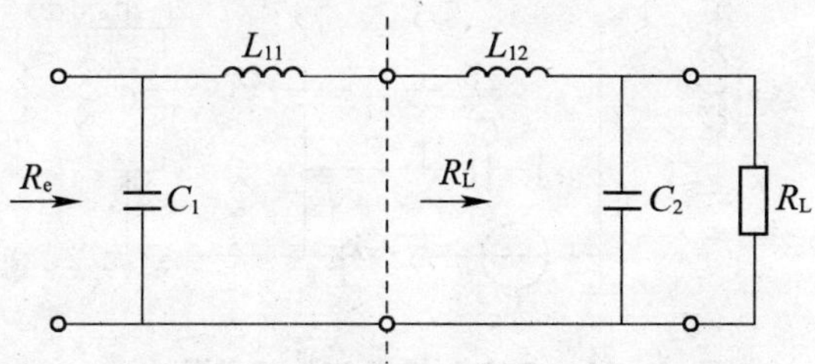

图 4—21　π 形网络拆成两个 L 形网络

应用链接： 本任务——应用举例

4.5 丙类倍频器

倍频器是指输出信号的频率比输入信号频率高整数倍的电子电路。倍频器在通信系统中被广泛应用：

（1）对振荡器输出进行倍频，可以降低主振器的频率，有利于提高频率的稳定度。

（2）在调频发射系统中使用倍频器和混频器可以扩展调频信号的最大线性频偏。

（3）在频率合成器中，倍频电路是不可缺少的组成部分。利用频率合成器可以产生大量和信号源具有相同稳定度和准确度的频率信号，满足通信系统对不同频率源的要求。

实现倍频的电路很多，下面我们只讨论丙类倍频器。

丙类倍频器是利用丙类放大器的集电极脉冲电流的谐波来获得倍频的。由谐振功率放大电路的分析可知，放大器工作在丙类时，晶体管集电极脉冲电流含有丰富的谐波分量，如果将集电极谐振回路调谐在二次或三次谐波频率上，放大器就只有二次、三次谐波电压输出，这样就构成了二倍或三倍倍频器。通常丙类倍频器工作在欠压或临界状态。

由于集电极脉冲电流的高次谐波的分解系数总小于基波分解系数，所以，倍频器的输出功率和效率都低于基波放大器，并且倍频次数越高，相应的谐波分量幅度越小，其输出功率和效率越低，滤除高于有用谐波分量幅度的基波和谐波分量越困难；当增加倍频次数时，为了得到一定的功率输出，就需要增大输入信号幅度，使得晶体管发射结承受的反向电压增大。因此，丙类倍频器倍频次数不宜过大，一般不超过 4 倍。若要提高倍频次数，可将倍频器级联起来使用。

带有陷波电路的三倍频电路如图 4—22 所示。图中并联谐振回路 L_3、C_3 调谐在三次谐波频率 $3f$ 上，用来获得三倍频电压输出；串联谐振回路 L_1、C_1 调谐在基波频率 f 上，抑制基波输出；串联谐振回路 L_2、C_2 调谐在二次谐波 $2f$ 上，抑制二次谐波输出。L_1、C_1 和 L_2、C_2 回路称串联陷波电路。

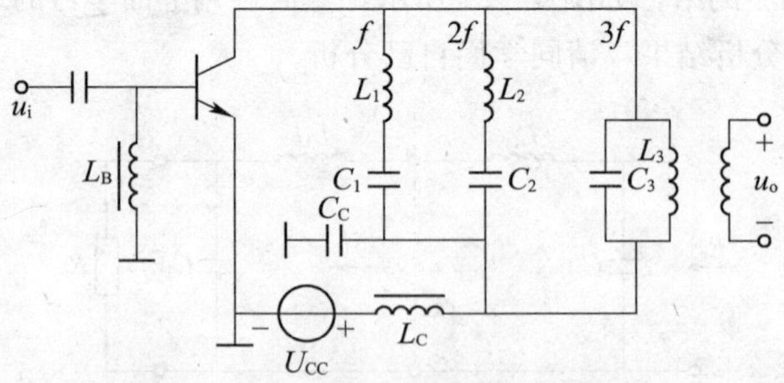

图 4—22　带有陷波电路的三倍频电路

如图 4—23 所示是一个工作频率为 160MHz、输出功率为 13W 的谐振功率放大电路，

工作效率可达90%。我们从馈电电路和输入、输出阻抗变换网络两方面分析电路特点。

(1) 馈电电路。

基极馈电电路：该电路基极采用自给零偏压电路，利用高频扼流圈 L_B 中的直流电阻产生很小的负偏置电压，使放大器工作于丙类状态。

集电极馈电电路：集电极采用并联馈电方式，L_C 为高频扼流圈，C_C 为直流电源滤波电容，作用是阻止高频信号对直流电源的影响，避免电源电压波动。

(2) 阻抗变换网络。

输入回路：C_1、C_2、L_1 构成T形输入阻抗变换网络。调节 C_1、C_2 使功放管的输入阻抗在工作频率上变换为前级要求的50Ω的匹配电阻。

输出回路：L_2、C_3、C_4 构成L形滤波网络。调节 C_3、C_4 可使50Ω的负载阻抗在工作频率上变换为功放管所要求的最佳负载阻抗 R_{eopt}，恰当选择 Q_e，可兼顾滤波和传输效率。

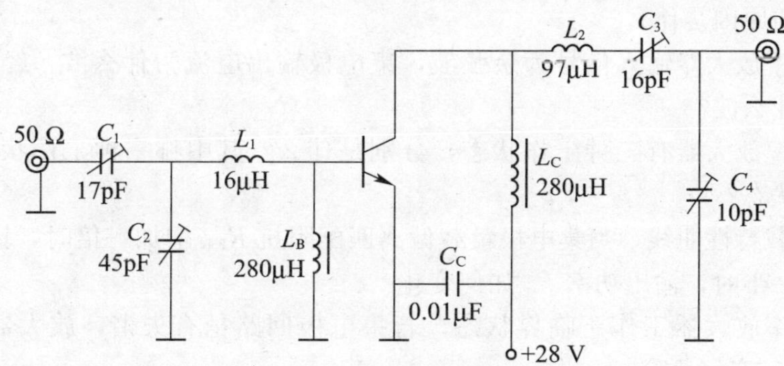

图4—23　谐振功率放大电路

要点总结

功率放大器的任务是向负载提供不失真的、功率足够大的信号，其主要性能指标是输出功率和效率。

高频功率放大器按工作频带来分，可分为窄带高频功率放大器和宽带高频功率放大器，窄带高频功率放大器通常以LC谐振网络作为负载，又称谐振功率放大器。

功率放大器的工作状态按其导通时间不同，可分为甲类、乙类、甲乙类、丙类工作状态等，其中丙类工作状态导通角小于 $\pi/2$，效率最高，但集电极电流为脉冲波形，失真严重。

采用LC谐振网络作为丙类放大器的负载，可克服工作在丙类状态所产生的失真。

根据晶体管工作是否进入饱和区，可将丙类谐振功率放大器分为欠压、临界和过压三种工作状态。

当谐振功率放大器的负载、输入信号幅度或电源电压发生改变时，工作状态会随之发生改变，同时集电极脉冲电流、输出电压、输出功率和输出效率等也都会发生改变。

由负载特性可知，谐振功率放大器工作在临界状态时，输出功率最大，效率比较高，通常将相应的 R_e 值称为谐振功率放大器的最佳负载阻抗，也称匹配负载。

谐振功率放大器由功放管、馈电电路和阻抗变换网络组成。馈电电路保证电源电压无损耗地加到晶体管上，包括集电极馈电电路和基极馈电电路；阻抗变换网络主要完成输入和输出回路的选频、滤波和阻抗变换作用，分L形、T形和π形等。

倍频电路可实现频率变换作用，利用丙类放大器的集电极脉冲电流的谐波来获得倍频的电路称为丙类倍频器。

巩固与提高

1. 功率放大器按其导通时间不同，其工作状态分为哪几类？在哪种状态效率最高？

2. 丙类功率放大器输出波形不失真的原因是什么？

3. 阐述谐振功率放大器的特点。

4. 谐振功率放大器与小信号选频放大器有何区别？

5. 为什么低频放大器不能工作于丙类状态，而高频功率放大器可工作于丙类？丙类放大器效率高的原因是什么？

6. 丙类功率放大器输入信号为余弦波，集电极输出电流为什么波？经负载回路选频后输出信号为什么波？

7. 丙类功率放大器有三种工作状态，分别是什么？其中哪一种工作状态是发射机末级的最佳工作状态？

8. 根据负载特性曲线，当集电极负载偏离匹配阻抗R_{eopt}增加一倍时，输出功率P_o如何变化？减小一半时，输出功率P_o如何变化？

9. 谐振功率放大器工作于临界状态，若集电极回路稍有失谐，放大器的I_{C0}、I_{C1m}、P_C将如何变化？有何危险？

10. 某谐振功率放大器，当增大U_{CC}时，发现输出功率增大，为什么？若发现输出功率增大不明显，则又是为什么？

11. 在U_{BB}、U_{im}、U_{CC}、R_e中，若只改变U_{BB}或U_{CC}，U_{Cm}有明显的变化，谐振功率放大器原处于何种状态？

12. 已知某谐振功率放大器工作在过压状态，现欲使它工作在临界状态，可以通过改变哪些参数来实现？改变不同的参数到临界状态时，放大器的输出功率是否都一样大？

13. 集电极调幅和基极调幅分别工作在什么状态？为什么？

14. 实测一谐振功率放大器，发现P_o仅为设计值的20%，而I_{C0}却略大于设计值，问此时该放大器工作于什么状态？如何调整才能使P_o和I_{C0}接近设计值？

15. 谐振功率放大器集电极直流馈电电路有哪几种形式？

16. 要使放大器工作在丙类，对功放管基极所加偏置电压有何要求？

17. 谐振功率放大器阻抗变换网络有何作用？对阻抗变换网络有哪些基本要求？阻抗变换网络有哪些基本类型？

18. 一谐振功率放大器$U_{CC}=30V$，$I_{C0}=100mA$，$U_{Cm}=28V$，$\theta=70°$，求谐振电阻R_e、输出功率P_o、集电极效率η_C。

19. 某谐振功率放大器，已知$U_{CC}=24V$，输出功率$P_o=5W$，$I_{C0}=250mA$，输出电压$U_{Cm}=22.5V$，求直流电源输入功率P_D、集电极效率η_C、谐振电阻R_e、基波电流I_{C1m}、导通角θ。

20. 已知 $U_{CC}=12V$，$u_{BE(ON)}=0.6V$，$U_{BB}=-0.3V$，放大器工作在临界状态，$U_{Cm}=10.5V$，要求输出功率 $P_o=1W$，$\theta=60°$，试求放大器的谐振电阻 R_e、输入电压 U_{im}、集电极效率 η_C。

21. 谐振功率放大电路如图 4—24 所示，试从集电极馈电方式、基极偏置和输入、输出阻抗变换网络等方面分析电路特点。

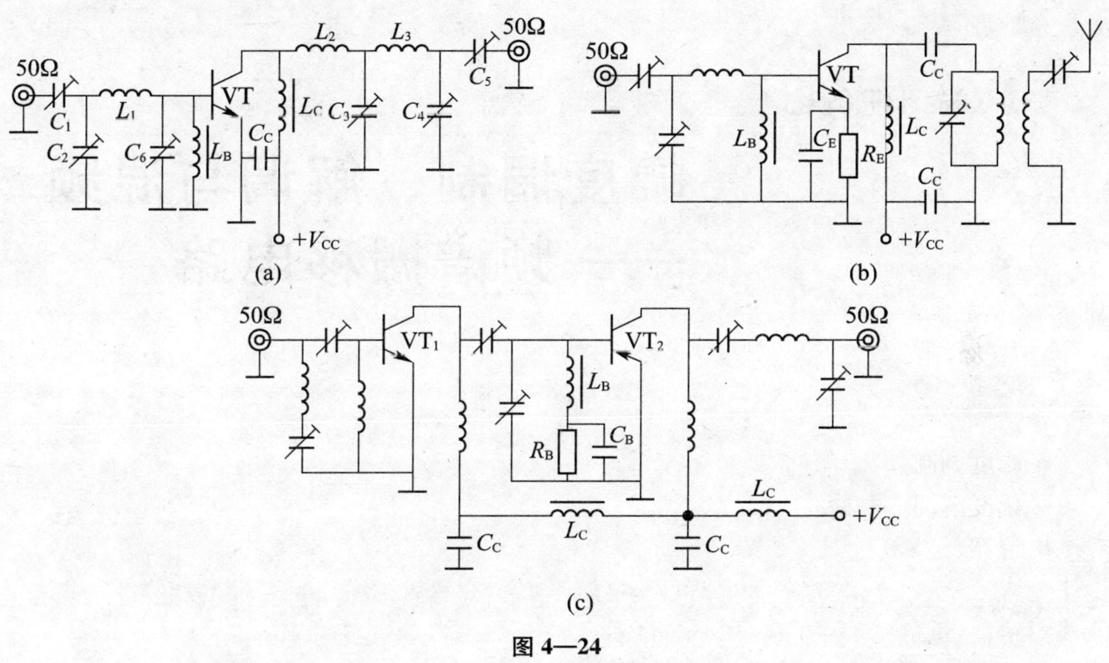

图 4—24

学习任务5

幅度调制、解调与混频——频谱搬移电路

学习线索

- 幅度调制
- 幅度解调——检波
- 混频

学习重点

- 幅度调制原理及应用电路分析
- 检波原理及应用电路分析
- 混频电路应用

学习内容

调制、解调和混频是通信系统的重要处理技术。

调制就是将待传送的低频信号（调制信号）“装载”在高频载波信号上，去控制高频载波信号的某一参数，分幅度调制和角度调制两种。幅度调制简称调幅（AM），就是用待传送的低频信号控制高频载波信号的振幅，使之按照低频信号的规律变化，称高频已调信号。幅度调制常用于长波、中波、短波和超短波的无线电广播、通信、电视、雷达等系统。角度调制分调频（FM）和调相（PM）两种，就是分别用待传送的低频信号控制高频载波信号的频率和相位。如图 5—1 所示是三种调制波形的比较。

解调是调制的逆过程，是从高频已调信号中还原出原调制信号的过程，对调幅信号的解调称为检波。

将已调信号的载频变成另一载频的过程称为混频。

调制、解调和混频都是用来对输入信号进行频谱变换的电路，它们都需要采用具有频率变换作用的电路。频率变换电路种类很多，根据不同的特点，又可分为频谱的线性搬移

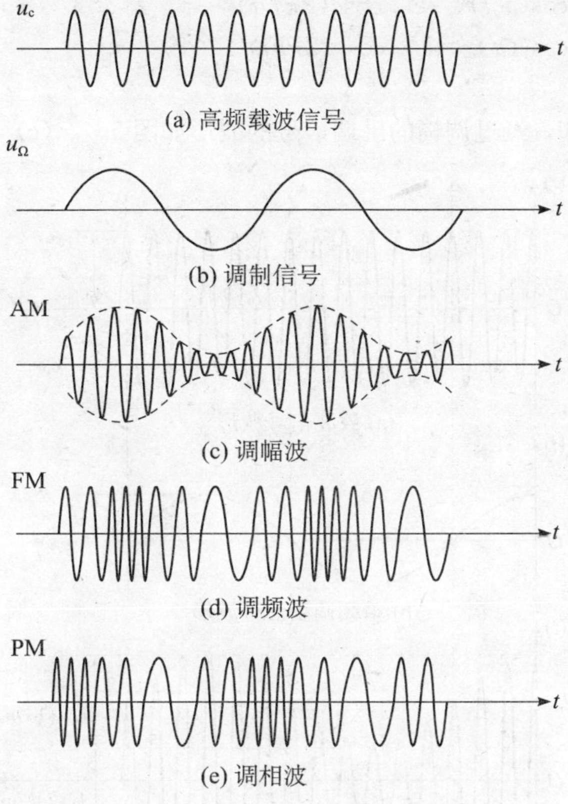

图5—1　调幅、调频、调相波形的比较

电路和频谱的非线性变换电路。

幅度调制、解调和混频电路都是频谱的线性搬移电路，即将输入信号频谱沿频率轴进行不失真搬移的电路，通常可采用二极管、三极管等非线性元件实现，也可以利用集成模拟相乘器实现。

角度调制和解调电路属于频谱的非线性变换电路，即高频已调波不再保持低频调制信号的频谱结构，产生了频谱的非线性变换，有关角度调制和解调我们会在下面的学习任务中介绍。

5.1　幅度调制

5.1.1　幅度调制基本原理

幅度调制有普通调幅、抑制载波的双边带调幅（DSB）和单边带调幅（SSB）三种方式，其中普通调幅是最基本的，其他两种是由它演变而来的。

1. 普通调幅

(1) 波形及频谱。

设载波信号为 $u_c(t)$，调制信号为单频信号 $u_\Omega(t)$，波形分别如图5—2（a）、（b）所示，表达式分别为：

$$u_c(t)=U_{cm}\cos(\omega_c t)=U_{cm}\cos(2\pi f_c t) \tag{5—1}$$

$$u_\Omega(t)=U_{\Omega m}\cos(\Omega t)=U_{\Omega m}\cos(2\pi F t) \tag{5—2}$$

且 $f_c \gg F$。

由调幅的定义可知，经过调幅的已调信号的波形如图 5—2（c）所示。

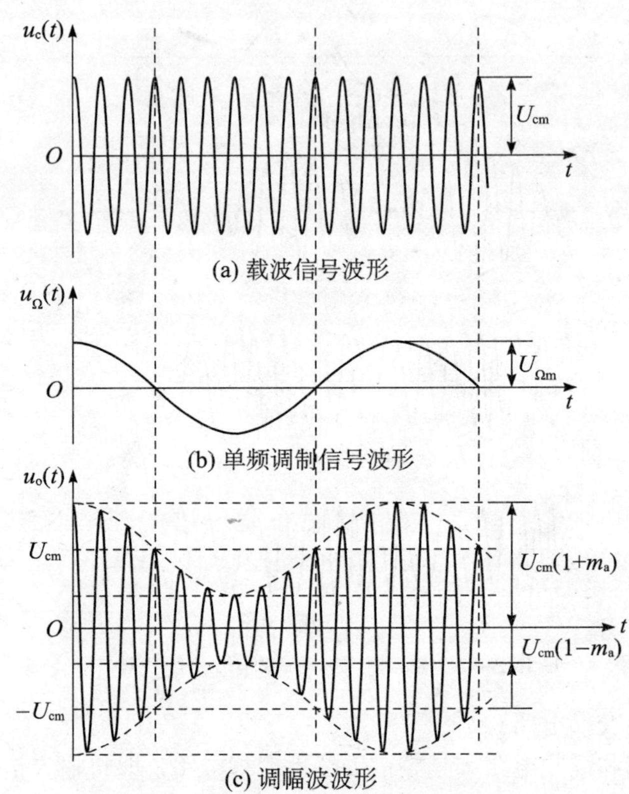

图 5—2　单频调制时调幅波的波形

由图 5—2（c）可见，调幅波幅度变化的包络形状与调制信号的变化规律相同，而其包络内的高频信号频率仍与载波信号频率相同，据此可写出已调波信号的表达式为：

$$\begin{aligned} u_o(t) &= [U_{cm}+k_a U_{\Omega m}\cos(\Omega t)]\cos(\omega_c t) \\ &= U_{cm}[1+m_a\cos(\Omega t)]\cos(\omega_c t) \end{aligned} \tag{5—3}$$

式中，k_a 为由调制电路和输入载波电压振幅决定的比例系数；m_a（$=k_a U_{\Omega m}/U_{cm}$）为调幅系数或调幅度，表示输出载波振幅受调制信号控制的程度。

m_a 越大，调幅波振幅的变化越大，由图 5—2（c）可知，调幅波的振幅的最大值为：

$$U_{omax}=U_{cm}(1+m_a)$$

最小值为：

$$U_{omin}=U_{cm}(1-m_a)$$

一般要求 $0\leqslant m_a=\dfrac{U_{omax}-U_{omin}}{U_{omax}+U_{omin}}\times 100\%\leqslant 1$，以便调幅波的包络 $U_{cm}[1+m_a\cos(\Omega t)]$ 能正确反映调幅信号的变化。若 $m_a=1$ 时，振幅最小为 0；若 $m_a>1$ 时，将会导致调幅信号在一段时间内而不是在某一瞬间振幅为 0，此时调幅波将产生过调失真，称为过调制。不同 m_a 时的已调波波形如图 5—3 所示。

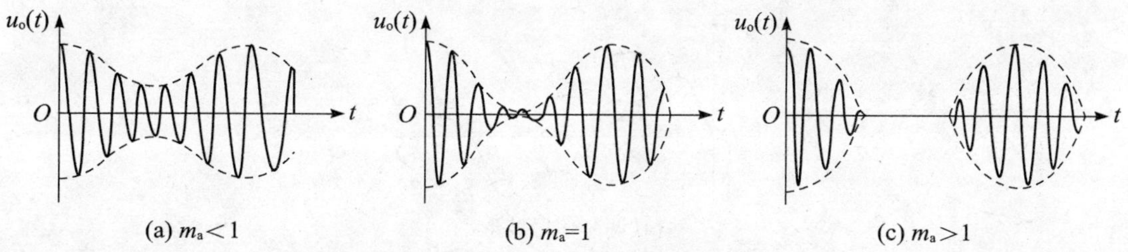

图5—3　不同 m_a 时的已调波波形

将式（5—3）按三角函数展开，可得：

$$u_o(t)=U_{cm}\cos(\omega_c t)+\frac{1}{2}m_a U_{cm}\cos\left[\cos(\omega_c+\Omega)t\right]+\frac{1}{2}m_a U_{cm}\cos\left[\cos(\omega_c-\Omega)t\right] \tag{5—4}$$

由此可见，在已调波中包含三个频率成分 ω_c、$\omega_c+\Omega$ 和 $\omega_c-\Omega$。其中 ω_c 为载波频率，比 ω_c 大的 $\omega_c+\Omega$ 为上边频，比 ω_c 小的 $\omega_c-\Omega$ 为下边频，也可以表示为 f_c，f_c+F 和 f_c-F。载波分量的振幅为 U_{cm}，两个边频分量的振幅均为 $\frac{1}{2}m_a U_{cm}$，而 m_a 的最大值不会超过1，所以边频分量振幅的最大值不会超过 $\frac{1}{2}U_{cm}$，其频谱图如图5—4所示。

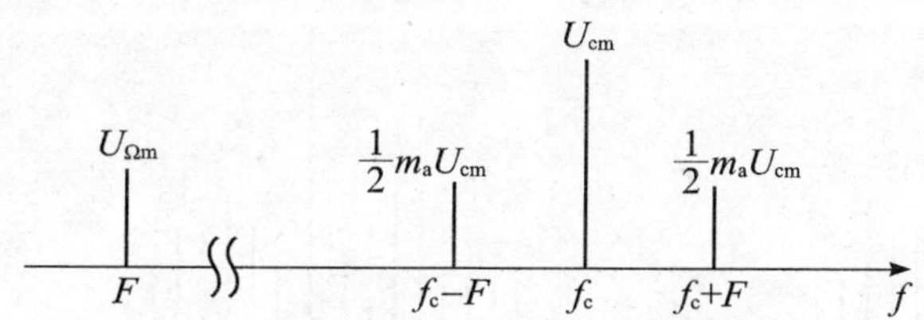

图5—4　单频调制信号和调幅波的频谱

由频谱图可得调幅波的频带宽度为：

$$BW=2F \tag{5—5}$$

由此可见，在调幅波中，载波不含任何有用信息，要传送的信息只包含于两个边频中。

实际中，调制信号不是单一频率的余弦信号，而是包含若干频率分量的复杂信号，如语音信号的频率范围为300～3 000Hz，其波形如图5—5（a）所示，输出调幅波的波形如图5—5（b）所示。

设调制信号为：

$$u_\Omega(t)=U_{\Omega m1}\cos(\Omega_1 t)+U_{\Omega m2}\cos(\Omega_2 t)+\cdots+U_{\Omega mn}\cos(\Omega_n t) \tag{5—6}$$

调制后每一频率分量都将产生一对边频，即 $\omega_c\pm\Omega_1$、$\omega_c\pm\Omega_2$、…、$\omega_c\pm\Omega_n$ 等，这些上、下边频的集合形成上、下边频带，小于 ω_c 的称为下边带，大于 ω_c 的称为上边带。如果频率用 f_c 和 F_n 表示，其频谱如图5—6所示。由此可见，上、卜边带的频谱分布相对于载频是对称的。

由复杂信号调制时的频谱图可得调幅波的频带宽度为：

$$BW=2F_n \tag{5—7}$$

观察AM调幅波的频谱发现，无论是单一频率的调制信号还是含有多种频率成分的调制信号，其调制过程均为频谱的线性搬移过程，即将调制信号的频谱不失真地搬移到载频

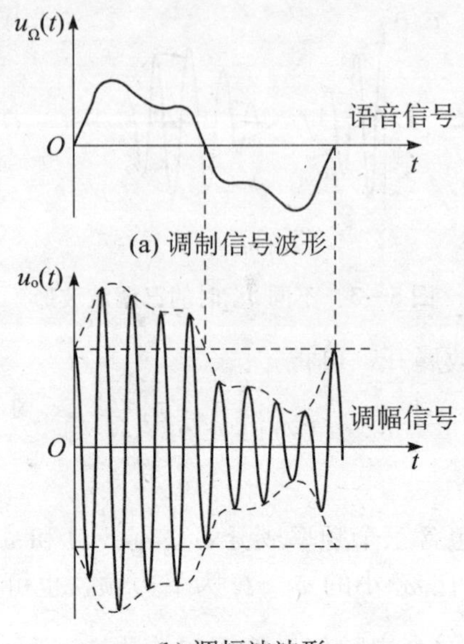

图 5—5　复杂信号调制时调幅波波形

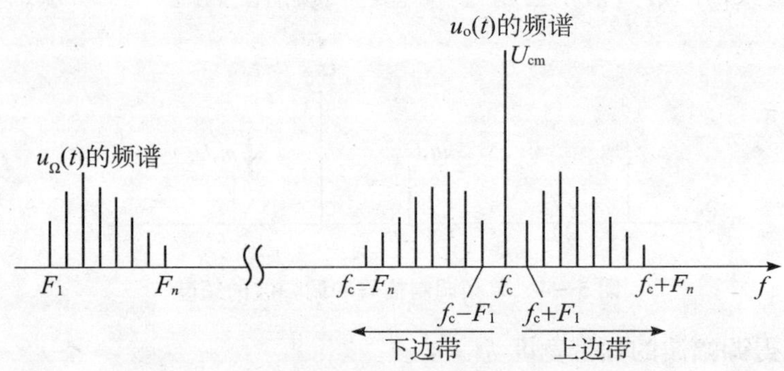

图 5—6　复杂信号调制时调制信号和调幅波频谱

的两侧，所以说 AM 调幅电路是频谱的线性搬移电路。

（2）调幅的实现。

由调幅波的数学表达式 $u_o(t)=[U_{cm}+k_aU_{\Omega m}\cos(\Omega t)]\cos(\omega_c t)$ 可知，AM 调幅在时域上表现为低频调制信号叠加一直流电压后与高频载波信号的相乘，在频域上产生了新的频率分量，如上、下两个边频分量——和频 $\omega_c+\Omega$ 和差频 $\omega_c-\Omega$，完成了频谱的线性搬移。具有这种功能的器件是相乘器，实际上相乘器都是利用非线性器件构成的一种电子电路。

1）非线性器件的特点。

各种二极管、晶体管等电子器件都是非线性器件，它们和线性器件的区别在于工作特性是非线性的。图 5—7 显示出了线性器件和非线性器件的伏安特性曲线，非线性器件的伏安特性曲线是非线性的，流过的电流和两端电压不成正比，电阻 $r=\Delta i/\Delta u$ 不是常数。

如果在非线性器件两端加上直流工作点电压 U_Q 和幅度较大的正弦交流电压 u_1，通过该器件的电流 i_1 的波形如图 5—8 所示。由图可知，i_1 为非正弦波，用傅里叶级数展开，可分解为直流、基波和各次谐波分量，由此可见输出电流中出现了原有信号中没有的频率

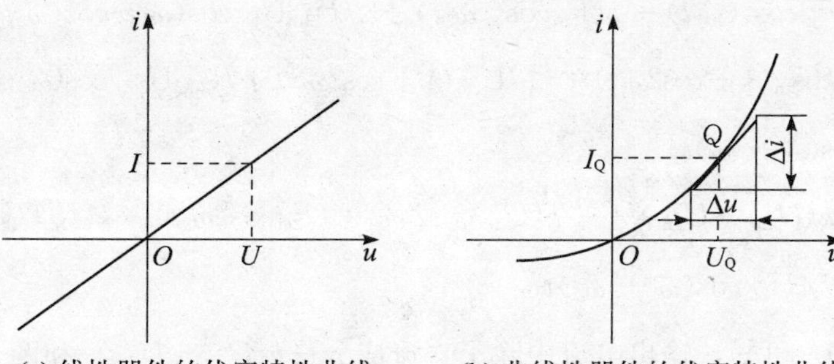

(a) 线性器件的伏安特性曲线　　(b) 非线性器件的伏安特性曲线

图5—7　线性与非线性器件伏安特性曲线

分量，即非线性器件可产生新的频率分量。

如果作用于非线性器件上的交流电压很小，非线性器件近似处于线性工作状态，电压、电流的波形如图5—8所示的u_2、i_2，可视为线性器件。

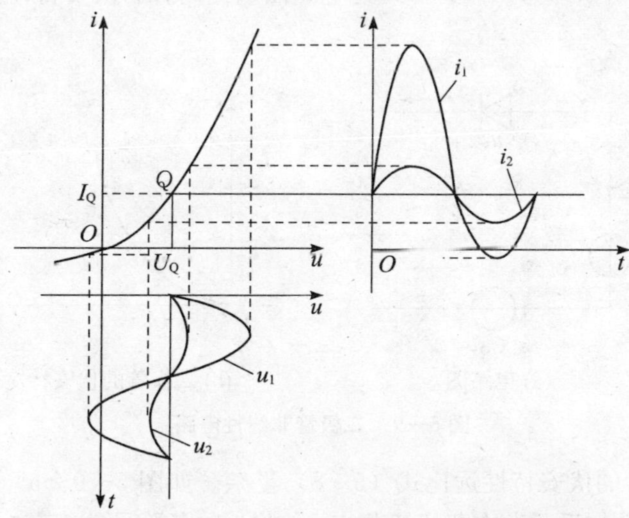

图5—8　非线性器件在不同正弦电压作用下的电流波形

2）非线性电路信号的频率变换作用。

对于线性电路，当多个信号同时激励时，可以分别计算每个信号单独激励时的响应，然后将这些响应相加就是总的响应，这就是叠加定理。而对于非线性电路，叠加定理不再适用。

电路中只要含有一个器件是非线性的或处于非线性工作状态的，就称该电路为非线性电路。假如非线性器件的伏安特性为：

$$i=ku^2 \tag{5—8}$$

式中，k为常数。

如果在非线性器件上同时作用两个激励信号u_1和u_3，则有：

$$i=k(u_1+u_2)^2=ku_1^2+ku_2^2+2ku_1u_2 \tag{5—9}$$

如果按叠加定理，应为$i=ku_1^2+ku_2^2$，显然和式（5—9）不一样，式（5—9）中多了一个乘积项，正是这个乘积项使非线性电路具有相乘的功能。

设$u_1=U_{1m}\cos(\omega_1 t)$，$u_2=U_{2m}\cos(\omega_2 t)$，代入式（5—9）得：

$$
\begin{aligned}
i &= kU_{1m}^2\cos^2(\omega_1 t) + kU_{2m}^2\cos^2(\omega_2 t) + 2kU_{1m}U_{2m}\cos(\omega_1 t)\cos(\omega_2 t) \\
&= \frac{1}{2}kU_{1m}^2(1+\cos 2\omega_1 t) + \frac{1}{2}kU_{2m}^2(1+\cos 2\omega_2 t) + kU_{1m}U_{2m}[\cos(\omega_1+\omega_2)t + \\
&\quad \cos(\omega_1-\omega_2)t] \\
&= \frac{1}{2}k(U_{1m}^2+U_{2m}^2) + \frac{1}{2}k(U_{1m}^2\cos 2\omega_1 t + U_{2m}^2\cos 2\omega_2 t) + kU_{1m}U_{2m}\cos(\omega_1+\omega_2)t + \\
&\quad kU_{1m}U_{2m}\cos(\omega_1-\omega_2)t \qquad (5\text{—}10)
\end{aligned}
$$

由式（5—10）可知，输出电流中除了直流成分$\frac{1}{2}k(U_{1m}^2+U_{2m}^2)$和两个倍频分量 $2\omega_1$、$2\omega_2$ 以外，还产生了和频分量（$\omega_1+\omega_2$）和差频分量（$\omega_1-\omega_2$），非线性器件能够产生新的频率分量，具有频率变换作用。这对和频分量（$\omega_1+\omega_2$）和差频分量（$\omega_1-\omega_2$）正是上面我们讨论的乘积项“$2ku_1u_2$”产生的，恰恰实现了频谱的线性搬移。

3）非线性器件的相乘作用。

如图 5—9（a）所示即为二极管非线性电路图，二极管的伏安特性曲线如图 5—9（b）所示。

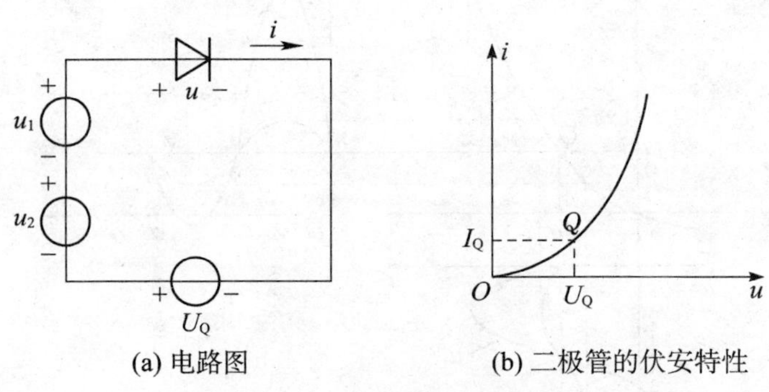

(a) 电路图　　(b) 二极管的伏安特性

图 5—9　二极管非线性电路

实际上，二极管的伏安特性远比式（5—8）复杂。如图 5—9（a）所示的电路中，两个激励信号 u_1、u_2 叠加后，若在静态工作点 U_Q 附近的各阶导数都存在，电路的伏安特性表示并展开为：

$$
\begin{aligned}
i &= f(u) = f(U_Q + u_1 + u_2) \\
&= k_0 + k_1(u_1+u_2) + k_2(u_2+u_2)^2 + k_3(u_1+u_2)^3 + \cdots + k_n(u_1+u_2)^n \\
&= k_0 + (k_1u_1 + k_1u_2) + (k_2u_1^2 + k_2u_2^2 + 2k_2u_1u_2) + (k_3u_1^3 + k_3u_2^3 + 3k_3u_1^2u_2 + \\
&\quad 3k_3u_1u_2^2)\cdots \qquad (5\text{—}11)
\end{aligned}
$$

式中，$k_0=I_Q$，是 $u=U_Q$ 时的电流值；$k_1=g$，为静态工作点处的增量电导；k_n 是 $u=U_Q$ 处 i 的 n 次导数值。

如果设两个输入信号分别为 $u_1=U_{1m}\cos(\omega_1 t)$ 和 $u_2=U_{2m}\cos(\omega_2 t)$，代入展开后，结果中除了出现需要的和频分量（$\omega_1+\omega_2$）及差频分量（$\omega_1-\omega_2$）（它们是由特性的二次方项 k_2（u_1+u_2）^{2} 产生的）外，还出现众多无用的高次谐波分量和组合频率分量，所以一般非线性器件的相乘作用是不理想的。

为减小无用频率分量，应选择合适的静态工作点，使非线性器件工作在特性接近二次方的区段，另外，使非线性器件工作在线性时变工作状态或开关工作状态。

①线性时变工作状态。

什么是线性时变工作状态呢？如图 5—10 所示，当两个输入信号中的一个足够小，另一个较大时，如 u_2 幅度足够小，u_1 幅度较大，非线性器件的工作点按大信号 u_1 的变化规律随时间变化，在伏安特性曲线上来回移动，称为时变工作点。在任一工作点上由于叠加在其上的 u_2 很小，因此，在 u_2 的变化范围内，非线性器件可近似看成线性段，但对于不同时变工作点，线性段的斜率（电导参量 g）是不同的。由于工作点是时变的，因此电导参量 g 也是时变的，把这种工作状态称为线性时变工作状态。

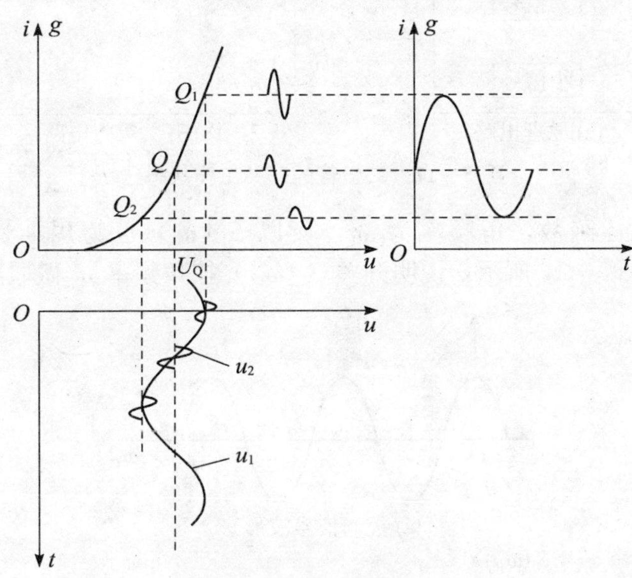

图 5—10　线性时变工作状态

在线性时变工作状态下，由于 u_2 足够小，所以式（5—11）中 u_2 的二次方及以上各项就可忽略不计了，表示为：

$$\begin{aligned} i &= (k_0 + k_1 u_1 + k_2 u_1^2 + \cdots) + (k_1 + 2k_2 u_1 + 3k_3 u_1^2 + \cdots) u_2 \\ &= I_0(u_1) + g(u_1) u_2 \end{aligned} \tag{5—12}$$

由此可见，i 与 u_2 的关系是线性的，但其系数 $I_0(u_1)$ 和 $g(u_1)$ 是时变的。

若 $u_1 = U_{1m}\cos(\omega_1 t)$，则 $I_0(u_1)$ 和 $g(u_1)$ 都是周期函数，可用傅里叶级数展开为：

$$I_0(u_1) = I_0 + I_{1m}\cos(\omega_1 t) + I_{2m}\cos 2(\omega_1 t) \cdots \tag{5—13}$$

$$g(u_1) = g_0 + g_{1m}\cos(\omega_1 t) + g_{2m}\cos 2(\omega_1 t) \cdots \tag{5—14}$$

将 $u_2 = U_{2m}\cos(\omega_2 t)$ 和式（5—13）、式（5—14）代入式（5—12）后，和代入式（5—11）后的相乘结果相比较，消除了 ω_2 的各次谐波与 ω_1 及其各次谐波的无用组合频率分量，而且作为频率搬移电路，结果中无用频率分量与所需频率分量（$\omega_1+\omega_2$）或（$\omega_1-\omega_2$）之间的频率间隔很大，很容易用滤波器滤除。

②开关工作状态。

什么是非线性器件的开关工作状态呢？通过上面的知识，我们知道当两个输入信号中的一个足够小时，非线性器件工作在线性时变工作状态，如果另一个输入信号幅度足够大，如 u_2 幅度足够小，u_1 幅度足够大，即 $U_{1m} \gg U_{2m}$ 时，非线性器件则工作在开关状态。这种状态下，可认为二极管仅受 u_1 控制，且在 u_1 的作用下轮流工作在导通和截止状态。当 $u_1>0$ 时二极管导通，导通电阻为 r_D；当 $u_1<0$ 时二极管截止，电流 $i=0$，二极管可用

一个受 u_1 控制的开关等效。图 5—11 为二极管开关工作状态的电路模型，图中 $S_1(u_1)$ 是受 u_1 控制的单向开关函数，则有：

$$S_1(u_1)=\begin{cases}1 & u_1>0\\0 & u_1<0\end{cases} \tag{5—15}$$

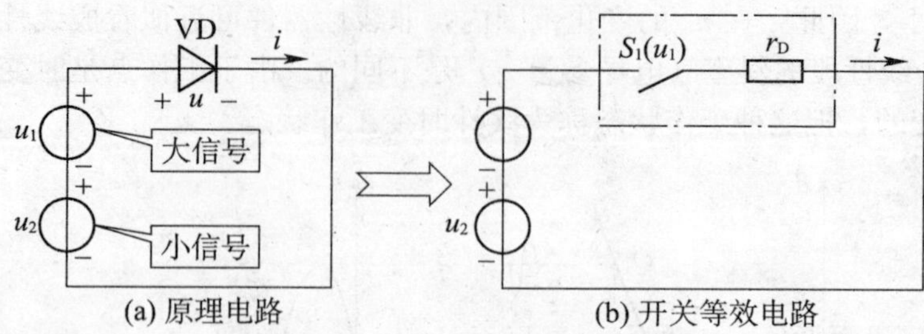

(a) 原理电路　　(b) 开关等效电路

图 5—11　二极管的开关工作状态

因为 u_1 是周期性函数，角频率为 ω_1，所以 $S_1(u_1)$ 也为周期性函数，可表示为 $S_1(\omega_1 t)$，其波形如图 5—12 所示，说明开关 $S_1(\omega_1 t)$ 按角频率 ω_1 做周期性开和关。

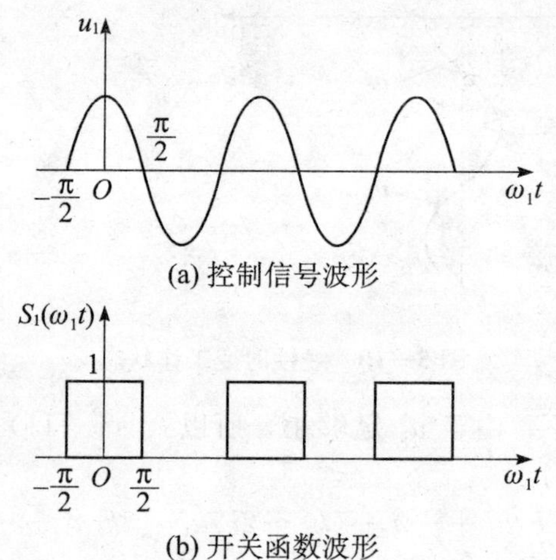

(a) 控制信号波形

(b) 开关函数波形

图 5—12　开关函数 $S_1(\omega_1 t)$ 的波形

根据图 5—11 我们可以写出流过二极管的电流为：

$$i=S_1(\omega_1 t)\ \frac{u_1+u_2}{r_D}=\frac{1}{r_D}S_1(\omega_1 t)\ (u_1+u_2) \tag{5—16}$$

将 $S_1(\omega_1 t)$ 按傅里叶级数展开，得：

$$S_1(\omega_1 t)\ =\frac{1}{2}+\frac{2}{\pi}\cos\ (\omega_1 t)\ -\frac{2}{3\pi}\cos(3\omega_1 t)\ \cdots \tag{5—17}$$

设 $u_1=U_{1m}\cos(\omega_1 t)$，$u_2=U_{2m}\cos(\omega_2 t)$，将它们和式（5—17）一起代入式（5—16），并利用三角函数关系整理化简，可以证明这种电路工作状态下的输出信号中含有的无用频率分量进一步减少，不存在 ω_1 的奇次谐波以及 ω_1 的偶次谐波与 ω_2 的组合频率分量，更加符合两信号相乘的预期要求，非常适合做频谱搬移电路。实际应用中，常采用二极管双平衡电路（即二极管环形相乘器），可以进一步减少无用的组合频率分量，接近理想相乘的目的。

4）AM 调幅的实现。

综上所述，由非线性器件构成的相乘器具有频率变换作用，功能是完成两个模拟信号的相乘，实现频谱的线性搬移，因此是调幅以及后面要介绍的检波和混频电路的重要组成部分，目前在通信设备和其他电子设备中广泛采用二极管环形相乘器和双差分对集成模拟相乘器。

图5—13给出了两种实现AM调幅的电路模型，两种模型都是由一个相乘器和一个加法器组成的。

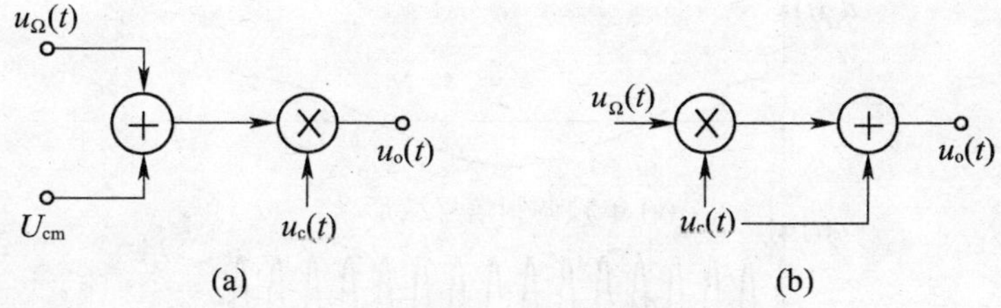

图5—13 实现AM调幅的两种模型

(3) 普通调幅的功率。

设调制信号为单频余弦信号，负载电阻为R_L，则负载上得到的功率中，载波功率为：

$$P_o=\frac{1}{2}\frac{U_{cm}^2}{R_L} \tag{5—18}$$

上、下边频功率为：

$$P_{SB1}=P_{SB2}=\frac{1}{2}\frac{(\frac{1}{2}m_aU_{cm})^2}{R_L}=\frac{1}{8}\frac{m_a^2U_{cm}^2}{R_L}=\frac{1}{4}m_a^2P_o \tag{5—19}$$

调幅波在调制信号一个周期时间内输出的平均功率为：

$$P_{AV}=P_o+P_{SB1}+P_{SB2}=P_o\ (1+\frac{m_a^2}{2}) \tag{5—20}$$

由此可见，边频功率随m_a的增大而增大，当$m_a=1$时为最大，这时上、下边频功率之和只有载波功率的一半，占整个调幅波功率的1/3。实际应用中，m_a在0.1～1之间变化，其平均值仅为0.3，所以边频所占整个调幅波的功率小。例如在传输语音信号时，平均调幅度为0.3，计算表明，边频功率还不足总功率的5%，而载波功率却占总功率的95%以上。因此，在已调波的总功率中，载波功率占了绝大部分，边频功率只占极小部分。由于有用信息只包含在边频中，载波并不携带信息，故AM调幅在功率利用方面存在很大的浪费。但由于这种调幅的实现技术和解调技术比较简单，使收音机系统制作容易、价格低廉，因而在中短波广播系统中仍然使用。

2. 双边带调幅

通过上面的分析我们知道，调幅波所传送的信息包含在两个边带内，载波不携带信息，但载波却占据了调幅波总功率的绝大部分，如果在传送前将载波抑制掉，只传送上、下两个边带，可大大节省发射功率，这就是抑制载波的双边带调幅，简称双边带调幅。

设调制信号为单频余弦信号，由式（5—3）和式（5—4）可知，将载波去掉后，只剩下两个相乘项，则DSB调幅信号的数学表达式为：

$$\begin{aligned}u_o(t) &= m_aU_{cm}\cos(\Omega t)\cos(\omega_c t)\\ &=\frac{1}{2}m_aU_{cm}\ \{\cos[(\omega_c+\Omega)t]+[\cos(\omega_c-\Omega)t]\}\end{aligned} \tag{5—21}$$

如图5—14所示为DSB调幅信号的波形和频谱。由图5—14（c）可见，DSB调幅信号的振幅不是在载波振幅U_{cm}上下而是在零值上下按调制信号$u_\Omega(t)$的规律变化，DSB调幅波的包络已不再反映原调制信号的形状，当调制信号过零时，信号波形发生 180°相位突变。由图 5—14（d）可见，DSB 调幅信号的频谱结构与 AM 调幅信号的频谱结构相似，所占据的频带宽度与 AM 调幅信号相同，即 $BW=2F$，DSB 调幅的作用也是把调制信号的频谱不失真地搬移到载频的两边，所以，DSB 调幅电路也是频谱搬移电路。

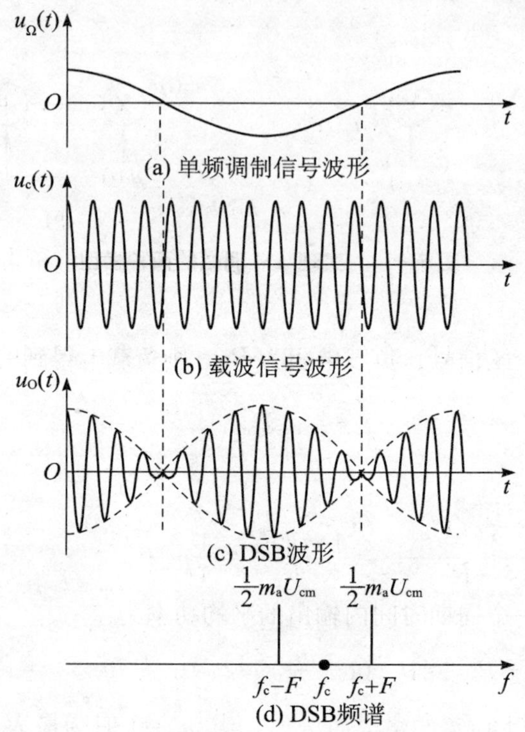

图 5—14　单频调制 DSB 调幅信号波形及频谱

DSB 调幅的实现模型如图 5—15 所示。调制信号 $u_\Omega(t)$ 和载波信号 $u_c(t)$ 经相乘器便可获得 DSB 信号。DSB 调幅广泛应用在调频、调幅立体声广播系统。

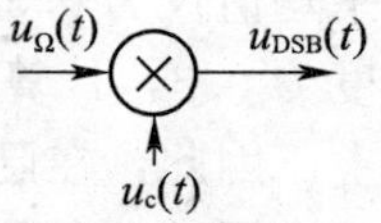

图 5—15　实现 DSB 调幅的电路模型

3. 单边带调幅

双边带调幅信号抑制了载波分量，发射效率比普通调制有所改善，但双边带调幅信号上、下边带都含有调制信号的信息，且完全是相同的，因此只要传送其中一个边带就可以保证信息的完整传送，这样可进一步提高发射效率和节省信道资源，这种只传送一个边带的调幅方式称为单边带调幅。

由式（5—21）可知 SSB 调幅信号数学表达式如下。

取上边带时：

$$u_{SSB}(t)=\frac{1}{2}m_aU_{cm}\cos(\omega_c+\Omega)t \tag{5—22}$$

取下边带时：

$$u_{SSB}(t)=\frac{1}{2}m_aU_{cm}\cos(\omega_c-\Omega)t \tag{5—23}$$

由式(5—22）和式（5—23）可知，单频调制时，SSB 信号是等幅波，其幅值与调制信号的幅值 $U_{\Omega m}$（因 $m_a=k_aU_{\Omega m}/U_{cm}$）成正比，频率也与调制信号频率 Ω 有关，因此它含有信息特征。

SSB 调幅信号的波形图和频谱图如图 5—16 所示。

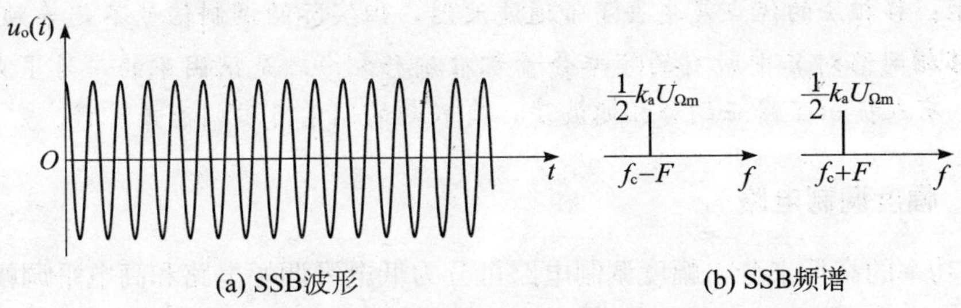

图 5—16　SSB 调幅信号波形及频谱

由图 5—16（b）可知，SSB 的频带宽为：$BW=F$。

综上所述，SSB 调幅方式在传送信息时不但传送效率高，所占的带宽也比 AM 和 DSB 调幅信号带宽减少了一半，目前是短波通信中一种重要的调制方式。

SSB 调幅有两种实现方案：滤波法和移相法。

（1）滤波法。

SSB 调幅信号可由 DSB 调幅信号得到，调制信号 $u_\Omega(t)$ 和载波信号 $u_c(t)$ 经相乘器获得 DSB 信号，再通过带通滤波器滤除 DSB 信号中的一个边带，便可获得 SSB 信号。图 5—17 是滤波法电路模型。

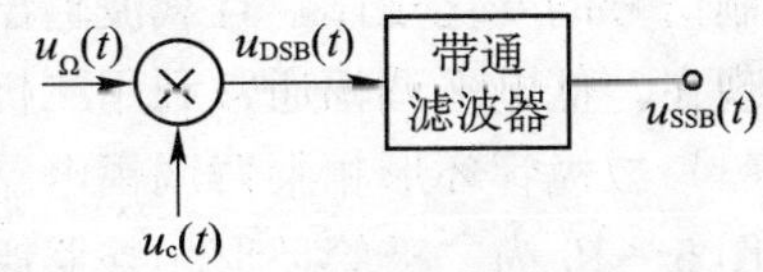

图 5—17　滤波法获得 SSB 信号电路模型

滤波法原理虽简单，但实现起来并不容易，特别是调制信号含有较多低频分量时，上、下两个边带距离很近，要求滤波器在载频处具有非常陡峭的滤波特性，在高频段设计这样一个带通滤波器是很困难的，为解决这个问题，可采用对频谱多次搬移的方法来实现。

（2）移相法。

由三角函数的知识可以得到 $\cos(\alpha+\beta)=\cos\alpha\cos\beta-\sin\alpha\sin\beta$，$\cos(\alpha-\beta)=\cos\alpha\cos\beta+\sin\alpha\sin\beta$，那么式（5—22）和式（5—23）分别可以写成如下形式：

$$u_{SSB}(t)=\frac{1}{2}m_aU_{cm}[\cos(\omega_c t)\cos(\Omega t)-\sin(\omega_c t)\sin(\Omega t)] \tag{5—24}$$

$$u_{SSB}(t)=\frac{1}{2}m_aU_{cm}[\cos(\omega_c t)\cos(\Omega t)+\sin(\omega_c t)\ \sin(\Omega t)] \tag{5—25}$$

根据此原理，将载波信号和调制信号利用 90°移相获得正弦信号，再将它们进行相乘、相加或相减就可实现 SSB 调幅，这就是移相法。利用移相法获得 SSB 信号的电路模型如图 5—18 所示。

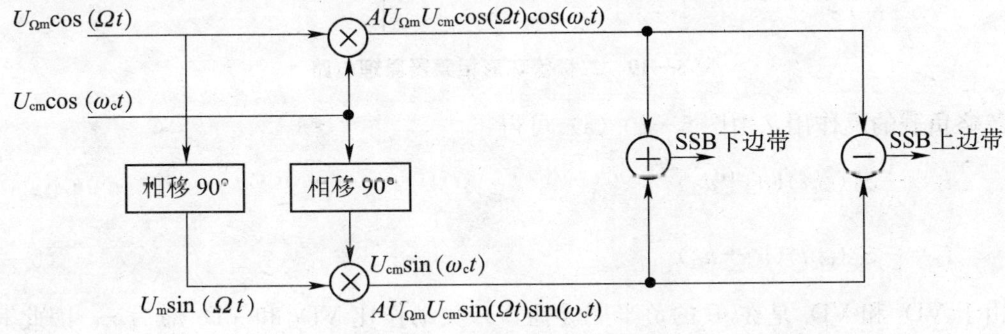

图 5—18　移相法产生 SSB 信号

提示： 移相法的优点是省去了带通滤波器，但实际的调制信号不是单频信号，要求移相网络对其中所有的频率分量都准确移相 90° 是很困难的，为了克服这一缺点，有人提出了修正的移相滤波法，有兴趣的同学可参阅有关资料。

5.1.2 幅度调制电路

按输出功率的高低来分，幅度调制电路可分为低电平调幅电路和高电平调幅电路。

1. 低电平调幅电路

调制在发送设备的前置级（低电平级）实现，可产生较小功率的已调波，再经线性功率放大器将它放大到所需的发射功率，通常用于双边带调幅和单边带调幅的发射机中。由于调制在低电平级实现，所以低电平调幅电路的输出功率和效率不是主要问题，但必须有良好的调制线性度和较强的载波抑制能力，即调制电路的已调信号应不失真地反映输入低频调制信号的变化规律，且载波输出应很小。

现在，低电平调幅通常利用二极管环形相乘器和双差分对模拟相乘器实现。

（1）二极管环形相乘器调幅电路。

图 5—19 为二极管环形相乘器原理电路，也称二极管环形相乘器调幅电路或双平衡调幅电路。为了获得理想的相乘功能，减少组合频率分量，二极管环形相乘器通常采用这种电路。这里 4 个二极管的特性相同并且主要表现为受载波电压 u_c 控制的开关特性。设调制电压为 u_Ω，即满足 $U_{cm} \gg U_{\Omega m}$（通常要求 10 倍以上）时，设两只变压器匝数均满足 $N_1 = N_2$，且 $u_c = U_{cm}\cos(\omega_c t)$ 为大信号，$u_\Omega = U_{\Omega m}\cos(\Omega t)$ 为小信号，二极管的导通和截止完全由载波电压 u_c 来决定，而 u_Ω 对二极管的导通和截止没有影响。当 u_c 为正半周时，VD_1 和 VD_2 导通，VD_3 和 VD_4 截止；当 u_c 为负半周时，VD_3 和 VD_4 导通，VD_1 和 VD_2 截止，为了便于分析，可将图 5—19 的电路拆分成两个单平衡电路，如图 5—20 所示。

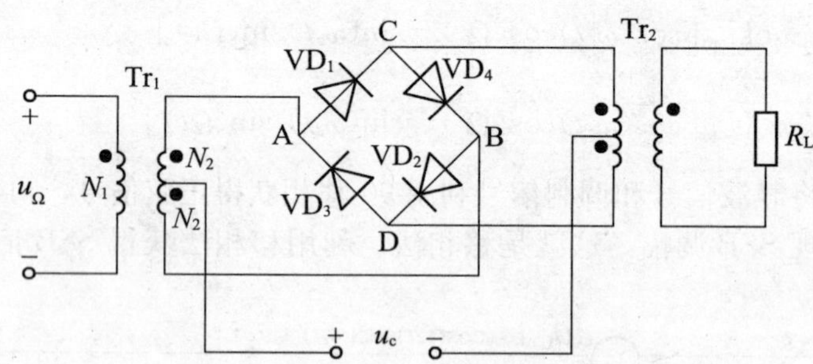

图 5—19 二极管环形相乘器原理电路

忽略负载的反作用，由图 5—20（a）可得：

$$i_1 = \frac{1}{r_D} S_1(\omega_c t)(u_c + u_\Omega)$$

$$i_2 = \frac{1}{r_D} S_1(\omega_c t)(u_c - u_\Omega) \qquad (5—26)$$

由于 VD_3 和 VD_4 是在 u_c 的负半周导通，开关动作比 VD_1 和 VD_2 滞后 π，因此其开关函数可表示为 $S_1(\omega_c t - \pi)$，由图 5—20（b）可得：

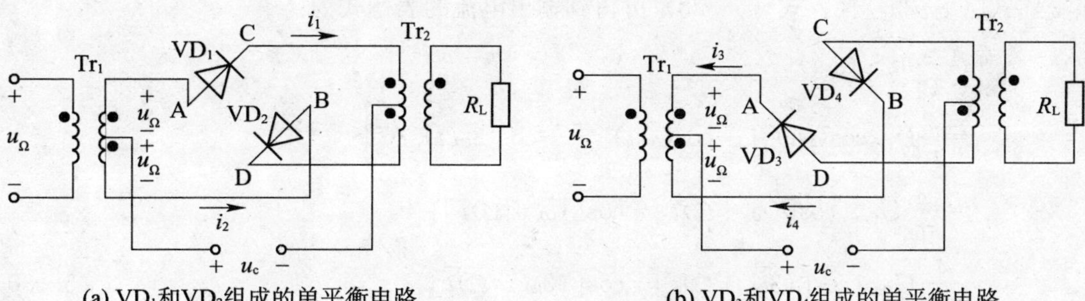

(a) VD_1和VD_2组成的单平衡电路　　(b) VD_3和VD_4组成的单平衡电路

图 5—20　二极管环形相乘器的拆分

$$i_3=\frac{1}{r_D}S_1(\omega_c t-\pi)(-u_c-u_\Omega)$$

$$i_4=\frac{1}{r_D}S_1(\omega_c t-\pi)(-u_c+u_\Omega) \tag{5—27}$$

流过负载的总的输出电流为：

$$\begin{aligned}i&=(i_1-i_2)+(i_3-i_4)\\&=\frac{2}{r_D}u_\Omega[S_1(\omega_c t)-S_1(\omega_c t-\pi)]\\&=\frac{2}{r_D}u_\Omega S_2(\omega_c t)\end{aligned} \tag{5—28}$$

式中，$S_2(\omega_c t)$ 为由两个单向开关函数 $[S_1(\omega_c t)-S_1(\omega_c t-\pi)]$ 合成的双向开关函数，其波形如图 5—21 所示。

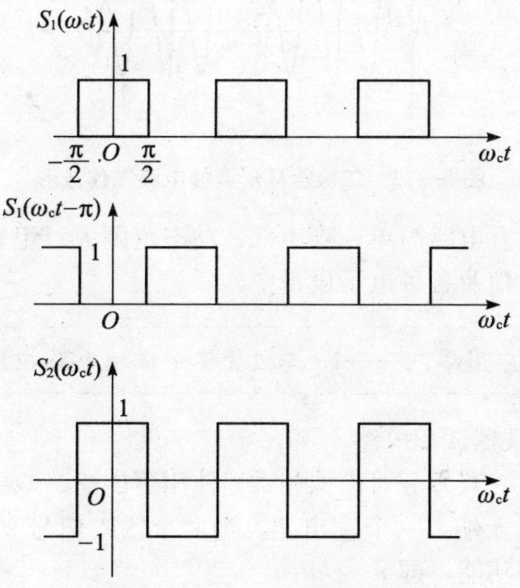

图 5—21　双向开关函数波形

将开关函数 $S_2(\omega_c t)$ 按傅里叶级数展开可得：

$$\begin{aligned}S_2(\omega_c t)&=S_1(\omega_c t)-S_1(\omega_c t-\pi)\\&=\frac{4}{\pi}\cos(\omega_c t)-\frac{4}{3\pi}\cos(3\omega_c t)\cdots\end{aligned} \tag{5—29}$$

将式（5—29）代入式（5—28）可得到输出电流的表达式为：

$$
\begin{aligned}
i &= \frac{2}{r_D} u_\Omega S_2(\omega_c t) \\
&= \frac{2}{r_D} U_{\Omega m} \cos(\Omega t) \left[\frac{4}{\pi} \cos(\omega_c t) - \frac{4}{3\pi} \cos(3\omega_c t) \cdots \right] \\
&= \frac{4}{\pi r_D} U_{\Omega m} \{ \cos[(\omega_c + \Omega)t] + \cos[(\omega_c - \Omega)t] \} - \\
&\quad \frac{4}{3\pi r_D} U_{\Omega m} \{ \cos[(3\omega_c + \Omega)t] + \cos[(3\omega_c - \Omega)t] \} \cdots
\end{aligned}
\tag{5—30}
$$

由此可见，输出电流中只含有 $p\omega_c \pm \Omega$（p 为奇数）的组合频率分量。若 ω_c 较高，则（$3\omega_c \pm \Omega$）及以上的组合频率分量很容易被滤除，输出如图 5—22 所示的（$\omega_c \pm \Omega$）双边带调幅波形，因此二极管双平衡相乘器具有接近理想特性的相乘功能。

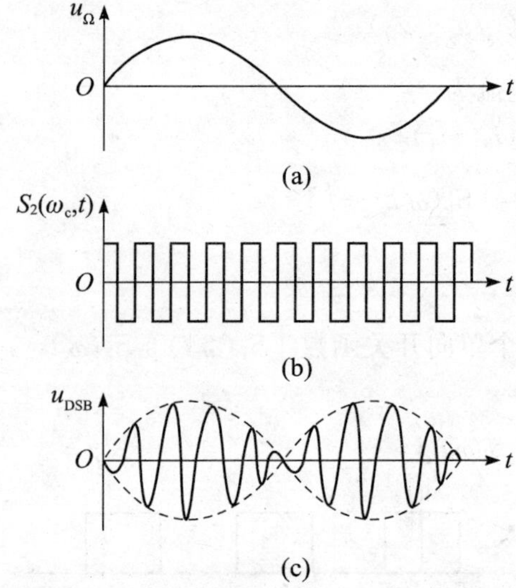

图 5—22　二极管环形调幅电路工作波形

二极管环形相乘器具有电路简单、噪声低、动态范围大、组合频率分量少、工作频带宽等优点，广泛应用于通信及各种电子设备中。

应用链接：本任务——应用举例——1. 二极管环形调幅电路应用举例

(2)双差分对模拟相乘器调幅电路。

在几百兆赫兹频段内，双差分对模拟相乘器使用更广泛。双差分对模拟相乘器由三个差分对管组成，有两个输入端，一个输出端，当两个输入信号 u_1、u_2 很小时，可以证明此电路能实现理想的相乘功能，即 $u_o = k u_1 u_2$。

MC1496 是一种典型的双差分对集成模拟相乘器，图 5—23（a）为采用 MC1496 构成的双边带调幅电路，图 5—23（b）是 MC1496 的引脚图。MC1496 有两个输入端 1 脚和 4 脚、8 脚和 10 脚，一个输出端 6 脚和 12 脚。其中 8 脚和 10 脚直流电位相同，高频载波信号 u_c 从此端输入，调制信号 u_Ω 加在 1 脚和 4 脚，在 1 脚和 4 脚间接有 R_P，R_P 称载波调零电位器，调节 R_P 可使电路对称以减小载波信号输出，在 6 脚和 12 脚间输出 DSB 调制信号。通常载波抑制能力的好坏用载漏来反映，DSB 调制时要将载漏调至最小，方法是不接 u_Ω，只接 u_c，调 R_P 使输出信号最小。

如果 1 脚比 4 脚电位高 U，相当于在 1 脚和 4 脚间加了一个直流电压 U，可实现普通调制，输出 AM 信号。

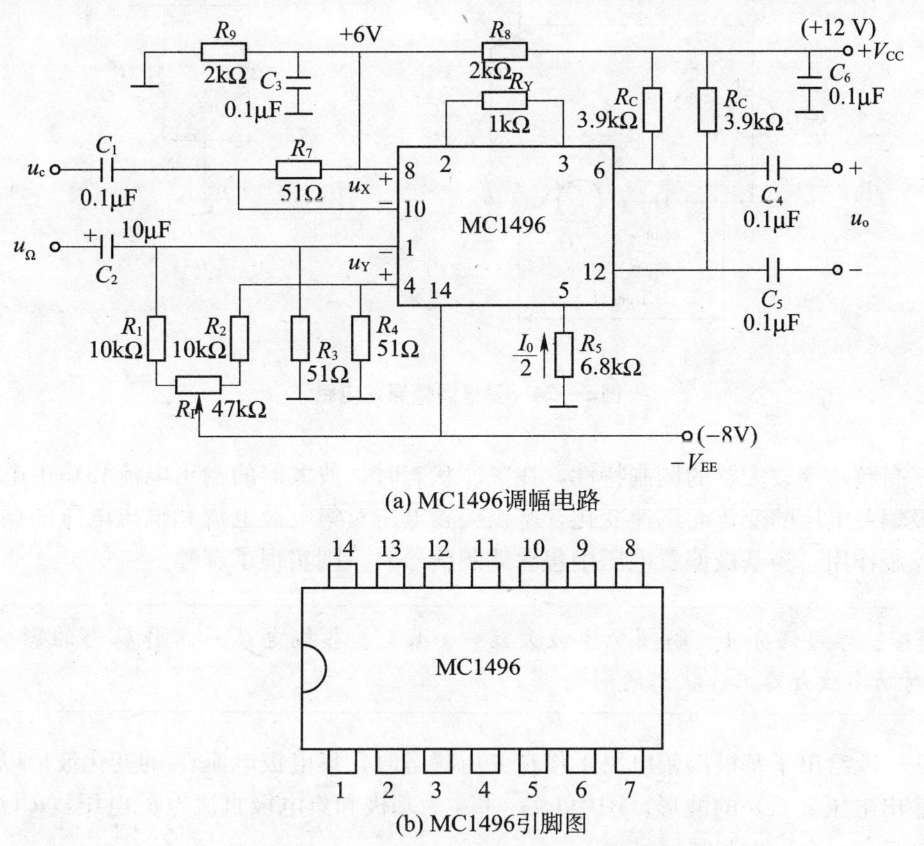

(a) MC1496调幅电路

(b) MC1496引脚图

图 5—23　MC1496 模拟相乘器调幅电路

提示：有关双差分对模拟相乘器的电路基本构成和工作原理，可查阅相关书籍学习。

2. 高电平调幅电路

高电平调幅电路主要用来产生普通 AM 调幅波，这种电路必须兼顾输出功率、效率、调制线性度等几方面的要求，将调制与功放合二为一。高电平调幅通常在丙类谐振功率放大器中进行，可直接产生满足功率要求的已调波。这种调幅在发送设备末级实现，整机效率高。

高电平调幅电路采用的方法是将调制信号加到高频功率放大器的某一电极上，去控制高频功率放大器的输出电压的振幅。根据调制信号所加的电极不同，有基极调幅和集电极调幅等。

（1）基极调幅电路。

如图 5—24 所示为基极调幅电路。基极调幅电路可以看作是基极偏置电压随调制信号变化、以载波信号做激励信号的高频功率放大器。基极偏置电压为：

$$u_{BB}(t)=U_{BB}+U_{\Omega m}\cos(\Omega t) \tag{5—31}$$

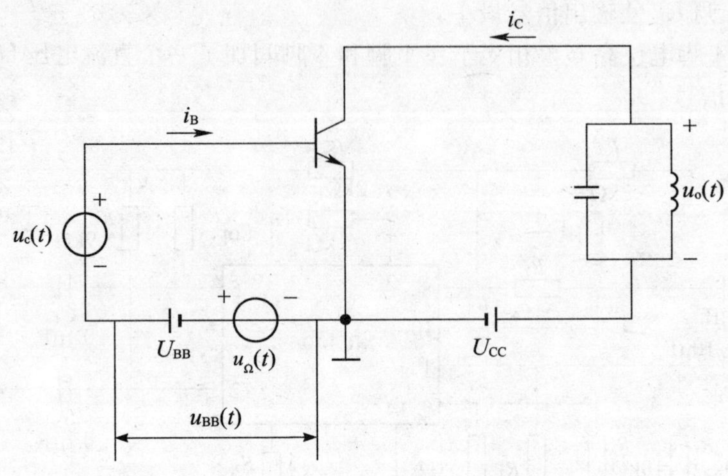

图 5—24　基极调幅原理电路

根据高频功率放大器的调制特性，在欠压状态时，放大器的输出电流和输出电压随放大器基极偏置电压的变化而迅速变化，基极偏置电压对集电极电流和输出电压的振幅具有一定的控制作用，当基极偏置电压中包含调制信号时，则实现了调幅。

> **知识链接：** 学习任务 4　高频功率放大器——4.3.2 各极电压对工作状态的影响——3. U_{BB}对功率放大器工作状态的影响

图 5—25 给出了基极调幅电路工作在欠压状态时，集电极电流 i_C 的变化波形以及经过选频后输出电压 $u_o(t)$ 的波形。图中 U_{BB}、U_{CC}为基极和集电极直流电源电压，$u_c(t)$ 为载波激励信号，$u_\Omega(t)$ 为调制信号。

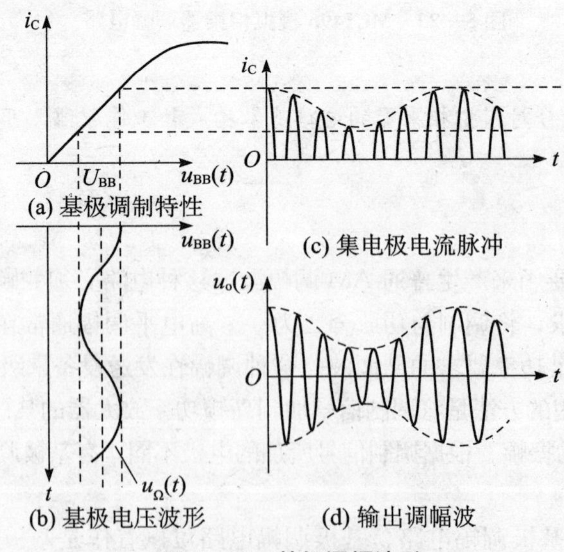

图 5—25　基极调幅波形

由此可见，为了实现基极调幅，丙类功率放大电路必须工作在欠压状态。欠压状态效率低，这是基极调幅的缺点，但是由于基极电流小、消耗功率小，因而只需要较小的调制信号功率，就能获得较大的已调波功率，这是基极调幅的优点。基极调幅电路只能进行普通调幅。

图5—26为一个基极调幅电路，高频载波信号 $u_c(t)$ 通过高频变压器 Tr_1 和 L_1、C_1 构成的L形网络加到晶体管的基极；低频调制信号 $u_\Omega(t)$ 通过低频变压器 Tr_2 加到晶体管的基极；C_2 为高频旁路电容，用来为载波信号 $u_c(t)$ 提供通路，但对低频调制信号 $u_\Omega(t)$ 容抗大；C_3 为低频耦合电容，用来为低频调制信号 $u_\Omega(t)$ 提供通路，同时减少信号对直流电源的影响；L_2、L_3 为高频扼流圈，它对高频信号感抗大，直流呈短路状态；C_4 为高频旁路电容，对高频信号呈短路状态，它与 L_3 一起构成电源滤波电路，作用是阻止高频信号对直流电源 U_{CC} 的影响；C_5 为隔直电容，它为输出信号提供通路，同时隔断直流信号；L_4、C_6、C_7 构成集电极谐振回路，当谐振回路调谐在载频 f_c 上时，放大器可获得调幅波电压输出 $u_o(t)$。

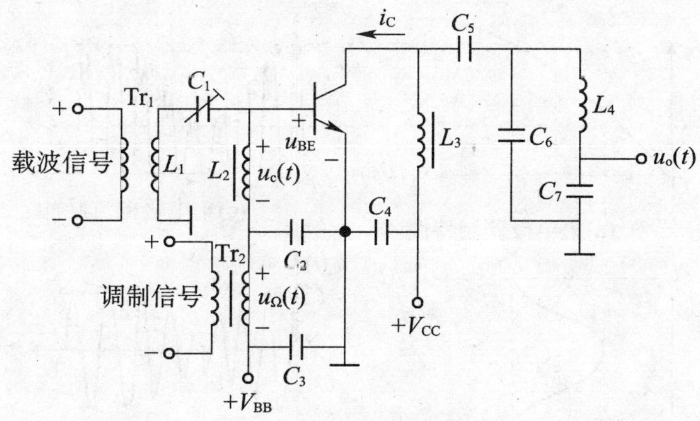

图5—26　基极调幅电路

(2) 集电极调幅电路。

图5—27为集电极调幅原理电路。高频载波信号 $u_c(t)$ 仍从基极加入，而调制信号 $u_\Omega(t)$ 与电源电压 U_{CC} 叠加后加到晶体管的集电极上，即集电极电压 $u_{CC}(t)$ 随调制信号而变，即：

$$u_{CC}(t)=U_{CC}+U_{\Omega m}\cos(\Omega t) \tag{5—32}$$

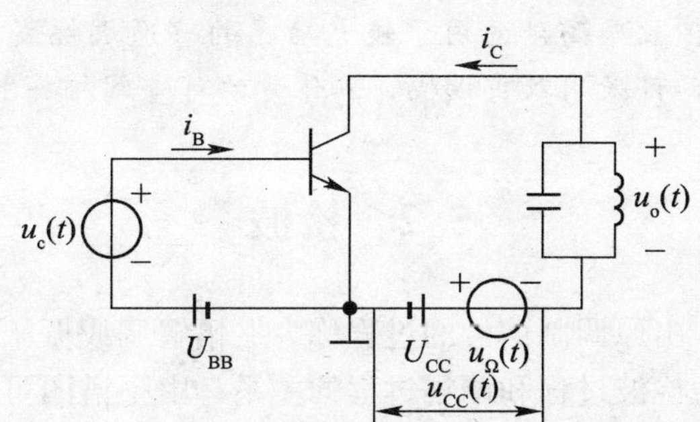

图5—27　集电极调幅原理电路

由谐振功率放大电路的集电极调制特性可知，只有放大器工作在过压状态，集电极电压的变化才会引起集电极脉冲电流的明显变化，因此，集电极调幅时，放大器工作在过压状态。

知识链接： 学习任务 4　高频功率放大器——4.3.2 各极电压对工作状态的影响——1. U_{CC}对功率放大器工作状态的影响

图 5—28 为集电极调幅电路工作在过压状态时，集电极电流 i_C 的变化波形及经过选频后的输出电压 $u_o(t)$ 波形。为减少凹陷失真，保证输出效率，可使放大器工作在弱过压状态。

图 5—29 为一个集电极调幅电路，图中高频载波信号 $u_c(t)$ 仍从基极输入，而调制信号通过变压器 Tr_2 加到集电极电路中，并与直流电源 U_{CC} 串联叠加，使晶体管集电极电压 $u_{CC}(t)$ 随调制电压 $u_\Omega(t)$ 而变化。图中采用基极自给偏压电路，可减小调幅失真。

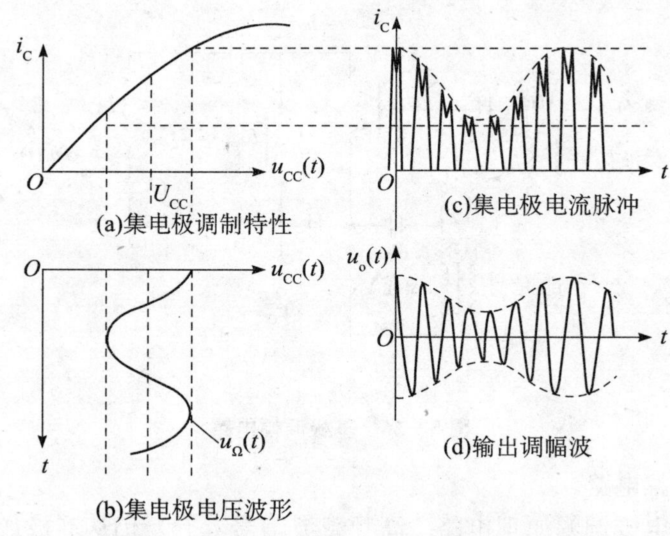

图 5—28　集电极调幅波形

提示： 集电极调幅的特点是功率放大电路工作在过压状态，集电极电流脉冲出现凹陷，易失真，但效率高，适用于较大功率的普通调幅发射机，为解决失真问题同时又兼顾效率，可采用双重调幅，具体方法可查阅相关书籍。

5.2　检波

从高频调幅信号中取出原调制信号的过程称为振幅解调或振幅检波，简称检波，是调幅的逆过程。图 5—30 为检波过程和调幅过程的关系。由频谱图可知，检波电路也是频谱的线性搬移电路。

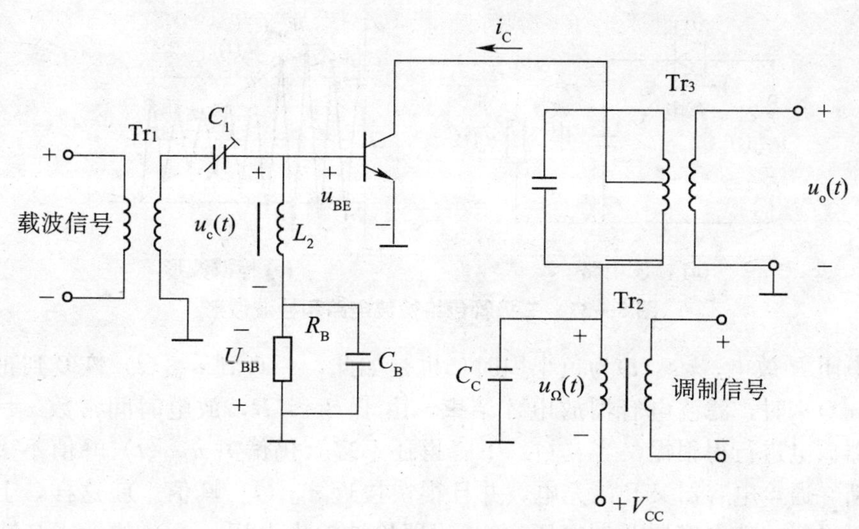

图 5—29 集电极调幅电路

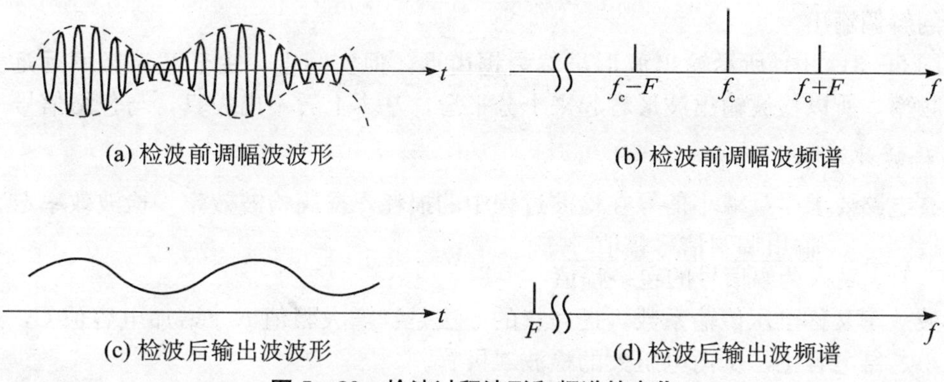

图 5—30 检波过程波形和频谱的变化

常用的检波电路有两类：二极管包络检波和同步检波。

5.2.1 二极管包络检波

输出电压直接反映高频调幅包络变化规律的检波，称为包络检波。由于普通 AM 调幅波的包络与调制信号成正比，因此包络检波只适用于 AM 波。目前应用最广的是二极管包络检波电路，又称大信号检波电路。所谓大信号是指输入已调波的振幅在 0.5V 以上，这时可忽略二极管的导通电压，认为二极管工作在开关状态，即二极管两端电压为正时导通，为负时截止。

1. 工作原理

二极管包络检波电路如图 5—31（a）所示，它由二极管 VD、滤波电容器 C 和电阻 R 组成。

输入信号 $u_{AM}(t)$ 是调幅信号，在 $u_{AM}(t)$ 为正半周时，二极管正向导通，滤波电容器 C 充电，由于二极管正向导通电阻 r_D 很小，即 $r_D \ll R$，充电时间常数 $\tau = r_D C$ 也很小，充电进行得很快，滤波电容两端电压 $u_c(t)$（等于输出电压 $u_o(t)$）很快充电到接近 $u_{AM}(t)$ 的峰值，此后，随着 $u_{AM}(t)$ 的下降，当下降到小于 $u_c(t)$ 时，二极管反向截止，滤波电

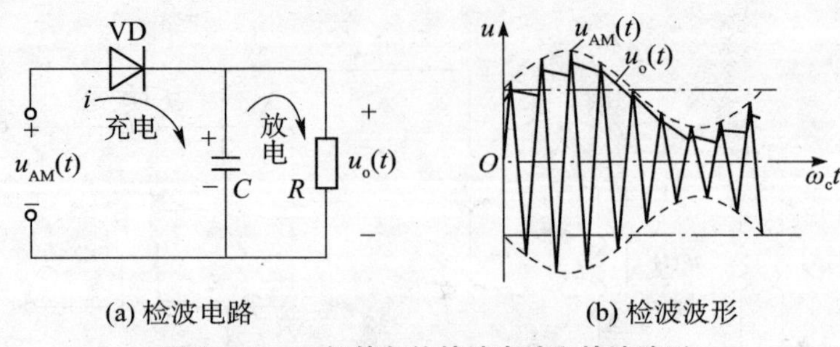

(a) 检波电路　　(b) 检波波形

图 5—31　二极管包络检波电路和检波波形

容器通过电阻 R 放电；$u_{AM}(t)$为负半周时，也是如此，一直到 $u_{AM}(t)$ 恢复到正半周并且电压大于 $u_c(t)$ 时，滤波电容器放电才结束，由于 $r_D \ll R$，放电时间常数 $\tau = RC$ 很大，滤波电容器放电进行得很慢，当 $u_c(t)$ 下降得还不多（仍偏离 $u_{AM}(t)$ 峰值不多）时，二极管又重新导通，电容器又开始充电，并且很快接近 $u_{AM}(t)$ 峰值。就这样，上述充、放电过程重复进行，使电容器两端电压 $u_c(t)$，即检波输出电压 $u_o(t)$ 的大小与输入电压的峰值接近，故又称之为包络峰值检波器。而此包络线恰好反映调制信号的规律，即完成了调幅波的解调输出。

如图 5—31（b）所示输出波形虽然为锯齿形，但实际上，由于载波频率远远大于调制信号频率，所以检波输出波形看起来十分平滑，基本上看不出失真，与包络信号一致。

2. 检波效率 η_d

检波电路要求尽量减小信号在检波过程中的损耗，提高检波效率，检波效率定义为：

$$\eta_d = \frac{输出调制信号幅值}{输入调幅信号的包络幅值} \tag{5—33}$$

检波效率又称电压传输系数，提高它的办法是：增大阻值 R，增加电容值 C，选用正向电阻小、结电容小、反向电阻大的检波二极管。

设 $u_{AM}(t) = U_{cm}[1 + m_a\cos(\Omega t)]\cos(\omega_c t)$，则有：

$$\begin{aligned} u_o &= \eta_d U_{cm}\,[1 + m_a\cos(\Omega t)] \\ &= \eta_d U_{cm} + \eta_d m_a U_{cm}\cos(\Omega t) \end{aligned} \tag{5—34}$$

式中，$\eta_d U_{cm}$ 为检波电路输出信号中的直流成分；$\eta_d m_a U_{cm}\cos(\Omega t)$ 即为解调后输出的原调制信号。

3. 检波失真

如果电路参数选取不当，二极管包络检波电路可能会产生两种失真，即惰性失真（见图 5—32）和负峰切割失真。

（1）惰性失真。

为了提高检波效率和滤波效果，常希望选取较大的 RC 值，使电容器在载波周期内放电很慢，电容器上电压的平均值便能够不失真地跟随输入电压包络变化。但如果 RC 过大，电容器放电过慢，使电容器上储存的电荷不能及时释放，导致二极管在输入调幅信号的几个周期内都处于截止状态，电容器两端的电压不能跟随调幅信号幅度下降，这样输出电压将跟不上调幅波的包络变化而产生失真，这

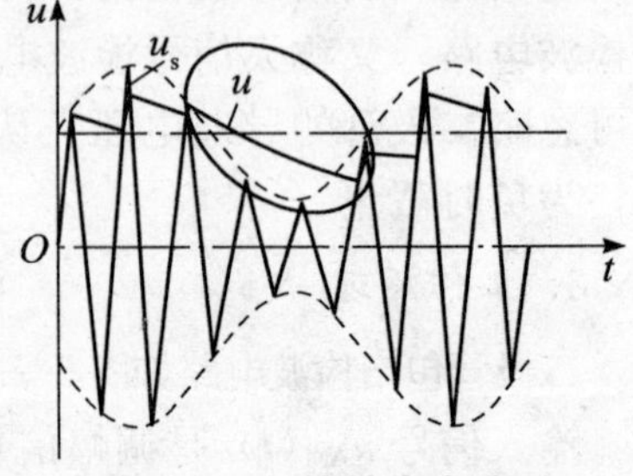

图 5—32　惰性失真波形

种失真称为惰性失真。

调幅系数 m_a 越大，调制信号角频率 Ω 越高，调幅信号的包络下降得越快，就越容易产生惰性失真。这就要求 RC 不能太大，理论分析可以得到 RC 应满足：

$$RC \leqslant \frac{\sqrt{1-m_a^2}}{m_a\Omega} \tag{5—35}$$

(2) 负峰切割失真。

检波电路的输出波形中含有直流成分。实际应用电路中，二极管包络检波电路的输出端一般需要经过一个隔直电容 C_C 与下一级负载 R_L（通常是低频放大器，输入电阻为 R_L）相连接，如图 5—33（a）所示，这样才能滤掉直流成分，还原调制信号波形。

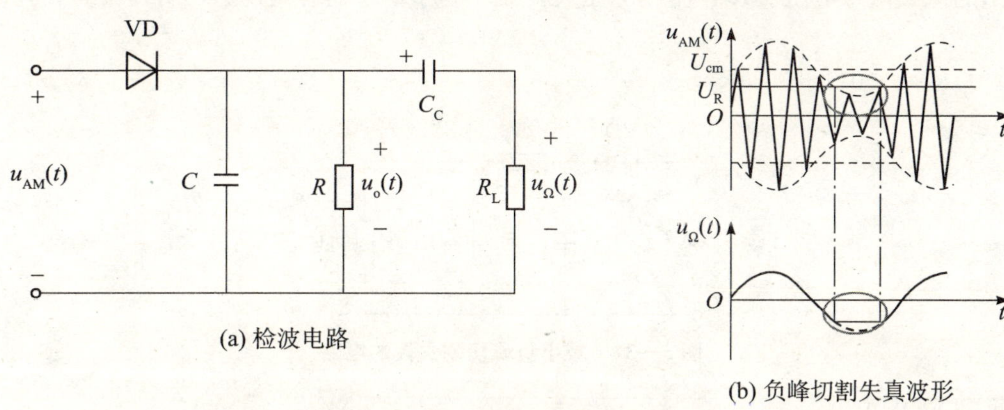

图 5—33　负峰切割失真电路与波形

当二极管包络检波电路输入单频调制的调幅信号时，由于 C_C 容量较大，检波电路输出的低频电压全部加到 R_L 两端，而直流电压全部加到 C_C 两端，其大小近似等于输入信号的载波电压振幅 U_{cm}，可看成是一个直流电源，此电源在电阻 R 上的压降为：

$$U_R = \frac{R}{R+R_L} U_{cm} \tag{5—36}$$

此电压对二极管而言是反向偏置，在输入调幅波正半周包络小于 U_R 的那一段时间内，二极管截止，检波电路输出电压不随包络线的规律而变化，电压被维持在 U_R 上，这种失真称负峰切割失真，如图 5—33（b）所示。

显然，调幅系数 m_a 越大，越容易出现这种失真。为避免负峰切割失真，调幅波包络的最小值 $U_{cm}(1-m_a)$ 应满足：

$$U_{cm}(1-m_a) > \frac{R}{R+R_L} U_{cm} \tag{5—37}$$

即：

$$m_a < \frac{R_L}{R+R_L} = \frac{R'_L}{R} \tag{5—38}$$

式中，$R'_L = \dfrac{RR_L}{R+R_L}$ 是检波电路的低频交流负载；R 为直流负载。

为避免产生负峰切割失真，检波电路的交、直流负载之比应大于调幅波的调幅系数 m_a。m_a 一定时，R_L 越大，负峰切割失真就越不容易产生。如果末级低频放大器输入电阻（即 R_L）很小，调幅系数较大的信号就很难满足式（5—38）的要求。

为避免负峰切割失真，可采取以下两种方法：

1）在检波器和下一级低频放大器之间接入高输入阻抗的射极跟随器以提高 R_L。电视接收机的视频检波器和视频放大器之间大多采用这种电路。

2）R_L越大，负峰切割失真就越不容易产生。R_L越大，意味着交、直流负载相差越小即越接近（$R_L'=\frac{R}{R/R_L+1}\approx R$），按照这个思路，考虑将 R 分成两个部分 R_1 和 R_2，按照图 5—34 进行连接，这样直流负载为 $R=R_1+R_2$，而交流负载为 $R_L'=R_1+\frac{R_2R_L}{R_2+R_L}$，其中 R_1 越大，R_2就越小，交、直流负载相差也越小，负峰切割失真就越不容易产生。但此时检波器输出的低频信号电压在 R_1产生的分压大，又不利于信号的有效传送，所以权衡利弊，通常取：

$$R_1=(0.1\sim0.2)R_2 \tag{5—39}$$

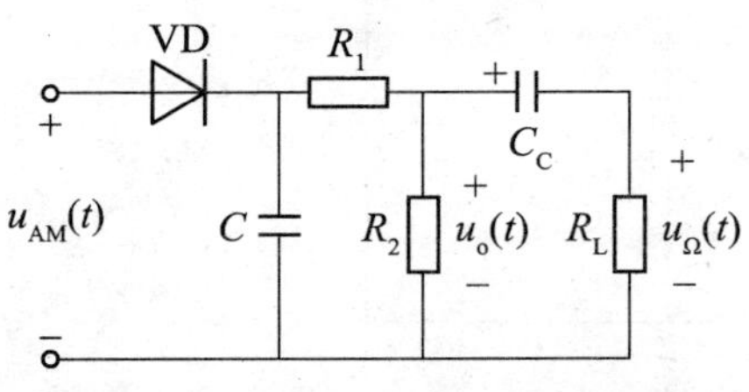

图 5—34　减小负峰切割失真的电路

应用链接： 本任务——应用举例——2. 检波电路应用举例

5.2.2　同步检波

二极管包络检波只适用于普通调幅信号，双边带和单边带调幅信号的包络不能直接反映调制信号的变化规律，所以无法采用包络检波器解调，通常采用同步检波电路来实现，目前集成电路视频检波器均采用同步检波电路。

1. 工作原理

如图 5—35 所示为同步检波电路模型，由于幅度解调电路也是一种频谱搬移电路，所以也可采用模拟相乘器来实现。

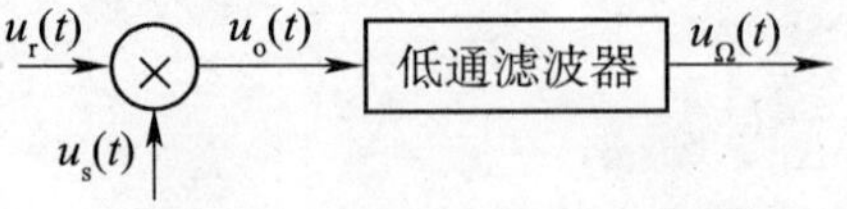

图 5—35　同步检波电路模型

图中 $u_s(t)$ 为双边带或单边带调幅信号，$u_r(t)$ 为与载波信号同频同相的参考信号，将 $u_s(t)$ 与 $u_r(t)$ 进行相乘运算，再由低通滤波器取出所需要的调制信号，即可完成同步检波。

设已调波 $u_s(t)$ 为双边带调幅波 $u_s(t)=U_{sm}\cos(\Omega t)\cos(\omega_c t)$，参考信号与载波同频同相为 $u_r(t)=U_{rm}\cos(\omega_c t)$，则相乘后输出为：

$$\begin{aligned}u_o(t)&=A_M u_s(t)u_r(t)\\&=A_M U_{sm}U_{rm}\cos(\Omega t)\cos^2(\omega_c t)\end{aligned}$$

$$=A_M U_{sm} U_{rm} \cos(\Omega t)\left[\frac{1+\cos(2\omega_c t)}{2}\right]$$

$$=\frac{1}{2}A_M U_{sm} U_{rm}\cos(\Omega t)+\frac{1}{2}A_M U_{sm} U_{rm}\cos(\Omega t)\cos(2\omega_c t) \quad (5—40)$$

式中第一项为需要的调制信号，可通过低通滤波器输出，后一项展开后为高频 $2\omega_c$ 的两个边带分量，被低通滤波器滤除。输出的调制信号为：

$$u_\Omega(t)=\frac{1}{2}A_M U_{sm} U_{rm}\cos(\Omega t)=U_{\Omega m}\cos(\Omega t) \quad (5—41)$$

若已调波 $u_s(t)$ 为单边带调幅波，同样的解调方法可得到需要的调制信号。设已调波信号为 $u_s(t)=U_{sm}\cos(\omega_c+\Omega)t$，参考信号与载波同频同相为 $u_r(t)=U_{rm}\cos(\omega_c t)$，则相乘后输出为：

$$\begin{aligned} u_o(t) &= A_M u_s(t) u_r(t) \\ &= A_M U_{sm} U_{rm}\cos(\omega_c+\Omega t)\cos(\omega_c t) \\ &= \frac{1}{2}A_M U_{sm} U_{rm}\cos(\Omega t)+\frac{1}{2}A_M U_{sm} U_{rm}\cos(2\omega_c+\Omega)t \end{aligned} \quad (5—42)$$

式中第一项为需要的调制信号，可通过低通滤波器输出，后一项为高频 $2\omega_c$ 的一个边带分量，被低通滤波器滤除。

显然，同步检波电路也可以完成普通调幅波的解调，但实现同步检波的关键是必须有一个与载波严格同频同相的参考信号，而产生这样的信号在技术上有一定难度。因此，一般仍采用二极管包络检波进行普通调幅波的解调。

2. 同步检波电路

（1）乘积型同步检波电路。

利用相乘器构成的同步检波电路称为乘积型同步检波电路，如图 5—36 所示为采用 MC1496 集成模拟相乘器构成的同步检波电路。$u_r(t)$ 同步参考信号加到输入端 10 脚；$u_s(t)$调幅信号加到输入端 1 脚，解调信号由 12 脚单端输出；R_6、C_5、C_6 组成 π 形低通滤波器；C_7 为输出耦合隔直电容，用来耦合低频，隔断直流。电路采用单电源供电，正电源通过 R_5 接入 5 脚，为器件内部提供合适的静态偏置电流。

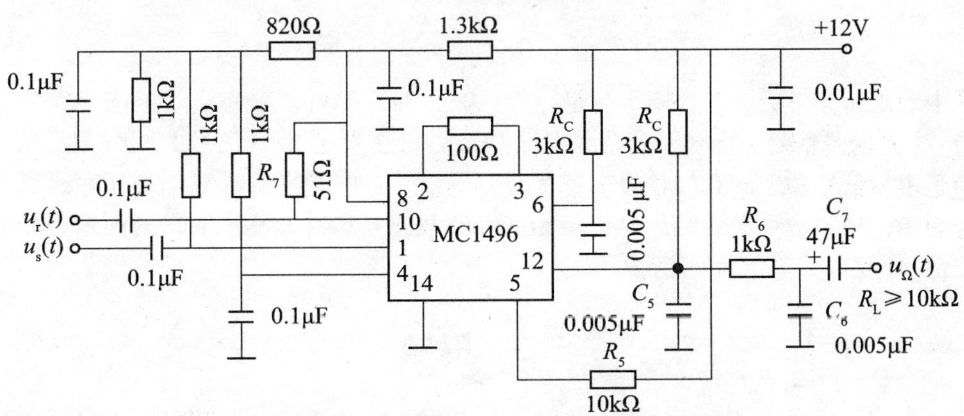

图 5—36　MC1496 构成的乘积型同步检波电路

（2）叠加型同步检波电路。

叠加型同步检波电路是将调幅信号与同步参考信号先进行叠加，然后用二极管包络检波电路进行解调的电路，如图 5—37 所示。

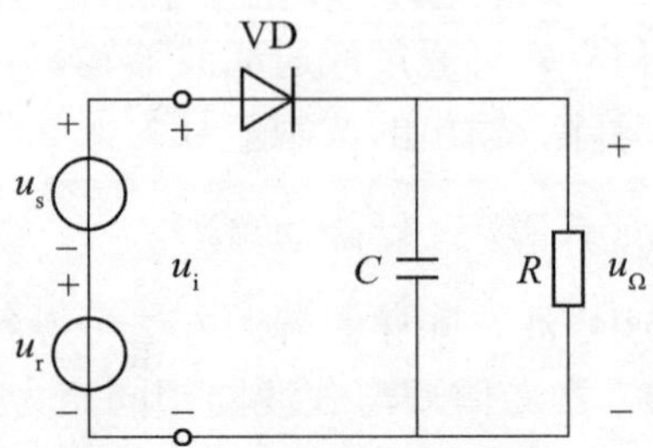

图 5—37 叠加型同步检波电路

设输入为 DSB 信号 $u_s(t) = U_{sm}\cos(\Omega t)\cos(\omega_c t)$，同步信号为 $u_r(t) = U_{rm}\cos(\omega_c t)$，则相叠加后的信号为：

$$\begin{aligned} u_i(t) &= u_r(t) + u_s(t) \\ &= U_{rm}\cos(\omega_c t) + U_{sm}\cos(\Omega t)\cos(\omega_c t) \\ &= U_{rm}\left[1 + \frac{U_{sm}}{U_{rm}}\cos(\Omega t)\right]\cos(\omega_c t) \end{aligned} \tag{5—43}$$

当 $U_{rm} > U_{sm}$ 时，$m_a = \frac{U_{sm}}{U_{rm}} < 1$，$u_i(t)$ 为不失真的 AM 信号，通过包络检波电路就可解调出所需的调制信号。

需要强调的是，无论是乘积型还是叠加型同步检波，均要求同步信号与发送端载波信号严格同频同相，否则会引起解调失真。因此，如何产生一个与载波信号同频同相的同步信号是极为重要的。具体方法如下：

1）对于 DSB 信号，同步信号可直接从输入的 DSB 信号中提取，如可将 DSB 信号 $u_s(t) = U_{sm}\cos(\Omega t)\cos(\omega_c t)$ 取平方，即：

$$\begin{aligned} u_s^2(t) &= U_{sm}^2\cos^2(\Omega t)\cos^2(\omega_c t) \\ &= U_{sm}^2 \frac{1+\cos(2\Omega t)}{2}\frac{1+\cos(2\omega_c t)}{2} \\ &= \frac{U_{sm}^2}{4}\left[\cos(2\omega_c t) + \cos(2\Omega t) + \cos(2\Omega t)\cos(2\omega_c t)\right] \end{aligned} \tag{5—44}$$

从中取出角频率为 $2\omega_c$ 的频率分量，经二分频即可得角频率为 ω_c 的同步信号。

2）对于 SSB 信号，同步信号无法从中提取，可在发送 SSB 信号的同时，发送一个功率远低于边带信号功率的载波信号，称为导频信号，接收端接到导频信号后，经放大就可以作为同步信号，也可用导频信号去控制接收端载波振荡器，使之输出的同步信号与发送端载波信号同步。

5.3 混频

5.3.1 混频基本原理

混频电路的作用是将已调信号的载频变换成固定的中频，变化后新载频（中频）已调波的调制规律保持不变。

收音机、电视接收机等无线电接收设备，需要接收许多电台发送来的高频调制信号，若接收机接收到的这些信号直接放大还原，必须由几十套回路组成，这样接收机的体积会几倍或十几倍地增加，设计和调整都很困难。而且对不同电台发出的高频信号如果实现多级放大，则每一级都需要调谐，不方便且选择性很差。再有就是高频信号的放大由于频率高，放大器不稳定，只能降低放大器增益，致使放大器的灵敏度和选择性都不好。

采用混频器将高频已调波的载频变换为固定的中频，由于频率降低且固定，因而大大提高了接收机的性能，且电路结构简单。如图 5—38 所示为混频电路作用示意图。

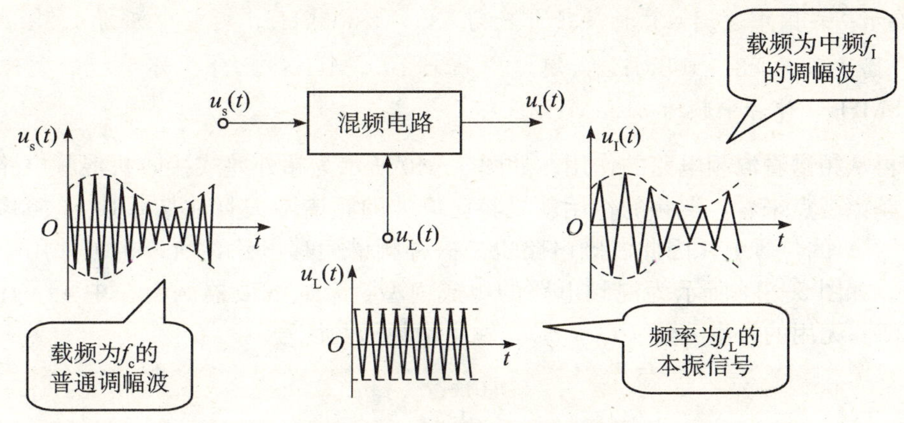

图 5—38　混频电路作用示意图

混频电路输出的中频频率 f_I 可取输入载频信号频率 f_c 与本机振荡频率 f_L 的和频或差频，即：

$$f_I = f_c + f_L \tag{5—45}$$

或

$$f_I = f_L - f_c \text{（或 } f_I = f_c - f_L\text{）} \tag{5—46}$$

混频电路是超外差式接收机的重要组成部分。目前的接收机几乎全部采用超外差式接收机，所谓超外差，是指本机振荡频率 f_L 超过外来已调波的载频 f_c 一个中频 f_I，通过混频作用取出这个中频 f_I。在混频过程中，无论外来的已调波的载频怎样变化，只要经混频器混频后，载频就会变为固定的中频，由选频回路选出，并进行放大，而在这个过程中，调制规律却不发生变化。

在超外差式调幅广播接收机中，混频器将中心频率为 535～1 605kHz 的高频已调信号变换为中心频率为 465kHz 的中频已调信号，如图 5—39 所示是它的原理框图。

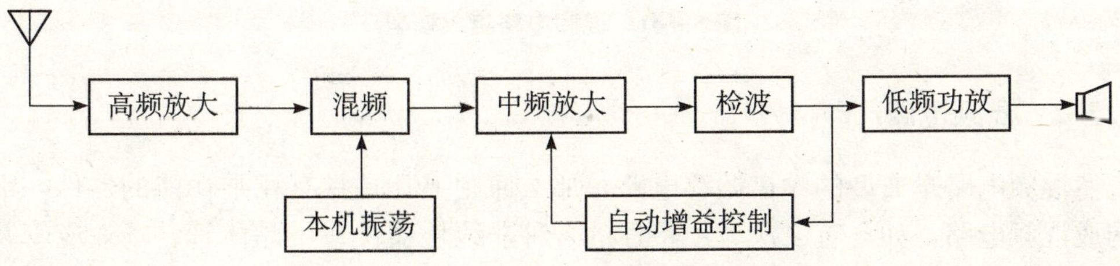

图 5—39　超外差式调幅接收机原理框图

知识链接： 框图中有关"自动增益控制"部分参见学习任务7　反馈控制电路——7.1 自动增益控制电路

超外差接收机在天线输入回路与检波器之间插入了混频电路和中频放大电路，对信号起主要放大作用的中放电路无论天线输入的信号频率如何变化，其选频回路的谐振频率总保持在465kHz不变，因此中放电路放大的是中心频率为465kHz的信号，这样就解决了放大电路级数增加调谐困难的问题。

提示： 我国中波调幅广播波段大致为535～1 605kHz，规定中频为465kHz；调频广播波段为88～108MHz，规定中频为10.7MHz；此外广播电视的图像中频为38MHz，伴音中频为31.5MHz。

我们再从频谱看混频电路的作用。如图5—40所示为超外差式接收机混频电路的频谱变换，从频谱观点来看，混频的作用就是将已调波的频谱不失真地从载频 f_c 搬移到中频（$f_I = f_L - f_c$）的位置上，因此混频电路也是一种频谱搬移电路，所以也可采用模拟相乘器来实现。如图5—41所示为混频电路的组成模型，带通滤波器调谐在中频（$f_I = f_L - f_c$）上，滤除无用的寄生分量（$f_L + f_c$），输出中频已调信号。

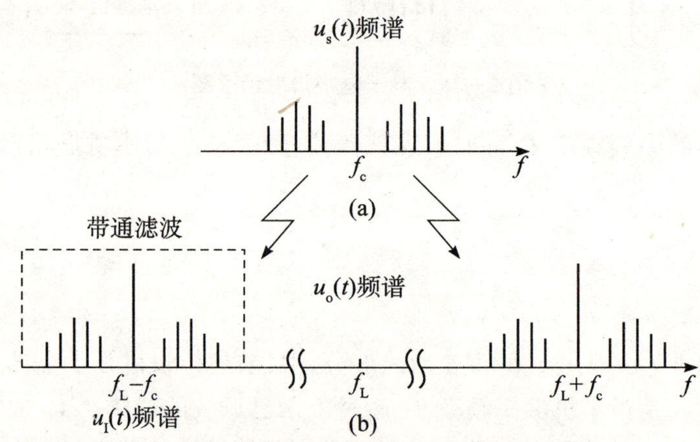

图5—40　混频电路频谱变换图

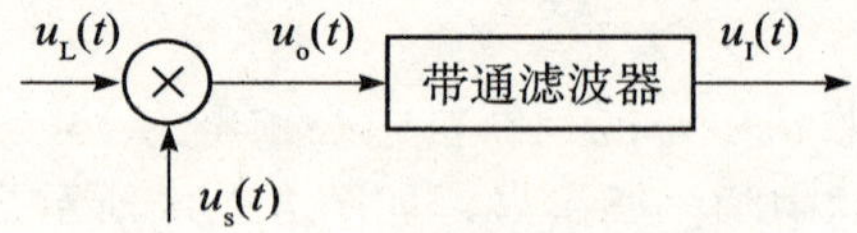

图5—41　混频电路组成模型

5.3.2　混频电路

既然混频电路是典型的频谱搬移电路，那么原则上凡是具有相乘功能的器件，都可以用来构成混频电路，如含有二次方项特性的各种非线性器件——晶体管、场效应管及集成模拟相乘器等。

1. 晶体管混频电路

如图5—42所示为晶体管混频电路原理图，输入信号 $u_s(f_c)$ 和本振信号 $u_L(f_L)$ 都是由基极输入，输出回路调谐在中频（f_I）上，由图可知，$u_{BE}=U_{BB}+u_L+u_s$，一般情况下，u_L 为大信号，u_s 为小信号，晶体管工作在线性时变工作状态。根据前面有关线性时变工作状态的分析和学习，我们知道晶体管输出信号中含有所需要的中频分量 $f_I=f_L-f_c$，通过调谐回路可输出该中频信号。

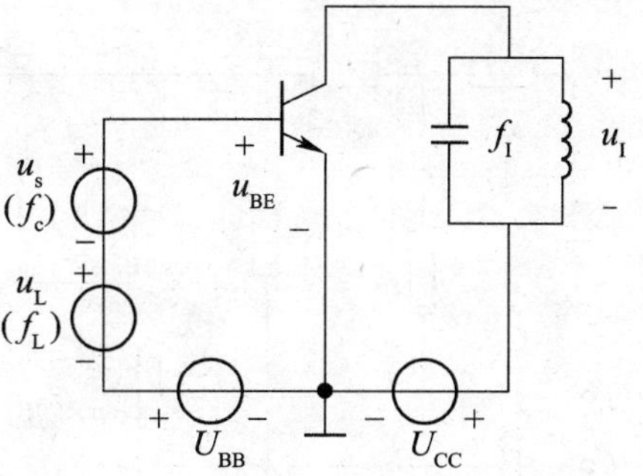

图5—42　晶体管混频电路原理图

应用链接： 应用链接：本任务——应用举例——3. 混频电路应用举例

2. 场效应管混频电路

场效应管混频器在电路形式上与晶体三极管混频器十分相似，其典型原理电路如图5—43所示。图中 R_1、C_1 是自给偏置电路，本振信号 u_L 通过 L_1、L_2 互感耦合注入场效应管源极，信号 u_s 由栅极输入，经场效应管的非线性作用，产生和频、差频等电流分量，若将输出回路 L_3、C_3 调谐于差频频率 $f_I=f_L-f_c$，则在回路两端就可得到中频分量信号 u_I，从而完成频率变换。

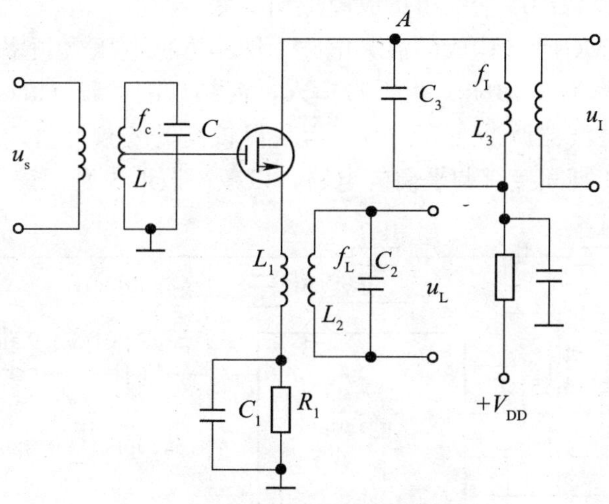

图5—43　场效应管混频电路

采用双栅极MOS场效应管构成的混频电路如图5—44（a）所示，图中场效应管VT有两个栅极，其中 G_1 加输入信号 u_s，G_2 加本振信号 u_L，输出中频滤波器采用双调谐耦合回路。R_1、R_3 和 R_4、R_5 组成分压器，分别给栅极 G_2、G_1 提供正向偏压；R_6、C_4 构成源极自给偏压电路。

将双栅极场效应管用两个级联场效应管表示，如图5—44（b）所示，图中 $i_D=i_{D1}=i_{D2}$，i_{D1} 受 u_s 控制，i_{D2} 受 u_L 控制，即双栅极场效应管的漏极电流 i_D 同时受到 u_s、u_L 的控制，当 u_L 为大信号，u_s 为小信号时，场效管即工作在线性时变状态，从而实现混频作用。

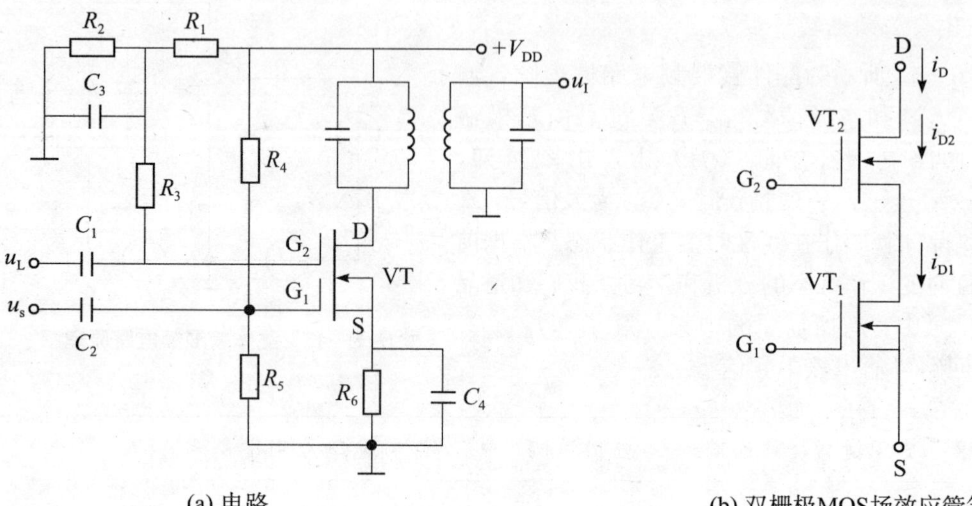

(a) 电路　　　　(b) 双栅极MOS场效应管等效电路

图 5—44　双栅极 MOS 场效应管混频电路

由于场效应管的转移特性具有二次方特性，所以场效应管混频电路输出信号中的组合频率分量比晶体管要小，同时，它还有动态范围大、工作频率高等优点。但是其增益比晶体管变频电路要低，这是因为其跨导小的缘故。

3. 集成模拟相乘器混频电路

目前高质量通信设备中广泛采用集成模拟相乘器。

如图 5—45 为用 MC1496 构成的混频电路，图中本振电压（频率为 39MHz）由 10 脚输入，信号电压（频率为 30MHz）由 1 脚输入，混频后的中频（9MHz）信号由 6 脚经 π 形滤波器输出，π 形滤波器调谐在 9MHz。为获得较高的变频增益，π 形滤波器还兼有阻抗变换作用。1 脚和 4 脚间接有调平衡的电路，以减小波形失真。

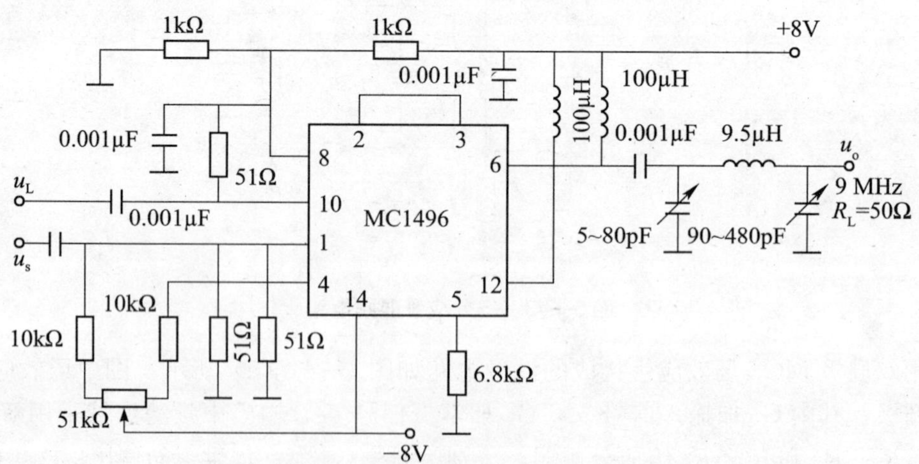

图 5—45　MC1496 构成的混频电路

利用模拟相乘器实现混频，输出组合频率分量少，对接收系统干扰少；对本振电压大小无严格限制，本振电压大小仅影响输出变频增益，不会因为本振幅度小而产生失真；允许的输入信号动态范围大，利于减小交调和互调失真。

5.3.3　混频干扰

由混频器原理可知，混频器的输出信号频率为输入信号与本振信号混频后的中频分量，利用的是混频器件的非线性特点，而混频器件的非线性特点又是混频电路产生各种干扰信号的根源。信号频率和本振频率的各次谐波之间、干扰信号与本振信号之间、干扰信号与信号之间以及干扰信号之间，经非线性器件相互作用会产生很多的频率分量。在接收机中，当其中某些频率等于或接近于中频时，就能够顺利地通过中频放大、检波，在输出级引起串音、哨声和各种干扰，影响有用信号的正常接收。

1. 组合频率干扰

我们知道，当两个频率（f_L、f_c）信号（本振信号 u_L 和输入信号 u_s）同时作用于非线性器件时，将会产生两个频率的各种组合频率分量。

$$f_{p,q}=|\pm pf_L\pm qf_c| \qquad (5—47)$$

式中，p、q 为任意正整数，当 $p=q=1$ 时，可得中频 $f_I=f_L-f_c$。也即只有中频 f_I 为有用的频率分量，除此之外的组合频率分量都是无用的，当其中的某些频率分量接近于中频 f_I，并落入中频 f_I 通频带范围内时，就能与有用中频信号一道顺利地通过中频放大加到检波器，并与有用中频信号在检波器中产生差拍，形成低频干扰，使收听者在听到有用信号的同时还听到差拍哨声。这种组合频率干扰也称为哨声干扰。

当转动接收机调谐旋钮时，哨声音调也跟随变化，这是哨声干扰区分其他干扰的标志。

例如，在广播中波波段，信号频率 $f_c=931\text{kHz}$，本振频率 $f_L=1396\text{kHz}$，中频 $f_I=465\text{kHz}$。若 $p=1$，$q=2$ 时对应的组合频率为 $2f_c-f_L=$（1 862－1 396）＝466kHz，接近 465kHz，这样，它和 465kHz 的有用中频信号同时进入中频放大、检波，产生差拍，在接收机输出产生 1kHz 的哨声。

理论上，产生干扰哨声的信号频率有无限个，但实际上因组合频率分量的幅度随着 p、q 增加而迅速减小，所以只有在 p 和 q 较小时，才会产生明显的干扰哨声；又因接收机的接收频段是有限的，所以产生干扰哨声的组合频率并不多，对于具有理想相乘特性的混频器，不容易产生哨声干扰，实际中只需尽量减小混频器的非理想相乘特性。

2. 寄生通道干扰

上面讨论的组合频率干扰是由于混频器的非线性使信号频率和本振信号频率产生不同组合而产生的干扰，当有外来干扰信号（f_N）作用于混频器的输入端时，这些干扰信号均可以在混频器中与本振信号（f_L）产生混频作用，如果形成的组合频率满足：

$$|\pm pf_L\pm qf_N|=f_I \qquad (5—48)$$

就会形成干扰。如果我们把有用信号与本振信号变换为中频的通道称为主通道，而把同时存在的其余变换通道称为寄生通道，这种外来干扰信号与本振信号产生的组合频率干扰则称为寄生通道干扰，或称副波道干扰。实际上，只有对应于 p、q 值较小的干扰信号，才会形成较强的寄生通道干扰，其中最强寄生通道干扰为中频干扰和镜像干扰。

当 $p=0$、$q=1$ 时，$f_N=f_I$，即干扰频率等于中频频率，称为中频干扰。由于干扰频率等于中频频率，它无需变频，可直接通过中放加到检波器上，如果中频干扰信号是调幅信号，则经检波器后可能听到干扰信号的原调制信号，干扰严重时，接收机将不能识别有用信号。抑制中频干扰的主要方法是提高接收机前端电路的选择性，或在前级增加一个中频陷波器，以滤除中频干扰信号。

当 $p=q=1$ 时，式（5—48）有一种组合满足 $f_N=f_L+f_I=f_c+2f_I$，此干扰信号比本振信号高出一个中频 f_I，而通常信号频率 f_c 比本振频率 f_L 低一个中频频率，这个干扰信号频率 f_N 与信号频率 f_c 相对于本振频率 f_L 而言，恰好成镜像对称关系，称这种干扰为镜像干扰，如图 5—46 所示。抑制镜像干扰的主要方法是提高前级电路的选择性。

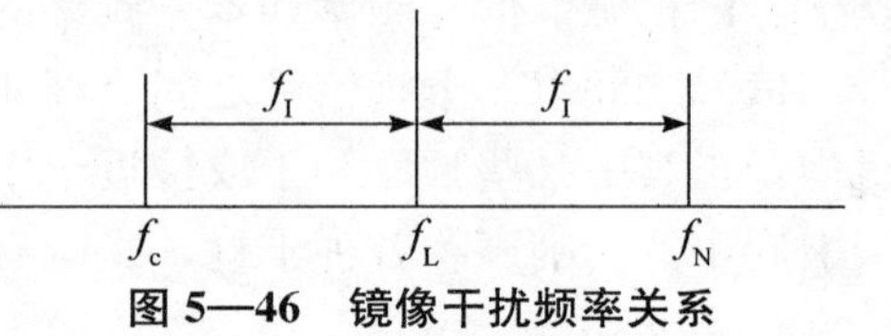

图 5—46　镜像干扰频率关系

3. 交叉调制干扰（交调干扰）

当有用信号和某干扰台信号两种调幅波均加至混频器输入端时，由于混频器的非线性作用，使干扰台信号的调制包络也转移到中频载波信号上，形成干扰，称为交叉调制干扰，简称交调干扰。其表现为，当接收机对有用信号频率调谐时，在输出端不仅可收听到有用信号的声音，同时还清楚地听到干扰台调制信号的声音；若接收机对有用信号频率失谐，则干扰台信号声音也随之减弱，并随着有用信号的消失而消失。

交叉调制干扰的产生与干扰台的频率无关，任何频率较强的干扰信号加到混频器的输入端，都有可能产生交叉调制干扰。抑制交叉调制干扰的主要措施有：提高混频器前端电路的选择性，尽量减小干扰信号的幅度；选用合适的器件和合适的工作状态，使混频器的非线性高次方项尽可能减小；采用抗干扰能力较强的平衡混频器和模拟相乘器混频电路。

4. 互相调制干扰（互调干扰）

由于接收机前端选择性较差，可能有两个（或多个）干扰信号同时加到混频器输入端，由于混频器的非线性作用，两个干扰信号与本振信号相互混频，产生的组合频率分量若接近于中频，就能顺利通过中频放大器，经检波器检波后产生干扰。这种与两个（或多个）干扰信号有关的干扰，可称为互相调制干扰，简称互调干扰。

例如接收机接收信号频率为 f_c＝1 200kHz，这时本振信号频率为 f_L＝1 665kHz，中频为 f_I＝465kHz，另有频率分别为 f_{N1}＝1 190kHz 和 f_{N2}＝1 180kHz 的两个干扰信号也加到混频器的输入端，则经混频器后可获得组合频率为：

$$[1665-(2\times1190-1180)]=465\text{kHz}$$

该值恰等于中频频率值，因此可经中频放大、检波，形成干扰。

减小互调干扰的方法与抑制交调干扰的方法相似，不再赘述。

应用举例

1. 二极管环形调幅电路应用举例

如图 5—47 所示为彩色电视机系统中实现色差信号对彩色副载波进行双边带调幅的

电路，彩色副载波信号经三极管 VT_1 放大后经变压器 Tr_1 输入给环形调幅电路输入端，色差信号加到另一个输入端。R_5、R_6 为可调电位器，用来调节电路的平衡。C_4、R_7 构成谐振回路，中心频率为彩色副载波频率，调制后的双边带调幅信号经三极管 VT_2 射极输出。

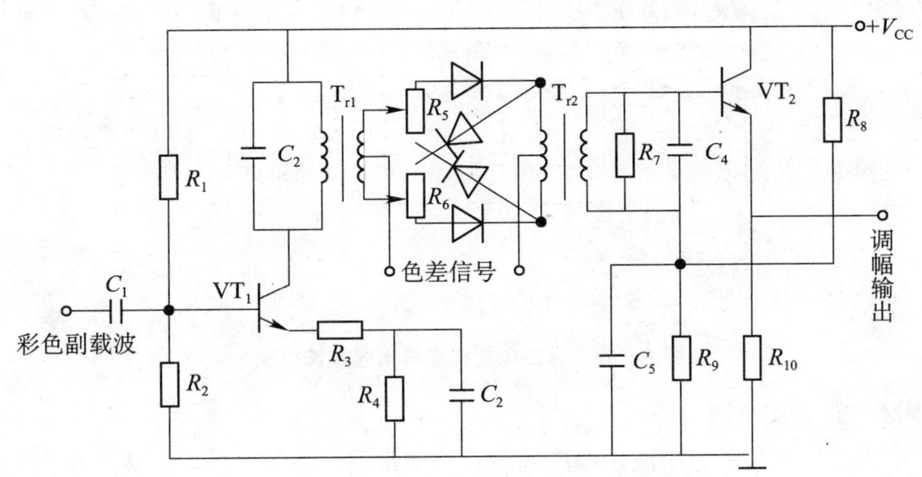

图 5—47　二极管环形调幅电路应用电路

2. 检波电路应用举例

（1）如图 5—48 所示为广播收音机的检波电路。已调波 u_{AM} 经中频放大，由 LC 调谐回路反馈至检波的输入端。VD 为检波二极管；C_1 和 C_2 为滤波电容器，通常取 $C_1=C_2$；R_1 与 R_2 组成分压电路，以减弱底部负峰切割失真；R_3 为音量控制电位器，控制输出电压大小；R_2、C_4 组成 AGC 电路（自动增益控制电路），用于控制中放增益，稳定输出信号幅度，是接收机中不可缺少的辅助电路。

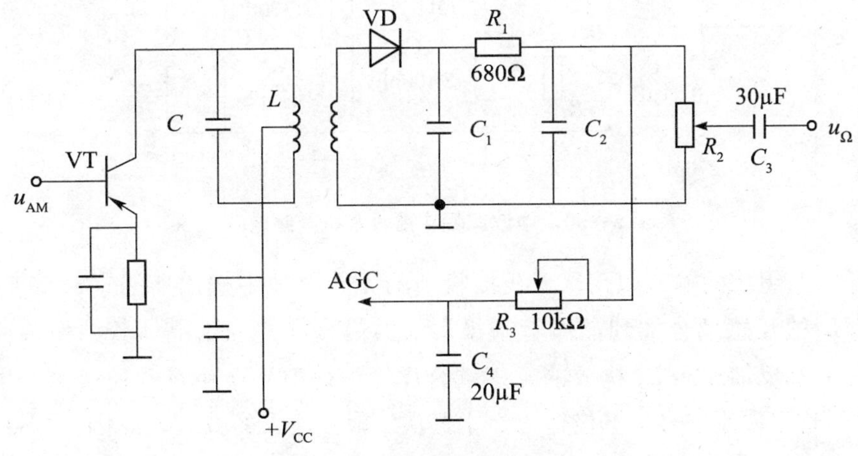

图 5—48　广播收音机的检波电路

（2）如图 5—49 所示为国产黑白电视机中图像信号检波电路图。来自中放的载波中频 28MHz 信号由变压器耦合到二极管包络检波电路，VD 为检波二极管；R_2 用于改善二极管检波特性；L、C_1、C_2 组成 π 形滤波网络，滤除中频载波信号；晶体管 VT 构成射极跟随器，其输入电阻较大，从而避免产生负峰切割失真。检波后输出图像调制信号 u_Ω 给视频放大电路。

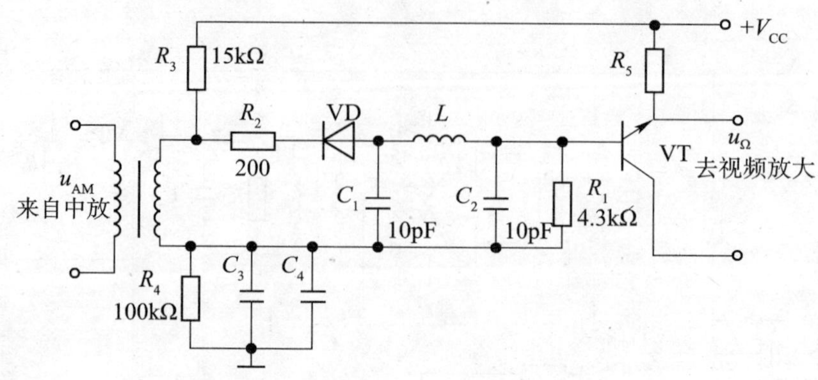

图 5—49　黑白电视机图像信号检波电路

3. 混频电路应用举例

（1）如图 5—50 所示为中波调幅广播收音机中常用的混频电路，因为此电路混频和本振都由晶体管完成，又称变频电路。

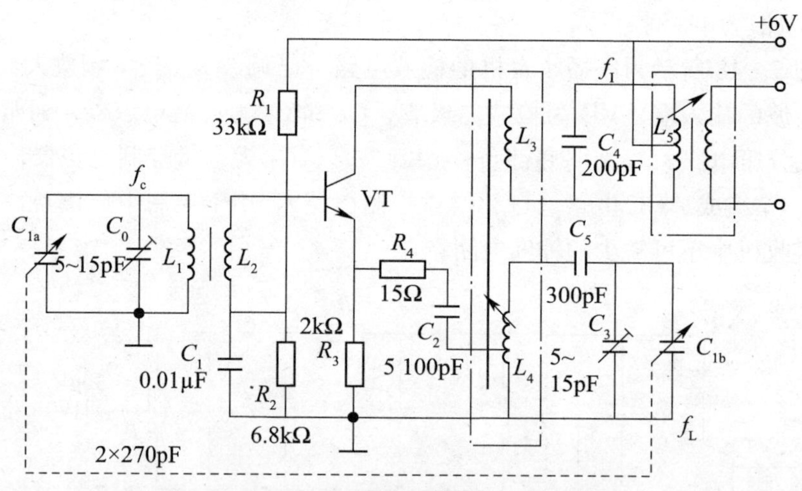

图 5—50　中波调幅广播收音机变频电路

L_1、C_0、C_{1a}组成的输入回路从天线接收到的无线电波中选出所需射频（f_c）信号输入，经 L_1、L_2 的互感耦合加到晶体管基极。本振信号（f_L）由晶体管、振荡回路（L_4、C_3、C_5、C_{1b}）和反馈线圈 L_3 构成的互感耦合反馈振荡电路产生，并通过耦合电容 C_2 加到发射极上，这里采用信号从基极输入、本振从发射极注入的方式，是因为广播收音机的中频为 465kHz，本振频率和信号频率相距较近，为减小其间相互影响而采取的方式，称“射极注入，基极输入”式变频电路。变频器的负载 L_5、C_4 构成带通滤波器，作用是选出所需的 465kHz 中频信号，抑制带外干扰。

（2）图 5—51 是电视机中典型的混频电路。高频放大器输出的高频信号 u_s，经双调谐回路滤波后，加到晶体管基极。本振信号电压 u_L 经耦合电容 C_4 注入晶体管基极，称“基极注入，基极输入”方式混频电路。输出回路是一双调谐回路，其中心频率调谐在 38MHz 的图像中频上。

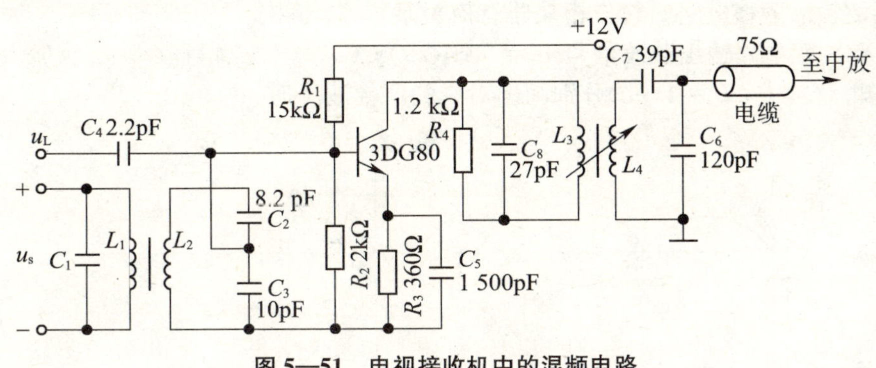

图 5—51　电视接收机中的混频电路

要点总结

调制、检波和混频是通信系统的重要处理技术。调幅、检波和混频电路都属于频谱搬移电路，它们都可以用相乘器组成的电路模型来实现。

相乘器是利用非线性器件构成的，具有频率变换作用，能完成两个模拟信号的相乘，实现频谱的线性搬移。

调幅，就是用待传输的低频信号控制高频载波信号的振幅，使高频载波信号的振幅与低频调制信号的变化规律呈线性关系。有普通调幅信号（AM）、双边带调幅信号（DSB）和单边带调幅信号（SSB）。

AM 信号频谱中含有高频载波、上边带和下边带，上、下边带频谱结构均反映调制信号频谱的结构，已调波的包络能反映调制信号的变化规律。载波不携带信息，却占据了调幅波总功率的绝大部分，存在功率浪费现象。

DSB 信号频谱中只含有上、下边带，没有载频分量，其包络不再反映原调制信号的形状，发射效率比 AM 高。

SSB 信号频谱中只含有上边带或下边带分量，已调波包络也不能反映调制信号的变化规律，发射效率进一步提高。

常用的调幅电路有低电平调幅电路和高电平调幅电路。在低电平级实现的调幅称为低电平调幅，它主要用来实现双边带和单边带调幅。在高电平级实现的调幅称为高电平调幅，常采用丙类谐振功率放大器产生大功率的普通调幅波。

检波有二极管包络检波和同步检波两种。二极管包络检波只适用于 AM 信号检波，二极管包络检波存在惰性失真和负峰切割失真，需要有效避免；同步检波适用于所有调幅波，SSB 和 DSB 信号必须采用同步检波电路，要求同步信号与载波信号严格同频、同相。

混频电路是超外差接收机的重要组成部分，常用晶体管混频电路，其输入信号分有用信号和本振信号，一般本振信号幅度大，有用信号幅度小。利用模拟相乘器也可方便实现混频。

混频干扰是混频电路中需要注意的问题，常见的有哨声干扰、寄生通道干扰（主要是中频干扰、镜像干扰）、交调干扰和互调干扰等，必须采取措施，尽量减小混频干扰。

对混频电路的基本要求是混频增益高，失真小，抑制干扰信号的能力强。

巩固与提高

1. 振幅调制有几种形式？写出电压表达式并画出频谱，说明频带宽度。

2. 何谓频谱搬移电路？它与相乘器有何关系？

3. 已知调幅电路输出载波信号 $u_c=5\cos(\omega t)$（V），输入调制信号 u_Ω 波形如图 5—52 所示，已知 $f_c \gg F$，$k_a=1$，试分别画出对应的调幅波波形。

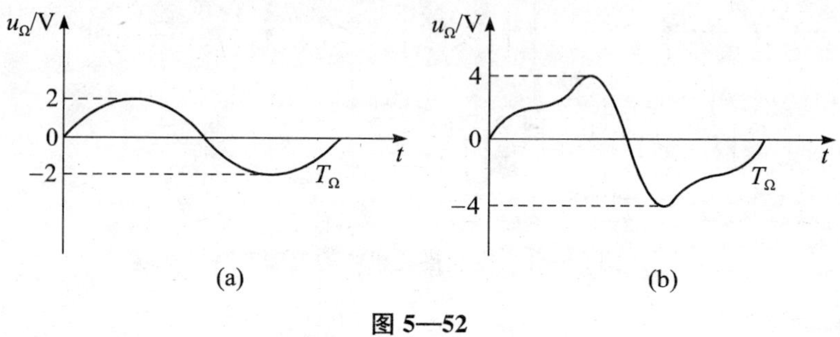

图 5—52

4. 已知调幅电路载波输出电压 $u_c=4\cos(2\pi\times10^5 t)$ V，输入调制信号电压 $u_\Omega=2\cos(2\pi\times500t)$（V），设 $k_a=1$，试写出已调波表达式，求出调幅系数及频带宽度，画出调幅波波形和频谱图。

5. 若调幅波的最大振幅为 10V，最小振幅为 6V，则此调幅波的调幅系数 m_a 是多少？

6. 已知调幅波信号 $u_c=[1+\cos(2\pi\times100t)]\cos(2\pi\times10^5 t)$（V），试画出它的波形和频谱图，求出频带宽度 BW。

7. 已知调幅波输出电压 $u_c(t)=\{5\cos(2\pi\times10^6 t)+\cos[2\pi(10^6+5\times10^3)t]+\cos[2\pi(10^6-5\times10^3)t]\}$（V），试求出调幅系数及频带宽度，画出调幅波波形和频谱图。

8. 试分别画出下列电压表示式对应的波形和频谱图，并说明它们各为何种信号。（令 ω_c 为 Ω 的整数倍）

（1）$u=[1+\cos(\Omega t)]\cos(\omega_c t)$；

（2）$u=\cos(\Omega t)\cos(\omega_c t)$；

（3）$u=\cos[(\omega_c+\Omega)t]$。

9. 已知调幅波的波形图如图 5—53 所示，写出表达式并画出频谱图。

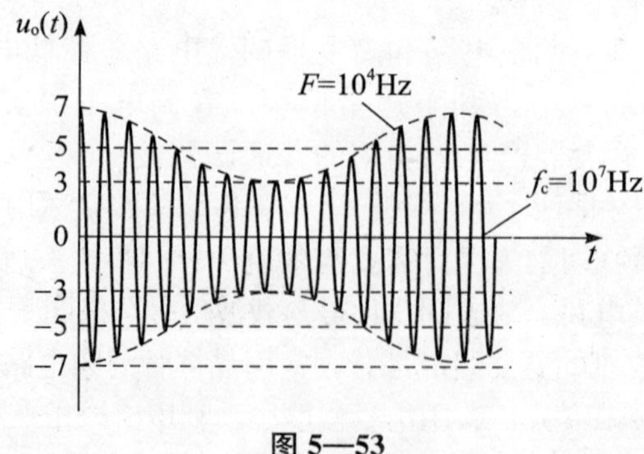

图 5—53

10. 有两个已调波电压，分别为 $u_1(t)=2\cos(100\pi t)+0.1\cos(90\pi t)+0.1\cos(110\pi t)$（V），$u_2(t)=0.1\cos(90\pi t)+0.1\cos(110\pi t)$（V）。

(1) 它们各为何种调幅波？

(2) 设 $R_L=1\Omega$，求消耗在 R_L 上的边频功率和一个周期内的平均总功率。

(3) 求频带宽度。

11. 为什么基极调幅，被测放大器在调制信号变化范围内应工作在欠压状态，而集电极调幅应工作在过压状态？

12. 已知非线性器件的伏安特性为 $i=a_0+a_1u+a_2u^2$，a_0、a_1、a_2 均为常数，外加交流电压 $u=u_1+u_2=U_{1m}\cos(\Omega t)+U_{2m}\cos(\omega_c t)$，分析该器件能否实现调幅作用。

13. 二极管包络检波器的 $R_L=220\text{k}\Omega$，$C=100\text{pF}$，若 $F_{max}=6\ 000\text{Hz}$，为避免惰性失真，最大调幅系数应为多少？

14. 如图 5—54 所示的检波电路中，$R=510\Omega$，$R_P=4.7\text{k}\Omega$，$R_L=1\text{k}\Omega$，输入信号为 $u_s(t)=0.5[1+0.3\cos(2\pi\times10^3t)]\cos(2\pi\times10^7t)$，可变电阻 R_P 的滑动头在中心位置和在最高位置时，是否会产生负峰切割失真？

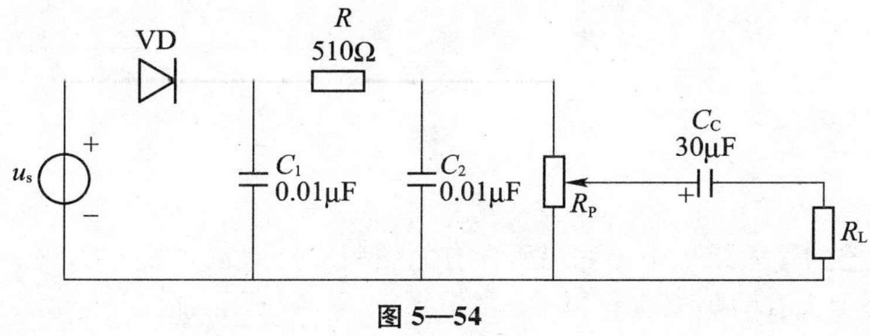

图 5—54

15. 晶体管射极包络检波电路如图 5—55 所示，试分析其检波工作原理。

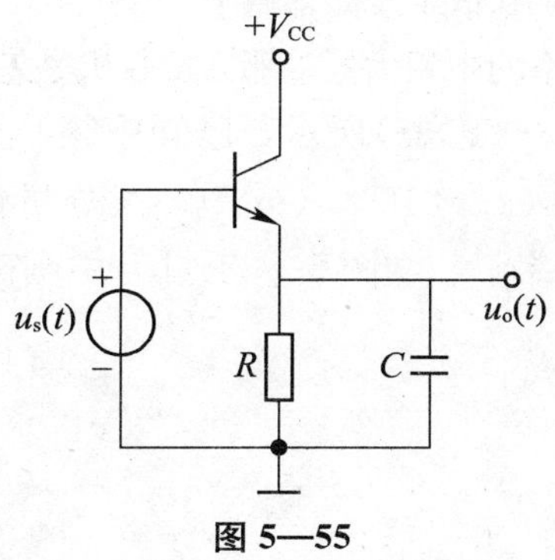

图 5—55

16. 如图 5—56 所示的电路为倍压检波电路，R 为负载，C_2 为滤波电容，检波输出电压 $u_o(t)$ 近似等于输入电压振幅的两倍，试说明电路的工作原理。

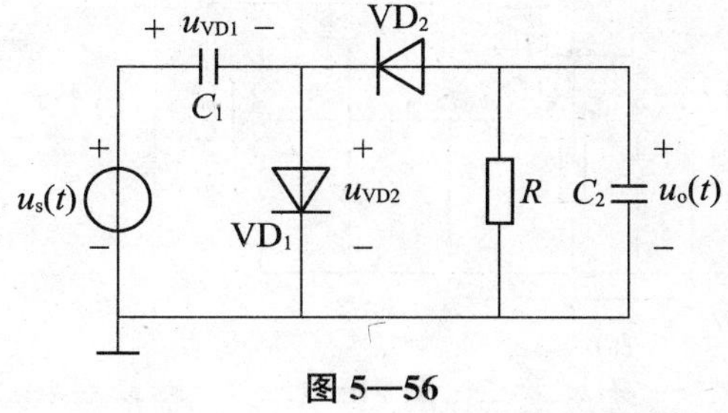

图 5—56

17. 如图 5—57(a)所示的检波电路中，已知电压传输系数为 0.8，设输入信号：$u_s(t)=5\times[1+0.4\sin(2\pi\times10^4t)]\cos(2\pi\times10^7t)$(V)，写出图中 $u_o(t)$、$u_\Omega(t)$信号的数学表达式；在图 5—57（b）中画出 $u_s(t)$、$u_o(t)$、$u_\Omega(t)$的波形。

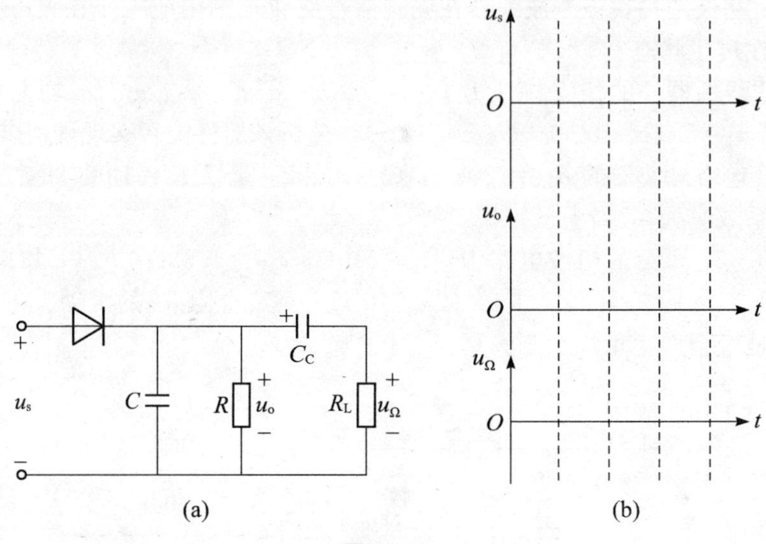

图 5—57

18. 在检波器的输入信号中，如果所含有的频率成分为 ω_c，$\omega_c+\Omega$，$\omega_c-\Omega$，则在理想情况下输出信号中含有的频率成分为（　　）。

A. ω_c　　B. $\omega_c+\Omega$　　C. $\omega_c-\Omega$　　D. Ω

19. 为什么混频器也一定要用非线性元器件?

20. 混频器输出的是固定频率的中频信号，那么接收机是怎样接收不同电台信号的呢?

21. 晶体管混频电路如图 5—58（a)所示，已知中频 $f_I=465$kHz，输入信号 $u_s(t)=5\times[1+0.5\cos(2\pi\times10^3t)]\cos(2\pi\times10^6t)$(mV)。试分析该电路，并说明 L_1C_1、L_2C_2、L_3C_3 三谐振回路调谐在什么频率上。在图 5—58（b）中画出 F、G、H 三点对地电压波形。

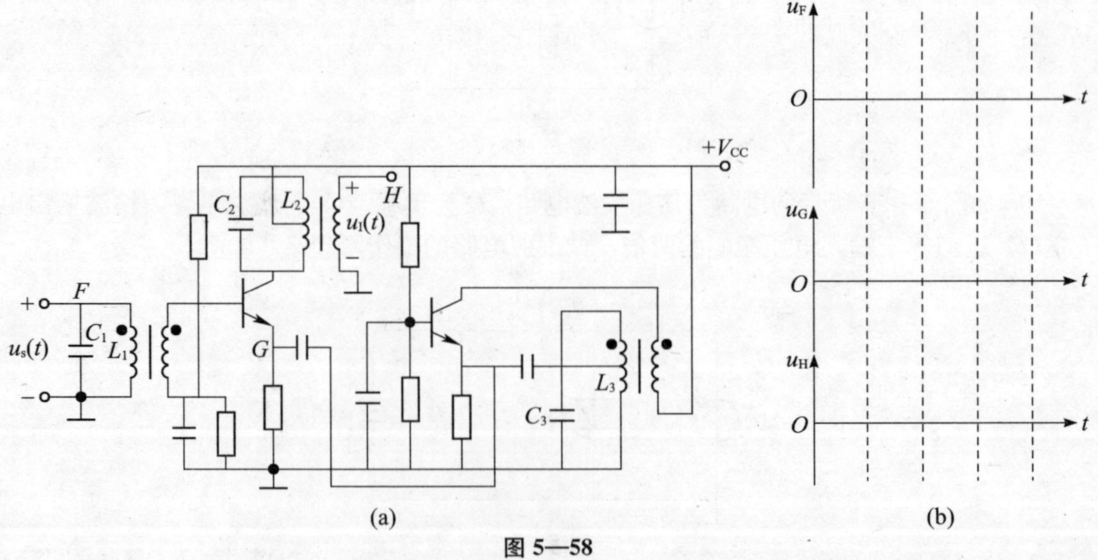

图 5—58

22. 设欲接收电台的载频是 1 500kHz，接收机的中频是 465kHz，问接收机的本振频率是多少？对接收机引起干扰的镜像频率是多少？

23. 超外差式广播收音机中，中频 $f_I = f_L - f_c = 465$kHz，工作频段为 535～1 605 kHz，试分析下列两种现象属于何种干扰：

（1）当接收 f_c=560kHz 电台信号时，还能听到频率为 1 490kHz 强电台的信号；

（2）当接收 f_c=1 460kHz 电台信号时，还能听到频率为 730kHz 强电台的信号。

24. 混频器输入端除了有用信号 $f_c = 20$MHz 外，同时还有频率分别为 $f_{N1} = 19.2$MHz，$f_{N2} = 19.6$MHz 的两个干扰信号存在，已知混频器的中频 $f_I = f_L - f_c = 3$MHz，试问这两个信号会不会产生干扰？

学习任务6

角度调制与解调电路

学习线索

- 角度调制（FM、PM）的基本特性
- 调频原理及电路
- 鉴频原理及电路

学习重点

- 调频的基本概念，调频信号的数学表达式、主要参数、频谱带宽和特点
- 变容二极管直接调频电路的组成和工作原理
- 鉴频的实现方法及鉴频电路

学习内容

角度调制是用调制信号去控制载波信号的频率或相位。角度调制与解调电路属于频谱非线性变换电路，角度调制中已调信号不再保持调制信号的频谱结构，它们的实现方法与学习任务 5 中讨论的频谱搬移电路有所不同。和幅度调制相比，角度调制具有抗干扰能力强、设备的利用率高、传送的保真度高等优点，因而被广泛应用于广播、电视、通信及遥测等。本学习任务中首先讨论角度调制信号的基本特性，然后，在此基础上分别讨论调频与解调电路的工作原理。

6.1　角度调制信号的基本特性

角度调制时，高频振荡的频率和相位是变化的。所以，首先需要建立瞬时频率和瞬时相位的概念。

6.1.1　瞬时频率与瞬时相位

为了便于理解，应用旋转矢量图来说明瞬时频率和瞬时相位的概念。设一个旋转矢量长度为 U_{m}，围绕原点 O 逆时针方向旋转，旋转的角速度为 $\omega(t)$，如图 6—1 所示。在 $t=0$ 时，

矢量与实轴之间的夹角为 φ_0，称为初相角。时间为 t 时，矢量与实轴之间的夹角为 $\varphi(t)$，称为瞬时相位。矢量在实轴上的投影是一个余弦信号，即 $u(t)=U_m\cos\varphi(t)$，这是一个简谐振荡。其瞬时相位 $\varphi(t)$ 等于矢量在 t 时间内所旋转过的角度与初相角 φ_0 之和，即为：

$$\varphi(t)=\int_0^t \omega(t)\mathrm{d}t+\varphi_0 \tag{6—1}$$

式中，积分 $\int_0^t \omega(t)\mathrm{d}t$ 是矢量在 0～t 时间间隔内所转过的角度。若 $\omega(t)=\omega_c$ 为常数，则瞬时相位为：

$$\varphi(t)=\omega_c+\varphi_0 \tag{6—2}$$

对（6—1）式两边取微分，则得：

$$\omega(t)=\frac{\mathrm{d}\varphi(t)}{\mathrm{d}t} \tag{6—3}$$

由式（6—3）可知，瞬时角频率（即旋转矢量的瞬时角速度）$\omega(t)$ 等于瞬时相位 $\varphi(t)$ 对时间的微分，而由式（6—1）可知，瞬时相位 $\varphi(t)$ 等于瞬时角频率 $\omega(t)$ 对时间积分与初相角之和。

式（6　1）和式（6—3）即为角度调制中的两个基本关系式。

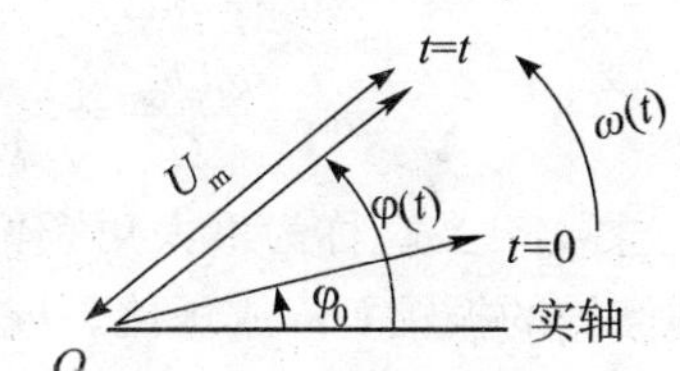

图 6—1　旋转矢量图表示 $\omega(t)$ 和 $\varphi(t)$

6.1.2　调频信号与调相信号

频率调制和相位调制是广泛采用的两种基本调制方式。其中，频率调制（Frequency Modulation，FM）简称调频，是使载波信号的频率按调制信号规律变化的一种调制方式；相位调制（Phase Modulation，PM），简称调相，是使载波信号的相位按调制信号的规律变化的一种调制方式。两种调制方式都表现为载波信号的瞬时相位受到调变，故统称为角度调制（Angle Modulation），简称调角。

1. 调频信号

调频信号的频率是受调制信号控制的，为了便于说明调频信号的基本特性及相互间的联系，将未调制时调频电路载波输出电压写成下列一般形式：

$$u_o(t)=U_m\cos(\omega_c t+\varphi_0) \tag{6—4}$$

当输入调制信号 $u_\Omega(t)$ 后，载波的瞬时角频率 $\omega(t)$ 将在 ω_c 的基础上按 $u_\Omega(t)$ 的规律而变化，即：

$$\omega(t)=\omega_c+k_f u_\Omega(t)=\omega_c+\Delta\omega(t) \tag{6—5}$$

式中，k_f 为由调频电路所决定的比例常数，称调制灵敏度；$\Delta\omega(t)=k_f u_\Omega(t)$ 是按调制信号规律变化的瞬时角频率。由式（6—5）可知，调频信号的角频率是随时间变化而变化的，那么调频信号的瞬时相位也是时间的函数，即总瞬时相角为：

$$\begin{aligned}\varphi(t)&=\int_0^t \omega(t)\mathrm{d}t+\varphi_0=\omega_c t+k_f\int_0^t u_\Omega(t)\mathrm{d}t+\varphi_0\\&=\omega_c t+\Delta\varphi(t)+\varphi_0\end{aligned} \tag{6—6}$$

式中，$\Delta\varphi(t)$ 为叠加在 $\omega_c t$ 上的附加相移变化。调频信号的一般表达式为：

$$u_o(t)=U_m\cos[\omega_c t+k_f\int_0^t u_\Omega(t)\mathrm{d}t+\varphi_0] \tag{6—7}$$

由此可见，在调频信号中，叠加在 ω_c 上的瞬时角频率按调制信号规律变化，而叠加

在 $\omega_c t$ 上的瞬时相角则按调制信号的时间积分值的规律变化。

为了简化分析，令积分常数 $\varphi_0=0$。调频信号的表达式简化为：

$$u_o(t)=U_m\cos[\omega_c t+k_f\int_0^t u_\Omega(t)\mathrm{d}t] \tag{6—8}$$

若调制信号为单频信号，即 $u_\Omega(t)=U_{\Omega m}\cos(\Omega t)$时，此时调频信号的 $\omega(t)$、$\varphi(t)$ 和 $u_o(t)$ 分别为：

$$\omega(t)=\omega_c+k_f U_{\Omega m}\cos(\Omega t)=\omega_c+\Delta\omega_m\cos(\Omega t) \tag{6—9}$$

$$\varphi(t)=\omega_c t+\frac{k_f U_{\Omega m}}{\Omega}\sin(\Omega t)=\omega_c t+m_f\sin(\Omega t) \tag{6—10}$$

$$u_o(t)=U_m\cos[\omega_c t+m_f\sin(\Omega t)] \tag{6—11}$$

在式（6—9）和式（6—11）中：

$$\Delta\omega_m=2\pi\Delta f_m=k_f U_{\Omega m} \tag{6—12}$$

$$m_f=\frac{k_f U_{\Omega m}}{\Omega}=\frac{\Delta\omega_m}{\Omega}=\frac{\Delta f_m}{F} \tag{6—13}$$

通常将 $\Delta\omega_m$ 称为最大角频偏，是由调制信号引起的瞬时角频率偏移 ω_c 的最大值，与调制信号的振幅 $U_{\Omega m}$成正比。m_f 为调频指数，即调频信号的最大相位偏移。调频信号波形如图 6—2 所示。图 6—2(a) 为调制信号波形，图 6—2(b) 为调频信号波形。当$u_\Omega(t)$为波峰时，调频信号的瞬时角频率为最大值，即 $\omega(t)=\omega_c+\Delta\omega_m$，调频信号的波形最密；当 $u_\Omega(t)$ 为波谷时，调频信号的瞬时角频率为最小值，即 $\omega(t)=\omega_c-\Delta\omega_m$，调频信号的波形最疏。调频信号瞬时角频率变化规律如图 6—2(c) 所示，它是在载频的基础上叠加了受调制信号控制的变化部分。由式（6—10）可知，调制信号的附加相位变化 $\Delta\varphi(t)=m_f\sin(\Omega t)$，其波形变化如图 6—2（d）所示，$\Delta\varphi(t)$ 与调制信号相位相差90°。

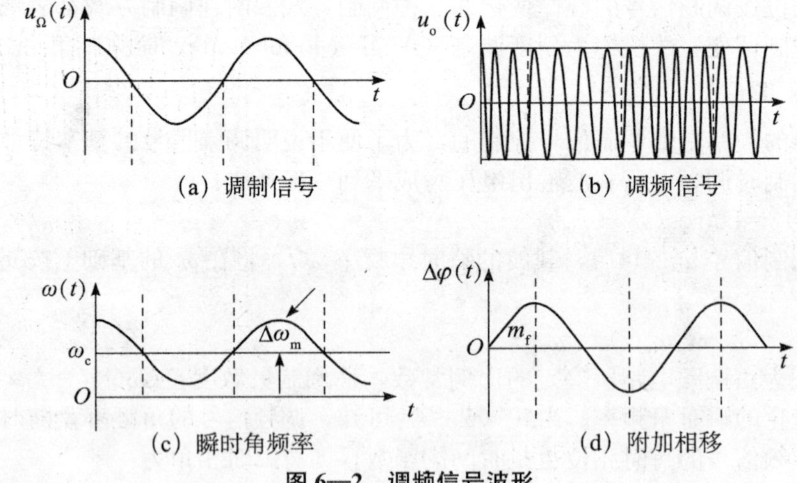

图 6—2　调频信号波形

2. 调相信号

调相信号的相位是受调制信号控制的，若已知调制信号 $u_\Omega(t)=U_{\Omega m}\cos(\Omega t)$，载波输出电压 $u_o(t)=U_m\cos(\omega_c t)$，则调相信号的瞬时相位为：

$$\begin{aligned}\varphi(t)&=\omega_c t+k_p u_\Omega(t)=\omega_c t+\Delta\varphi(t)\\&=\omega_c t+k_p U_{\Omega m}\cos(\Omega t)\end{aligned} \tag{6—14}$$

式中，k_p 是由调相电路决定的比例常数；$\Delta\varphi(t)=k_p u_\Omega(t)=k_p U_{\Omega m}\cos(\Omega t)$ 为随调制信号变化的附加相位偏移。令：

$$m_p=k_p U_{\Omega m} \tag{6—15}$$

m_p 称为调相指数，表示调相波的最大相位偏移。

将式（6—15）代入式（6—14），可得：

$$\begin{cases}\varphi(t)=\omega_c t+m_p\cos(\Omega t)\\ \Delta\varphi(t)=m_p\cos(\Omega t)\end{cases} \tag{6—16}$$

则调相信号的表达式为：

$$u_o(t)=U_m\cos[\omega_c t+m_p\cos(\Omega t)] \tag{6—17}$$

因此由式（6—14）和式（6—16）可以求得调相波的瞬时角频率为：

$$\begin{aligned}\omega(t)&=\frac{d\varphi(t)}{dt}=\omega_c+k_p\frac{du_\Omega(t)}{dt}\\&=\omega_c-m_p\Omega\sin(\Omega t)\\&=\omega_c-\Delta\omega_m\sin(\Omega t)\end{aligned} \tag{6—18}$$

式中，$\Delta\omega_m=m_p\Omega$，称为最大角频率偏移，表示调相时瞬时角频率偏离载波角频率的最大值。

调相信号的相关波形如图6—3所示。图6—3（a）为调制信号波形；图6—3（b）为已调相信号波形，其中虚线表示载波，它的相位受到调制后就变成实线表示的波形；图6—3（c）为调相信号附加相移变化波形，它与调制信号变化是一致的；图6—3（d）为调相信号瞬时角频率变化波形。

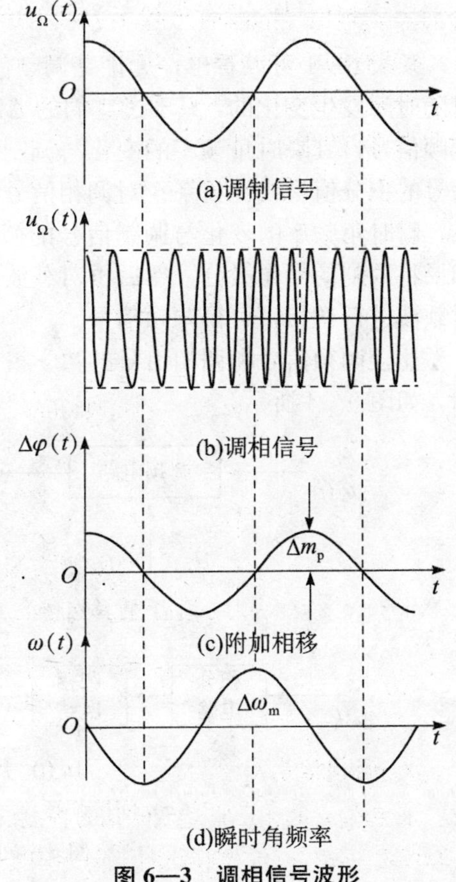

图6—3　调相信号波形

【例6—1】　已知调制信号 $u_\Omega(t)=5\cos(2\pi\times10^3 t)$ V，调角信号表示式为 $u_o(t)=10\cos[2\pi\times10^6 t+10\cos(2\pi\times10^3)]$ V，试指出该调角信号试调频信号还是调相信号？调制指数、载波频率、振幅以及最大频偏各为多少？

解　由调角信号表示式可知：

$$\varphi(t)=\omega_c+\Delta\varphi(t)=2\pi\times10^6 t+10\cos(2\pi\times10^3 t)$$

可见，调角信号的附加相移 $\Delta\varphi(t)=10\cos(2\pi\times10^3 t)$ 与调制信号 $u_\Omega(t)$ 变化规律相同，均为余弦变化规律，故可判断此调角信号为调相信号，显然调相指数 $m_p=10$。

由于 $\omega_c t=2\pi\times10^6 t$，所以载波频率 $f_c=10^6$ Hz。角度调制时，载波振幅保持不变，所以载波振幅 $U_m=10$V。

最大频偏为：

$$\Delta f_m=m_p F=10\times10^3=10\text{kHz}$$

3. 调频信号与调相信号的关系

为了便于比较，将上述对调频信号和调相信号的讨论结果列于表 6—1 中，从中不难看出两者之间的联系。

表 6—1　　调频信号与调相信号的比较

调制信号 $u_\Omega(t)=U_{\Omega m}\cos(\Omega t)$；　载波信号 $u_o(t)=U_m\cos(\omega_c t)$		
类型 / 物理量	调频信号（FM）	调相信号（PM）
瞬时角频率	$\omega(t)=\omega_c+k_f u_\Omega(t)$ $=\omega_c+\Delta\omega_m\cos(\Omega t)$	$\omega(t)=\omega_c+k_p\frac{du_\Omega(t)}{dt}$ $=\omega_c-\Delta\omega_m\sin(\Omega t)$
瞬时相位	$\varphi(t)=\omega_c t+k_f\int_0^t u_\Omega(t)dt$ $=\omega_c t+m_f\sin(\Omega t)$	$\varphi(t)=\omega_c t+k_p u_\Omega(t)$ $=\omega_c t+m_p\cos(\Omega t)$
最大角频偏	$\Delta\omega_m=k_f U_{\Omega m}=m_f\Omega$	$\Delta\omega_m=k_p U_{\Omega m}\Omega=m_p\Omega$
最大相位频偏	$m_f=\frac{\Delta\omega_m}{\Omega}=\frac{k_f U_{\Omega m}}{\Omega}$	$m_p=\frac{\Delta\omega_m}{\Omega}=k_p U_{\Omega m}$
数学表示式	$u_o(t)=U_m\cos[\omega_c t+k_f\int_0^t u_\Omega(t)dt]$ $=U_m\cos[\omega_c t+m_f\sin(\Omega t)]$	$u_o(t)=U_m\cos[\omega_c t+k_p u_\Omega(t)]$ $=U_m\cos[\omega_c t+m_p\cos(\Omega t)]$

从表 6—1 可以看出，无论是调频信号还是调相信号，其瞬时频率和瞬时相位都是同时随时间发生变化的，只不过它们的 $\Delta\omega_m$ 和 m_f（或 m_p）随 $U_{\Omega m}$ 和 Ω 的变化规律不同。对调频信号，其瞬时角频率的变化与调制信号的瞬时值呈线性关系，瞬时相位的变化与调制信号的积分值呈线性关系；对调相信号，其瞬时相位的变化与调制信号的瞬时值呈线性关系，瞬时角频率的变化与调制信号的微分值呈线性关系。因此调频和调相可以相互转换：如果将调制信号先微分，然后再对载波调频，可得调相信号；如果将调制信号先积分，再对载波进行调相，可得调频信号。

比较调频信号和调相信号的数学表达式及基本性质，可画出实现调频及调相的原理框图，如图 6—4 所示。

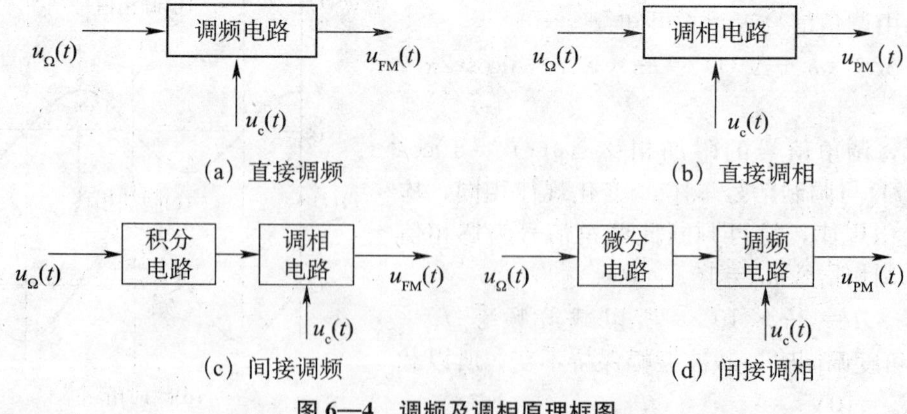

图 6—4　调频及调相原理框图

调频信号的最大角频偏与调制信号频率 Ω 无关，最大相移 m_f 则与 Ω 成反比；调相信号的最大角频偏与调制信号频率 Ω 成正比，最大相移 m_p 与 Ω 无关。这是两种调制的根本区别。正是由于这一根本区别，调频信号的频谱宽度对于不同的 Ω 几乎维持恒定，调相信号的频谱宽度则随 Ω 的不同而有剧烈的变化。

6.1.3　调角信号的频谱

调频信号和调相信号的数学表示式是类似的，由调制信号引起的附加相移是正弦变化还是余弦变化并没有根本差别，两者只是在相位上相差 π/2，因此它们具有相同的频谱。所以只要用调制指数 m 代替相应的 m_f 或 m_p，就可以得到统一的调角信号表达式，即：

$$u_o(t)=U_m\cos[\omega_c t+m\sin(\Omega t)] \tag{6—19}$$

利用三角函数公式可将式（6—19）展开为：

$$u_o(t)=U_m\cos[m\sin(\Omega t)]\ \cos(\omega_c t)-U_m\sin[m\sin(\Omega t)]\ \sin(\omega_c t) \tag{6—20}$$

在贝塞尔函数中，存在下列关系式：

$$\begin{cases}\cos[m\sin(\Omega t)]=J_0(m)\ +2\sum\limits_{n=1}^{\infty}J_{2n}(m)\cos(2n\Omega t)\\ \sin[m\sin(\Omega t)]=2\sum\limits_{n=0}^{\infty}J_{2n+1}(m)\sin[(2n+1)\Omega t]\end{cases} \tag{6—21}$$

式中，n 均取正整数；$J_n(m)$ 称第一类贝塞尔函数。

将式（6—21）代入式（6—20）可得：

$$\begin{aligned}u_o(t)\ =&U_mJ_0(m)\cos(\omega_c t) && \text{载波}\\ &+U_mJ_1(m)\{\cos[(\omega_c+\Omega)t]\ -\cos[(\omega_c-\Omega)t]\} && \text{第一对边频}\\ &+U_mJ_2(m)\{\cos[(\omega_c+2\Omega)t]\ +\cos[(\omega_c-2\Omega)t]\} && \text{第二对边频}\\ &+U_mJ_3(m)\{\cos[(\omega_c+3\Omega)t]\ -\cos[(\omega_c-3\Omega)t]\} && \text{第三对边频}\\ &+U_mJ_4(m)\{\cos[(\omega_c+4\Omega)t]\ +\cos[(\omega_c-4\Omega)t]\} && \text{第四对边频}\\ &\cdots\end{aligned} \tag{6—22}$$

将它们分别标在频率轴上，即可得到调角信号的频谱。如图 6－5 所示为 m_f 为几个不同值时的调角信号的频谱。

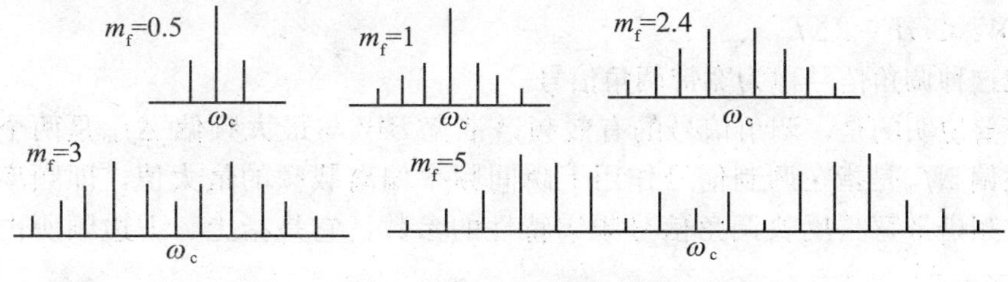

图 6—5　调角信号的频谱

调频信号的频谱具有以下特点：

（1）调频信号的频谱不是调制信号频谱的不失真搬移，而是由载频分量和角频率为 $(\omega_c\pm n\Omega)$ 的无数对边频分量所组成。

（2）载频分量上、下各有无数个边频分量，它们与载频分量的间隔都是调制频率的 n（正整数）倍。其中，n 为奇数的上、下边频分量的振幅相等，极性相反；n 为偶数的上、下边频分量的振幅相等，极性相同。

(3) 载频分量与各边频分量的振幅均随 m 的变化而变化，即由对应的各阶贝塞尔函数值所确定。调制指数 m 越大，具有较大振幅的边频分量就越多，且有些边频分量幅度超过载频分量幅度。当 m 为某些特定值时，载频分量可能为零，如 $m=2.4$；当 m 为某些其他特定值时，又可能使某些边频分量振幅等于零。

提示： 无论调频还是调相，调制前后载波振幅 U_m 均保持不变。U_m 一定，它的平均功率就一定，与调制指数无关，即调角信号的功率等于载波信号的平均功率。换句话说，改变 m_f 仅引起载波分量和各边频分量之间功率的重新分配，但不会引起总功率的改变。

6.1.4 调角信号的频谱宽度

既然调角信号的频谱包含无限多对边频分量，它的频带宽度就应无限大。但实际上，当 m 一定时，随着 n 的增大，$J_n(m)$ 的数值虽有起伏，但总的趋势是减小的，特别是当 $n>m$ 时，$J_n(m)$ 的数值已很小，且其值随着 n 的增加而迅速下降。这表明离载频较远的边频振幅都很小，在传送和放大过程中，即使舍去这些边频分量，对调角信号也不会产生明显的失真，因此，实际调角信号所占的有效频带宽度仍是有限的。

可以证明，当 $n>(m+1)$ 时，$J_n(m)$ 的数值恒小于 0.1，因此，如果把振幅小于载频振幅 10%的边频分量都略去，即考虑上、下边频总数近似等于 $2(m+1)$，调角信号频谱的有效宽度可以用下式进行估算：

$$BW=2(m+1)F \tag{6—23}$$

实际计算时，当 $m\ll1$（工程上规定 $m<0.25$）时，调角信号的有效频谱带宽为：

$$BW\approx 2F \tag{6—24}$$

调角信号的有效频谱带宽近似为调制信号频率的两倍，相当于普通调幅信号的频谱宽度。这时，调角信号的频谱由载波分量和一对幅值相同、极性相反的上、下边频分量组成。通常这种调角信号称为窄带调角信号。

反之，当 $m\gg1$ 时，调角信号的有效频谱带宽为：

$$BW\approx 2mF=2\Delta f_m \tag{6—25}$$

通常把这种调角信号称为宽带调角信号。

这里需要说明的是，调角信号的有效频谱带宽 BW 与最大频偏 Δf_m 是两个不同的概念。最大频偏 Δf_m 是指在调制信号作用下瞬间频率偏离载频的最大值，即频率摆动的幅度。而有效频谱带宽是反映调角信号频谱特性的参数，它是指上、下边频所占有的频带范围。

上面讨论了单频调制时两种调角信号的有效频谱宽度。如果调制信号为复杂信号，则调角信号的频谱分析就十分复杂。但是，实践表明，复杂信号调制时，大多数调频信号占有的有效频谱宽度仍可用式（6—23）表示，只是需将其中的 F 用调制信号中的最高频率 F_{max} 替代，Δf_m 用最大频偏 $(\Delta f_m)_{max}$ 取代。例如，在调频广播系统中，按国家标准规定，$(\Delta f_m)_{max}=75\text{kHz}$，$F_{max}=15\text{kHz}$，通过计算求得：

$$BW=2\left[\frac{(\Delta f_m)_{max}}{F_{max}}+1\right]F_{max}=180\text{kHz}$$

实际选取的频谱宽度为200kHz。

由以上分析可知，调角与调幅相比具有如下特点：

(1) 抗干扰能力强。

调角信号的幅度不携带信息，可采用限幅电路克服干扰所引起的寄生幅度变化，而且调角信号的边频功率较调幅信号的边频功率强，因此抗干扰能力强。

(2) 设备的利用率高。

由于调角信号为等幅信号，最大功率等于载波平均功率，因此无论调制度为多少，发射机末级均可工作在最大功率状态，功放管得到了充分的利用。而调幅的平均功率远低于最大功率，功放管利用率相对不高。

(3) 信号的保真度高。

因为调角信号频带宽且抗干扰能力强，所以具有较高的保真度。但是，由于调角信号的有效频谱带宽比调幅信号大得多，而且有效带宽与调制指数 m 的大小关系密切，所以角度调制不宜在信道拥挤且频率范围不宽的短波波段使用，而适合在频率范围很宽的超高频或微波波段使用。

6.2　调频原理及电路

产生调频信号的电路叫做调频器。调频器的四个主要要求如下：

(1) 已调波的瞬时频率与调制信号成比例地变化，这是基本要求。

(2) 未调制时的载波频率，即已调波的中心频率，具有一定的稳定度（视应用场合不同而有不同的要求）。

(3) 最大频移与调制频率无关。

(4) 无寄生调幅或寄生调幅尽可能小。

产生调频信号的方法很多，归纳起来主要有两类：第一类是用调制信号直接控制载波的瞬时频率，即直接调频；第二类是先将调制信号积分，然后对载波进行调相，结果得到调频波，即由调相变调频——间接调频。本节将对这两种调频方法的工作原理和相应的电路进行系统的介绍。

6.2.1　调频原理

1. 直接调频

调频信号的基本特点是它的瞬时频率按调制信号规律变化，因而，最直接的办法就是用调制信号去控制振荡器中影响载波振荡频率的元件参数，使载波的振荡频率按调制信号的规律变化，这种方法称直接调频法。

由于 LC 正弦振荡器中，振荡频率主要取决于振荡回路的电感量和电容量，所以在振荡回路中接入可控电抗元件，就可以实现直接调频。可控电抗元件有变容二极管、电抗管（晶体管、场效应管等）、电流控制的可变电感等。常用的是变容二极管调频电路，这种方法原理简单、频偏较大，但中心频率不易稳定。直接调频电路的方框图如图6—4 (a) 所示。

2. 间接调频

根据调频与调相的内在联系，将调制信号进行积分，然后再对载波进行调相，便得到所需的调频信号。通常将这种通过调相实现调频的方法称为间接调频法。间接调频电路的组成方框图如图 6—4（c）所示。这种调频方法的优点是可以采用频率稳定度极高的石英晶体振荡器作为载波振荡器，并且在它的后级进行调相，这样可得到中心频率稳定度很高的调频波。

6.2.2 调频电路的主要性能指标

调频电路的主要性能指标有中心频率、最大频偏、非线性失真及调制灵敏度等。

1. 中心频率

调频信号的中心频率就是载波频率 f_c。保持中心频率高稳定度是保证接收机正常接收所必需满足的一项重要性能指标，否则，调频信号的有效频谱分量就会落到接收机通频带以外，造成信号失真，并干扰邻近电台信号。

2. 最大频偏

最大频偏是指在正常调制电压作用下所能产生的最大频率偏移 Δf_m，它是根据对调频指数的要求来确定的。当调制电压幅度一定时，要求 Δf_m 在调制信号频率范围内保持不变。

3. 非线性失真

调频信号的频率偏移与调制电压的关系称为调制特性，实际调频电路中调制特性不可能呈线性，而会产生非线性失真。不过在一定的调制电压范围内，尽量提高调制线性度是必要的。

4. 调制灵敏度

调制特性的斜率称为调制灵敏度，调制灵敏度越高，单位调制电压所产生的频率偏移就越大。

6.2.3 变容二极管直接调频电路

1. 变容二极管调频原理

变容二极管直接调频电路具有工作频率高、固有损耗小和使用方便等优点，主要用在移动通信以及自动频率微调系统中。

变容二极管是利用 PN 结的结电容随反向电压变化这一特性制成的一种压控电抗元件。它的极间结构、伏安特性与一般二极管没有多大差别，不同的是在加反向偏压时，变容二极管呈现一个较大的结电容。这个结电容的大小能灵敏地随反向偏压而变化。变容二极管特性曲线和电路符号如图 6—6 所示。

变容二极管结电容 C_j 与外加反向偏压 u 之间的关系为：

$$C_j=\frac{C_{j0}}{\left(1-\frac{u}{U_B}\right)^{\gamma}} \tag{6—26}$$

式中，u 为变容二极管两端所加的反向偏置电压；U_B 为 PN 结的势垒电位差（硅管

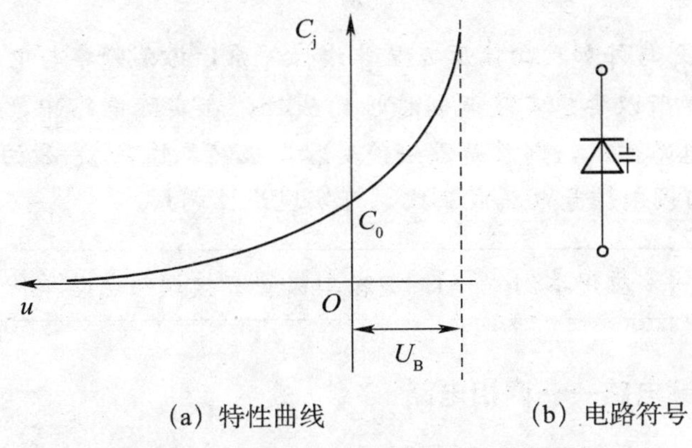

(a) 特性曲线 (b) 电路符号

图 6—6 变容二极管特性曲线及电路符号

0.6～0.7V，锗管 0.2～0.3V)；C_{j0} 为外加电压 $u=0$ 时的结电容值；γ 为结电容变化指数，它取决于 PN 结的工艺结构、掺杂情况，在 1/3～6 之间。

图 6—7 给出了不同 γ 值时变容二极管的 C_j—u 曲线。图中 C_{min} 表示 u 等于反向击穿电压时的结电容值（最小值）。

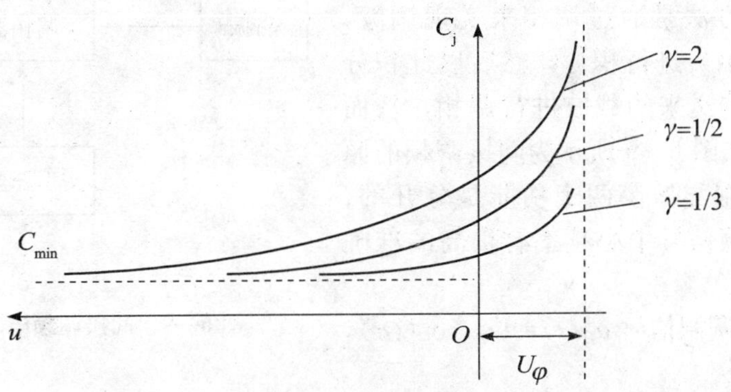

图 6—7 不同 γ 值时变容二极管的 C_j—u 曲线

2. 变容二极管直接调频原理电路

正是利用了变容二极管这一特性，将变容二极管接到振荡器的振荡回路中，作为可控电容元件，那么回路的电容量会明显地随调制电压 $u_\Omega(t)$ 的变化而变化，从而改变振荡频率（$\omega=1/\sqrt{LC}$），达到调频的目的。如图 6—8 所示为变容二极管直接调频原理电路。

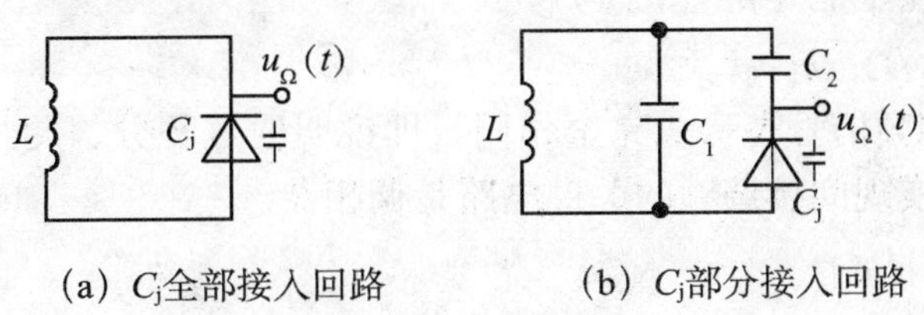

(a) C_j全部接入回路 (b) C_j部分接入回路

图 6—8 变容二极管直接调频原理电路

提示：由于 C_j 与外加反向偏压 u 呈非线性关系，振荡频率与电容之间的关系也是非线性关系，所以要想实现调制特性的线性，在实际电路中，如果变容二极管采用全部接入电路方式，则总是设法使变容二极管工作在 $\gamma=2$ 的区域，这时角频率 ω 的变化量与调制信号电压成正比，可实现线性调频。

应用链接：本任务——应用举例——1. 变容二极管直接调频电路举例

6.2.4 间接调频电路——调相电路

直接调频电路原理简单，频偏较大，但中心频率不易稳定。从应用举例中可以看到，虽然石英晶体振荡器直接调频电路的中心频率稳定度有所提高，但由于在振荡回路引入了变容二极管，其中心频率的稳定度仍然比不上不调频的晶体振荡器。间接调频是提高中心频率稳定度的一种较为简便而有效的方法。

1. 间接调频的基本原理

间接调频的方法是通过调相来实现调频，先将调制信号 $u_\Omega(t)$ 进行积分，然后以此积分结果对晶体振荡器送来的载波进行调相，从而获得调频信号，如图 6—9 所示为间接调频的原理框图。由于调制与振荡两个功能是分开的，这样就可保证调频信号中心频率有很高的准确度和稳定度。

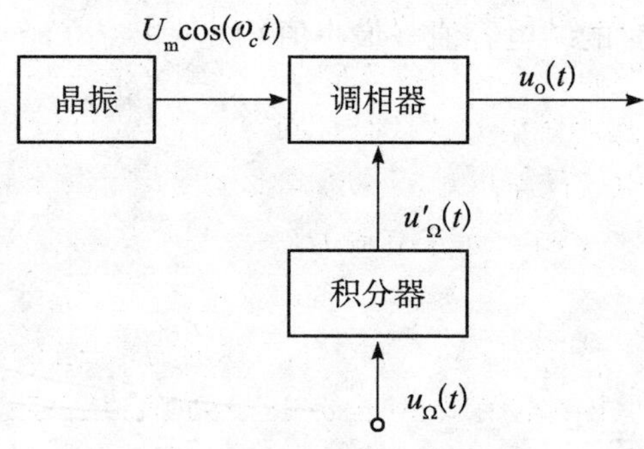

图 6—9 间接调频电路组成框图

设图 6—9 中调制信号 $u_\Omega(t)=U_{\Omega m}\cos(\Omega t)$，经过积分后得：

$$u_\Omega{}'(t)=k\int_0^t u_\Omega \mathrm{d}t=k\frac{U_{\Omega m}}{\Omega}\sin(\Omega t) \tag{6—27}$$

用它对由晶体振荡器送来的载波 $U_m\cos(\omega_c t)$ 进行调相，则得：

$$\begin{aligned} u_o(t) &=U_m\cos[\omega_c t+k_p u_\Omega{}'(t)] \\ &=U_m\cos[\omega_c t+k_p k\frac{U_{\Omega m}}{\Omega}\sin(\Omega t)] \\ &=U_m\cos[\omega_c t+m_f\sin(\Omega t)] \end{aligned} \tag{6—28}$$

式中，$m_f=k_f U_{\Omega m}/\Omega$；$k_f=k_p k$。

式（6—28）与调频信号表示式完全相同，即说明通过积分、调相电路可间接获得调频信号。由此可见，实现间接调频的关键电路是调相器。

2. 变容二极管调相器

对于模拟信号来说，调相的方法有多种，这里介绍变容二极管调相器的基本原理。

如图 6—10（a）所示为用变容二极管构成调相器的原理电路，C_j 为变容二极管的结电容，它与电感 L 构成并联谐振回路；R_e 为回路的谐振电阻；$i_s(t)=I_{sm}\cos(\omega_c t)$ 为固定频率的高频载波电流源。

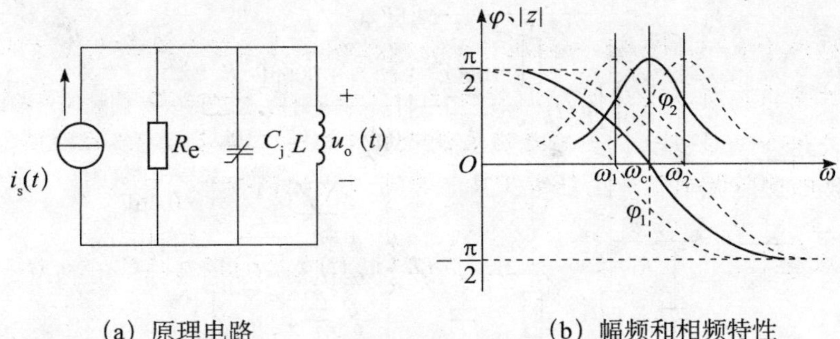

(a) 原理电路　　　　(b) 幅频和相频特性

图 6—10　变容二极管调相电路

令载波频率为 ω_c，未加调制电压时，并联谐振回路的阻抗频率特性和相频特性曲线如图 6—10（b）中实线所示。回路在 ω_c 上的阻抗幅值最大，相移为零。当 C_j 随外加控制电压变化时，并联谐振回路的阻抗特性将在频率轴上移动，如图 6—10（b）中虚线所示。C_j 增大，并联回路谐振频率下降为 ω_1，回路阻抗特性曲线都向左移动，对于载频 ω_c，回路阻抗幅值下降，相移减小为 φ_1（为负值）；C_j 减小，并联回路谐振频率升高为 ω_2，回路阻抗特性曲线都向右移动，对于载频 ω_c，回路阻抗幅值也下降，但相移增大为 φ_2（为正值）。由此可见，C_j 随调制电压变化时，固定频率 ω_c 的高频载波电流在流过谐振频率变化的振荡回路时，输出电压的幅度和相位也将随之变化，其中相位将在零值上下变化，从而达到调相的目的。

设输入载波电流为 $i_s(t)=I_{sm}\cos(\omega_c t)$，则输出电压为：

$$u_o(t)=I_{sm}Z(\omega_c)\cos[\omega_c t+\varphi(\omega_c)] \tag{6—29}$$

式中，$Z(\omega_c)$和 $\varphi(\omega_c)$分别为谐振回路在 ω_c 频率上呈现的阻抗幅值和相移。由于并联谐振回路的谐振频率 $\omega_0(t)$是随调制信号的变化而变化，所以回路在 ω_c 频率上所呈现的相移 $\varphi(\omega_c)$也是随调制信号的变化而变化的，从而实现调相。设调制信号电压为$u_\Omega=U_{\Omega m}\cos(\Omega t)$，经推导可得调相电路输出调相波电压为：

$$u_o(t)\approx I_{sm}Z(\omega_c)\cos[\omega_c t+\gamma m_c Q_e\cos(\Omega t)] \tag{6—30}$$

调相指数和最大角频偏分别为：

$$\begin{cases} m_p=\gamma m_c Q_e \\ \Delta\omega_m=\gamma m_c Q_e\Omega \end{cases} \tag{6—31}$$

式中，γ 为结电容变化指数；m_c 为变容二极管的电容调制度，它反映 C_j 受调制信号电压调变的程度（$m_c<1$）；Q_e 为并联回路的有载品质因数。

载波电流通过图 6—10（a）电路时产生的相移变化与调制电压呈线性关系，从而实现了线性调相，条件是最大相移小于30°，否则调相将产生较大的非线性失真，这样就限制了频偏不可能很大。为了增大频偏，可以采用多级单回路构成的变容二极管调相电路。

3. 变容二极管间接调频电路

采用变容二极管调相电路组成的间接调频电路如图 6—11 所示。

在图 6—11 中，晶体管 VT 构成载波放大器，其输入信号来自高稳定的晶体振荡器，其角频率为 ω_c，输出电压通过 R_1、C_1 加到由 L 和变容二极管结电容 C_j 构成的并联谐振回路调相电路。C_1、C_2 为输入载波耦合电容，R_2 用来减少后级电路对回路的影响。+9V 直流电压通过 R_3、R 给变容二极管提供反向偏置电压，R_3 在调制信号与直流电源之间起隔

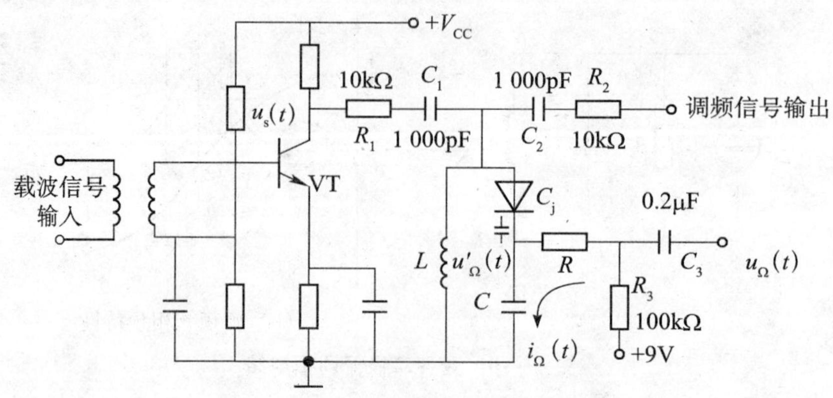

图 6—11　变容二极管间接调频电路

离作用，C_3 为调制信号耦合电容。R、C 构成积分电路，若 C 的取值使其容抗远小于 R，则 $u_\Omega(t)$ 在 RC 电路中产生电流 $i_\Omega(t) \approx u_\Omega(t)/R$，该电流向电容 C 充电，因此实际加到变容二极管上的调制电压为：

$$u_\Omega'(t) = \frac{1}{C}\int_0^t i_\Omega(t)\mathrm{d}t \approx \frac{1}{RC}\int_0^t u_\Omega(t)\mathrm{d}t \tag{6—32}$$

设调制信号为 $u_\Omega(t)=U_{\Omega m}\cos(\Omega t)$，则：

$$u_\Omega'(t)=\frac{1}{RC}\int_0^t U_{\Omega m}\cos(\Omega t)\mathrm{d}t=\frac{U_{\Omega m}}{\Omega RC}\sin(\Omega t) = U'_{\Omega m}\sin(\Omega t) \tag{6—33}$$

式中，$U'_{\Omega m}=U_{\Omega m}/\Omega RC$，为实际加到变容二极管两端的调制信号的幅值。因此，由式（6—30）可得输出调频信号为：

$$u_o(t) = I_{sm}Z(\omega_c)\cos[\omega_c t+\gamma Q_e m_c \sin(\Omega t)] \tag{6—34}$$

调频指数及最大角频偏分别为：

$$\begin{cases} m_f=\gamma Q_e m_c \\ \Delta\omega_m=m_f\Omega=\gamma Q_e m_c \Omega \end{cases} \tag{6—35}$$

6.3　调频电路的解调——鉴频原理及电路

鉴频（FM Detector，Discriminator），即指对调频信号的解调，其作用是从调频波信号中检出原调制信号。完成对调频信号解调的电路称鉴频器。

6.3.1　鉴频的特性、实现方法以及主要技术指标

1. 鉴频的特性

鉴频电路输出电压 u_o 与输入调频信号瞬时频率 f 之间的关系曲线称为鉴频特性曲线，如图 6—12 所示。由图可知，在调频信号中心频率 f_c 频率上，输出电压 $u_o=0$，当信号频率偏离中心频率升高、降低时，输出电压将分别向正、负极性方向变化（根据鉴频电路的不同，鉴频特性可与此相反），如图 6—12 中虚线所示；在中心频率 f_c 附近，u_o 与 f 之间近似为线性关系，当频率偏移过大，输出电压将会减小。为了获得理想的鉴频效果，通常希望鉴频特性曲线要陡峭且线性范围要大。

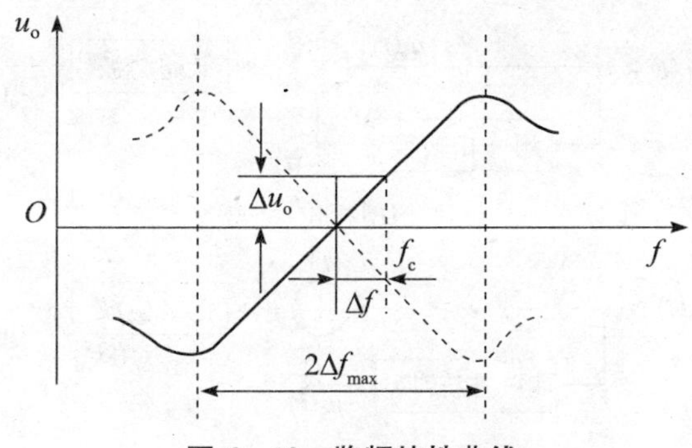

图 6—12　鉴频特性曲线

2. 鉴频的实现方法

就工作原理而言，鉴频有两类实现方法：一类是利用反馈环路（例如锁相环）实现鉴频，这类方法将在学习任务 7 中介绍；另一类是将输入调频信号进行特定的波形变换，使变换后的波形包含反映瞬时频率变化的平均分量，然后通过低通滤波器输出所需的解调信号。根据波形变换的不同特点，这类鉴频器我们介绍两种实现方法。

（1）振幅鉴频器。

鉴于二极管包络检波器线路简单、性能好，可以考虑把包络检波器用于调频解调，而调频波振幅恒定，无法直接用包络检波器解调，如果先将输入调频信号 $u_s(t)$ 通过具有合适频率特性的线性网络，将等幅的调频信号变换成振幅按照瞬时频率的规律变化，而后便可通过包络检波器输出原调频信号。振幅鉴频器也称斜率鉴频器，实现模型如图 6—13 所示。

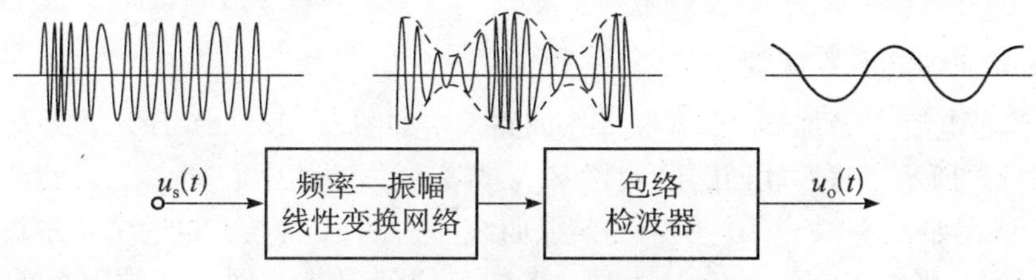

图 6—13　斜率鉴频器实现模型

（2）相位鉴频器。

先将输入调频信号 $u_s(t)$ 通过频率—相位线性变换网络，使输出调频信号的附加相移按照瞬时频率的规律变化，然后用相位检波器还原出原调频信号。实现模型有乘积型和叠加型两种，如图 6—14 所示。

3. 鉴频的主要技术指标

（1）鉴频灵敏度。

通常将鉴频特性曲线在中心频率 f_c 处的斜率 S_D 称为鉴频灵敏度（也称鉴频跨导），即：

$$S_D=\frac{\Delta u_o}{\Delta f}\Big|_{f=f_c} \tag{6—36}$$

S_D 的单位为 V/Hz。鉴频特性曲线越陡峭，S_D 就越大，表明鉴频电路将输入信号频率变化转换为输出解调电压变化的能力就越强。

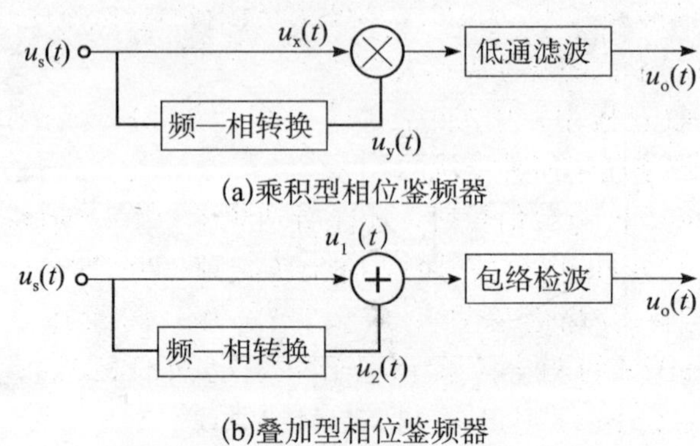

图 6—14 相位鉴频器实现模型

(2) 线性范围。

线性范围是指鉴频曲线可以近似为直线的斜率范围。为了不失真地解调，要求鉴频特性在 f_c 附近应有足够宽的线性范围，用 $2\Delta f_{max}$表示。要求 $2\Delta f_{max}$应大于调频信号的最大频偏的两倍，即 $2\Delta f_{max}>2\Delta f_m$。

$2\Delta f_{max}$也称为鉴频电路的带宽。

(3) 非线性失真。

非线性失真是指由于鉴频特性的非线性所产生的失真。要尽量减少非线性失真。

通常要求在满足线性范围和非线性失真的条件下，提高鉴频灵敏度。

6.3.2 振幅鉴频器

1. 单失谐回路斜率鉴频器

把调频信号电流 $i_s(t)$加到 LC 并联谐振回路上，如图 6—15（a）所示，其幅频特性曲线如图 6—15（b）所示。将并联回路谐振频率 f_0 调离调频波的中心频率 f_c，使调频信号的中心频率 f_c 工作在如图 6—15（b）所示的谐振曲线一边的 A 点上，这时 LC 并联回路两端电压的振幅为 U_{ma}。当频率变至 $f_c+\Delta f_m$ 时，工作点移到 B 点，回路两端电压的振幅增加到 U_{mb}。当频率变至 $f_c-\Delta f_m$ 时，工作点移到 C 点，回路两端电压振幅减小到 U_{mc}。由此可见，当加到 LC 并联谐振回路的调频信号频率随时间变化时，回路两端电压的振幅也将随时间产生相应的变化。当调频信号的最大频偏不大时，电压振幅的变化与频率的变化近似呈线性关系，利用这一原理，可使等幅的调频信号变成幅度随频率变化的调频信号。

利用上述原理构成的鉴频器原理电路如图 6—15（c）所示，常称它为单失谐回路斜率鉴频器。图中 LC 并联谐振回路调谐在高于或低于调频信号中心频率 f_c 上，从而可将调频信号变成调幅—调频信号。VD、R_1、C_1 组成振幅包络检波器，用它对调幅—调频信号进行包络检波，即可得到原调制信号 $u_o(t)$。由于单失谐回路斜率鉴频器的幅频特性的线性度较差或说线性范围窄，当频偏较大时，输出波形失真严重，只能解调频偏很小的调频信号，故实际电路很少使用。

2. 双失谐回路斜率鉴频器

为了扩大鉴频特性的线性范围，常采用两个单失谐回路斜率鉴频器构成的平衡电路，如图 6—16（a）所示。图中变压器次级有两个失谐的并联谐振回路，所以称双失谐回路斜

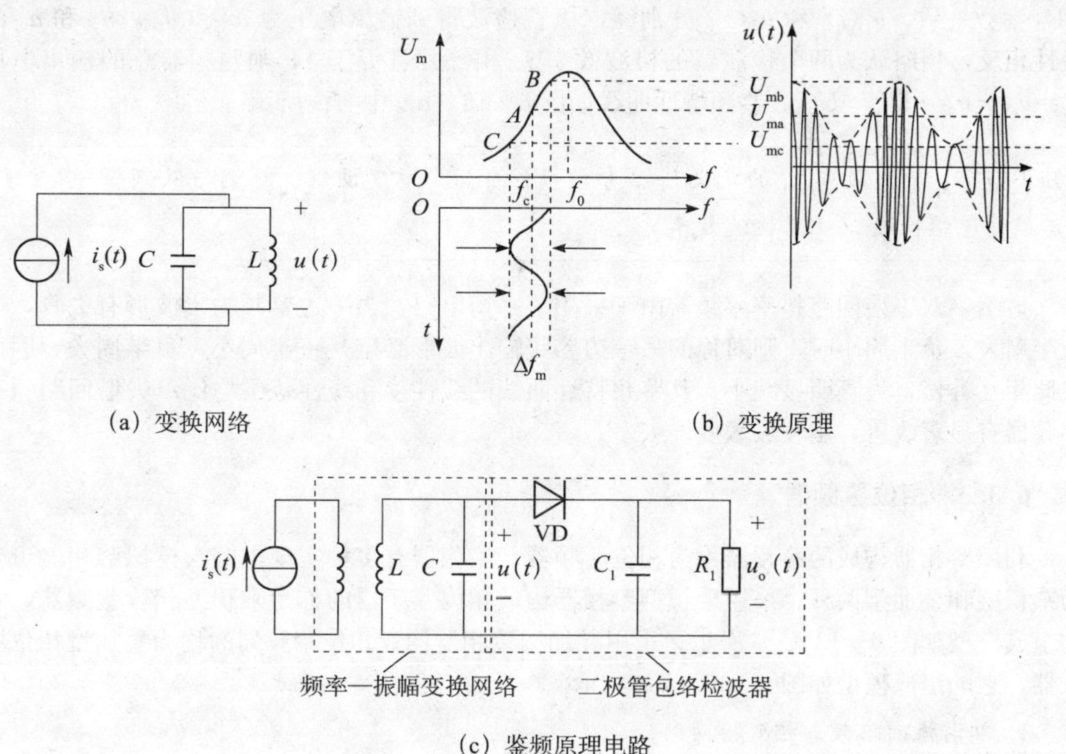

（a）变换网络　（b）变换原理

（c）鉴频原理电路

图 6—15　单失谐回路斜率鉴频器原理电路

率鉴频器。

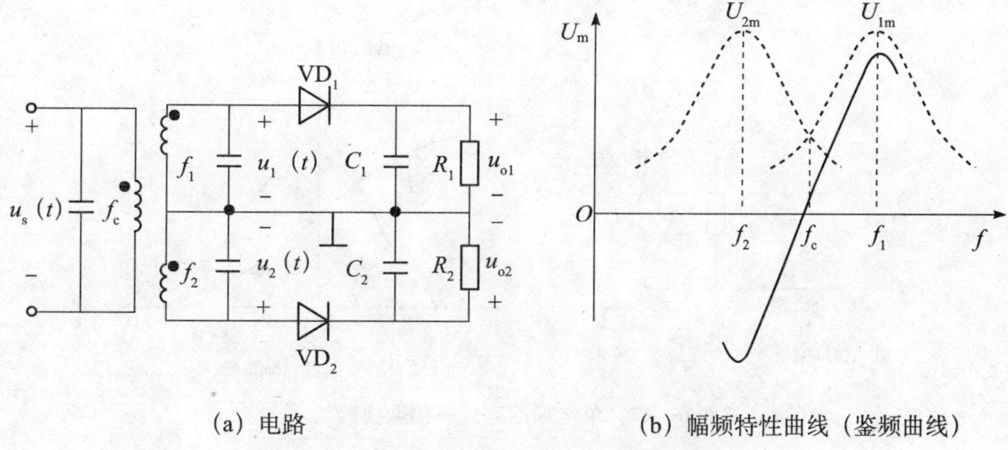

（a）电路　（b）幅频特性曲线（鉴频曲线）

图 6—16　双失谐回路斜率鉴频器原理电路

双失谐回路斜率鉴频器也由频率—幅度变换器和振幅检波器两部分组成，共有三个谐振回路。变压器初级回路调谐在调频信号的中心频率 f_c，次级的两个回路分别调谐在 f_1 和 f_2 上，且 $f_2<f_c$，$f_1>f_c$，而且 f_1 和 f_2 对 f_c 是对称的，即 $f_c-f_2=f_1-f_c$，这个差值应大于调频信号的最大频偏。调频信号在回路两端产生的电压 $u_1(t)$ 和 $u_2(t)$ 的幅度分别用 U_{1m} 和 U_{2m} 表示，回路的幅频特性曲线如图 6—16（b）所示，两回路曲线形状相同。

图 6—16（a）中两个二极管振幅检波电路参数相同，即 $C_1=C_2$，$R_1=R_2$，VD_1 与

VD_2 参数一致。$u_1(t)$ 和 $u_2(t)$ 分别经二极管检波得到输出电压为 u_{o1} 和 u_{o2}，u_{o1} 和 u_{o2} 的极性相反，粗略认为两个检波器的检波效率 η_d 相等并且等于 1，则鉴频器总的输出电压 $u_o=u_{o1}-u_{o2}=U_{1m}-U_{2m}$。鉴频特性曲线如图 6—16（b）中实线所示。

知识链接： 检波效率 η_d 的定义请参考学习任务 5　幅度调制、解调与混频——5.2.1 二极管包络检波——2. 检波效率 η_d

显然，双失谐回路斜率鉴频器由于采用了平衡电路，当一边鉴频输出波形有失真，如正半周大，负半周小时，则对称的另一边鉴频输出波形必定是正半周小，负半周大，因而彼此相互补偿，失真明显减小，其鉴频特性曲线的线性度和线性范围均比单失谐回路斜率鉴频器有显著改善，鉴频灵敏度增大。

6.3.3　相位鉴频器

利用鉴相器构成的鉴频器称为相位鉴频器。鉴相器有多种实现电路，模拟鉴相器可分为乘积型和叠加型两种。采用乘积型鉴相器构成相位鉴频器的称为乘积型相位鉴频器，它的组成模型如图 6—13（a）所示；采用叠加型鉴相器构成相位鉴频器的称为叠加型相位鉴频器，它的组成模型如图 6—13（b）所示。

1. 单谐振回路频—相变换网络

在相位鉴频器中，广泛采用谐振回路作为频率—相位变换网络，如单谐振回路、耦合回路或其他 LC 回路。现以如图 6—17（a）所示的 LC 单谐振回路构成的频率—相位变换网络为例，讨论网络的频率—相位变换特性。

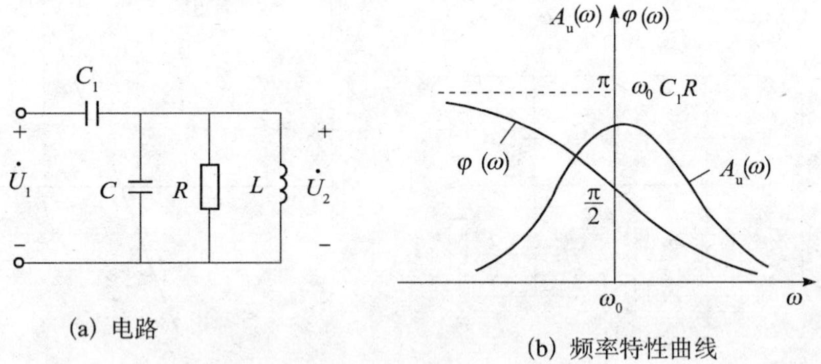

(a) 电路　(b) 频率特性曲线

图 6—17　单谐振回路频—相变换网络

由电路图可写出电路的电压传输系数为：

$$A_u(j\omega)=\frac{\dot{U}_2}{\dot{U}_1}=\frac{1/\left(\frac{1}{R}+j\omega C-j\frac{1}{\omega L}\right)}{\frac{1}{j\omega C_1}+1/\left(\frac{1}{R}+j\omega C-j\frac{1}{\omega L}\right)}$$

$$=\frac{j\omega C_1}{\frac{1}{R}+j\left(\omega C_1+\omega C-\frac{1}{\omega L}\right)}\tag{6—37}$$

令 $\omega_0=\frac{1}{\sqrt{L\ (C+C_1)}}$，$Q_e=\frac{R}{\omega_0 L}\approx\frac{R}{\omega L}\approx\omega\ (C+C_1)\ R$，并代入式（6—37)，则得：

$$A_u(j\omega)\ =\frac{j\omega C_1 R}{1+jQ_e(\frac{\omega^2}{\omega_0^2}-1)} \tag{6—38}$$

在失谐不太大的情况下，式（6—38）可简化为：

$$A_u(j\omega)\ \approx\frac{j\omega_0 C_1 R}{1+jQ_e\frac{2(\omega-\omega_0)}{\omega_0}} \tag{6—39}$$

由此可以得到变换网络的幅频特性和相频特性分别为：

$$A_u(\omega)\ =\frac{\omega_0 C_1 R}{\sqrt{1+(2Q_e\frac{\omega-\omega_0}{\omega_0})^2}} \tag{6—40}$$

$$\varphi(\omega)\ =\frac{\pi}{2}-\arctan\ (2Q_e\frac{\omega-\omega_0}{\omega_0}) \tag{6—41}$$

根据式（6—40）和式（6—41）画出网络的幅频特件和相频特性曲线，如图 6—17（b）所示。当输入信号频率 $\omega=\omega_0$ 时，$\varphi(\omega)=\pi/2$；当 ω 偏离 ω_0 时，相移 $\varphi(\omega)$ 在 $\pi/2$ 上下变化。$\omega>\omega_0$ 时，随着 ω 增大，$\varphi(\omega)$ 减小；$\omega<\omega_0$ 时，随着 ω 减小，$\varphi(\omega)$ 增大。但只有当失谐量很小，即 $\arctan\ (2Q_e\frac{\omega-\omega_0}{\omega_0})\ <\frac{\pi}{6}$ 时，相频特性曲线才近似为线性的，此时：

$$\varphi(\omega)\ \approx\frac{\pi}{2}-\frac{2Q_e}{\omega_0}\ (\omega-\omega_0) \tag{6—42}$$

若输入 $\dot{U}_1$ 为调频信号，其瞬时角频率 $\omega(t)\ =\omega_c+\Delta\omega(t)$，且 $\omega_0=\omega_c$，则式(6—42)可写成：

$$\varphi(\omega)\ \approx\frac{\pi}{2}-\frac{2Q_e}{\omega_c}\Delta\omega(t) \tag{6—43}$$

由此可见，当调频信号 $\Delta\omega_m$ 较小时，如图 6—17（a）所示的变换网络可不失真地完成频率—相位变换。

2. 乘积型相位鉴频器

(1) 相乘器的鉴相功能。

模拟相乘器可以完成两个信号的相乘功能，也可用来检出两个输入信号之间的相位差，实现相位—电压的变换作用。根据加到相乘器输入信号幅度的不同，有三种工作状态，下面分别加以说明。

1) 两个输入信号均为小信号。

设 $u_x(t)=U_{xm}\cos(\omega_c t)$，$u_y(t)=U_{ym}\sin(\omega_c t+\varphi)$ 均为小信号，$u_x(t)$ 与 $u_y(t)$ 除了有相位差 φ 外，还有固定的相位差 $\pi/2$。由此可得相乘器的输出电压为：

$$\begin{aligned}u_o'(t)\ &=A_M u_x(t)u_y(t)=A_M U_{xm}U_{ym}\cos(\omega_c t)\sin(\omega_c t+\varphi)\\&=\frac{1}{2}A_M U_{xm}U_{ym}\sin\varphi+\frac{1}{2}A_M U_{xm}U_{ym}\sin(2\omega_c t+\varphi)\end{aligned} \tag{6—44}$$

通过低通滤波器滤除上式中第二项所示的高频分量，得输出电压为：

$$u_o(t)=A_d\sin\varphi \tag{6—45}$$

这里略去了低通滤波器的通带损耗，式中 $A_d\approx\frac{1}{2}A_MU_{xm}U_{ym}$ 为鉴相灵敏度。式（6—45）说明，保持 U_{xm}、U_{ym} 不变，输出电压 $u_o(t)$ 与两个输入信号相位差的正弦值成正比。$u_o(t)$ 与 φ 的关系曲线称为鉴相器的鉴相特性曲线，它是一条正弦曲线，如图 6—18 所示。当 $|\varphi|\leqslant\pi/6$ 时，$\sin\varphi\approx\varphi$，鉴相特性曲线接近于直线，故相乘器可实现线性鉴相作用。

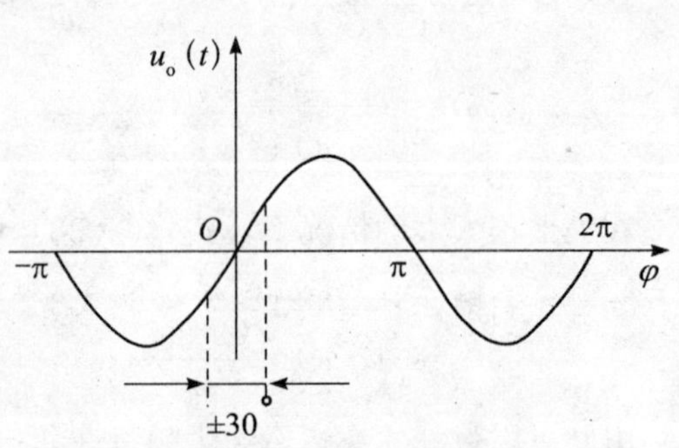

图 6—18　正弦鉴相特性曲线

2）输入信号中一个为大信号，另一个为小信号。

设 $u_y(t)=U_{ym}\sin(\omega_ct+\varphi)$ 为小信号，$u_x(t)=U_{xm}\cos(\omega_ct)$ 为大信号，它控制相乘器使之工作在开关状态，则相乘器输出电压为：

$$u_o{}'(t)=A_Mu_y(t)S_2(\omega_ct)$$

$$=A_MU_{ym}\sin(\omega_ct+\varphi)\left[\frac{4}{\pi}\cos(\omega_ct)-\frac{4}{3\pi}\cos(3\omega_ct)\cdots\right]$$

$$=\frac{2A_MU_{ym}}{\pi}\left[\sin\varphi+\sin(2\omega_ct+\varphi)\right]\cdots \tag{6—46}$$

通过低通滤波器滤除高频分量，得：

$$u_o(t)=A_d\sin\varphi \tag{6—47}$$

式中，$A_d=\frac{2A_MU_{ym}}{\pi}$。

由式（6—47）可知，相乘器输入信号中有一个为大信号时，鉴相特性仍为正弦特性，不过鉴相灵敏度 A_d 仅与 U_{ym} 有关，而与 $u_x(t)$ 的幅值无关。

3）两个输入信号均为大信号。

当 $u_x(t)=U_{xm}\cos(\omega_ct)$，$u_y(t)=U_{ym}\sin(\omega_ct+\varphi)$ 均为大信号时，波形如图 6—19（a）所示。

由于模拟相乘器自身的限幅作用，可以仍将 $u_x(t)$、$u_y(t)$ 等效看成经双向限幅，变成正、负对称的方波信号 $u_x{}'(t)$、$u_y{}'(t)$，如图 6—19（b）所示，经相乘后的输出电压 $u_o{}'(t)$的波形如图 6—19（c）所示，而低通滤波器的输出电压 $u_o(t)$ 正比于相乘器输出电压的平均值，因此，由图 6—19（c）可求得：

$$u_o(t)=\frac{A_MU'_{xm}U'_{ym}}{2\pi}\left[2(\frac{\pi}{2}+\varphi)-2(\frac{\pi}{2}-\varphi)\right]$$

$$=\frac{2U'_{om}}{\pi}\varphi \tag{6—48}$$

式中，$U'_{om}=A_MU'_{xm}U'_{ym}$。

由式（6—48）可画出相乘器的鉴相特性，如图 6—20 所示。在 $|\varphi|\leqslant\pi/2$ 范围内为一

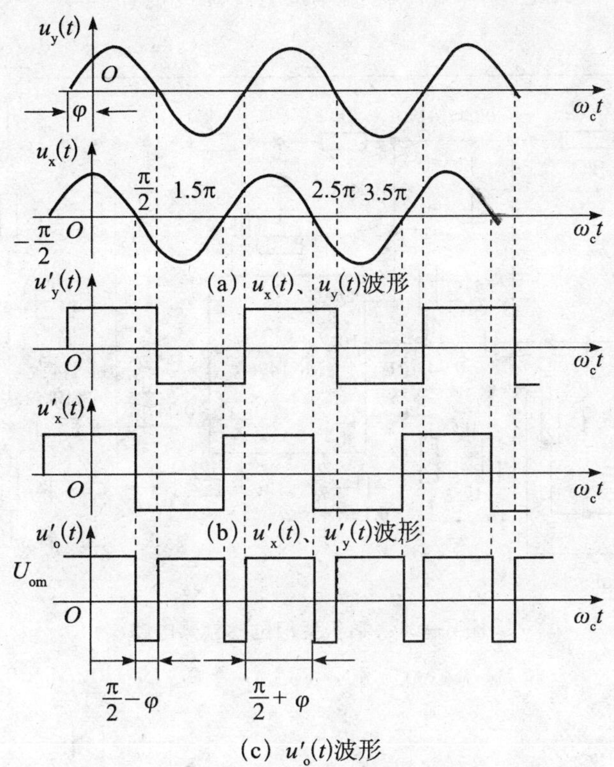

图6—19　$u_x(t)$与$u_y(t)$均为大信号时相乘器的鉴相工作波形

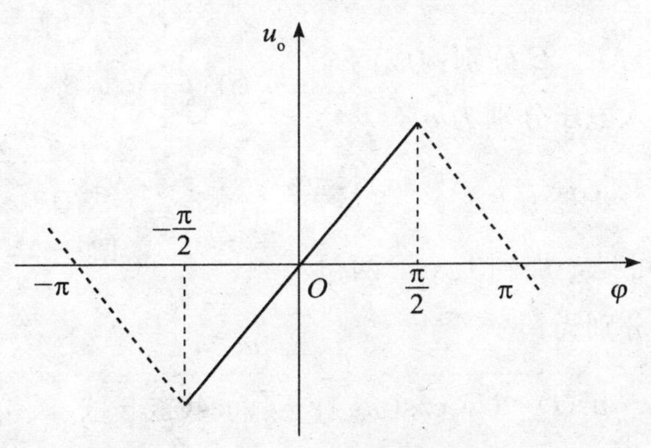

图6—20　三角形鉴相特性

条通过原点的直线。当$|\varphi|>\pi/2$时，鉴相特性向两侧周期性重复，为一个三角形特性。由此可见，φ在$-\pi/2$和$\pi/2$之间变化时，可实现线性鉴相，其线性范围比小信号鉴相特性增大近三倍。

(2) 乘积型相位鉴频器电路。

如图6—21所示为利用单片集成模拟相乘器MC1496构成的乘积型相位鉴频器电路，图中VT为射极输出器，其负载L、R、C_1、C_2组成频率—相位变换网络，该网络适用于中心频率为7～9MHz、最大频偏约250kHz的调频波解调。相乘器输出用F007运算放大器构成平衡输入低频放大电路，F007 输出端接有低通滤波器。

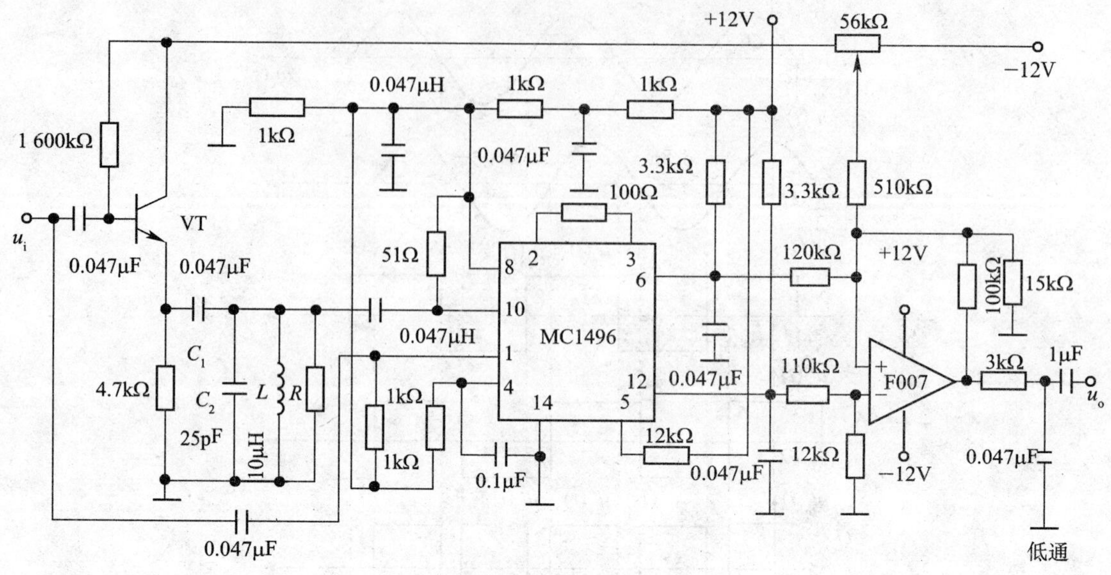

图 6—21　乘积型相位鉴频器电路

3. 叠加型相位鉴频器

(1) 叠加型鉴相器。

实际应用中，常采用叠加型平衡鉴相器，电路如图 6—22 所示。

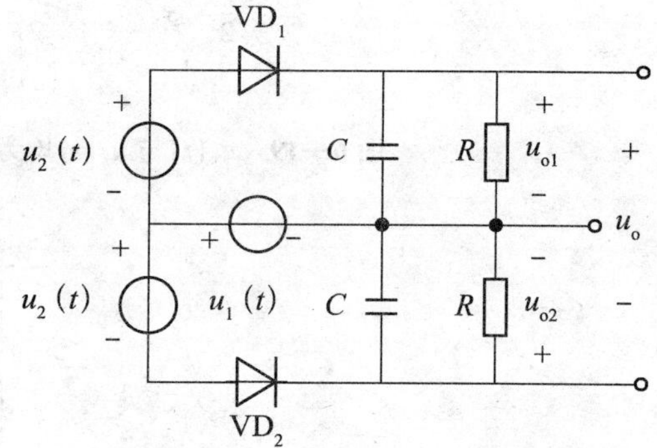

图 6—22　叠加型平衡鉴相器

图中，VD_1、VD_2 与 R、C 分别构成两个包络检波电路。设两输入电压分别为 $u_1(t)=U_{1m}\cos(\omega_c t)$，$u_2(t)=U_{2m}\cos(\omega_c t-\frac{\pi}{2}+\varphi)=U_{2m}\sin(\omega_c t+\varphi)$，由图可见，加到上、下两包络检波电路的输入电压分别为：

$$u_{s1}(t)=u_1(t)+u_2(t)=U_{1m}\cos(\omega_c t)+U_{2m}\cos(\omega_c t-\frac{\pi}{2}+\varphi)$$

$$u_{s2}(t)=u_1(t)-u_2(t)=U_{1m}\cos(\omega_c t)-U_{2m}\cos(\omega_c t-\frac{\pi}{2}+\varphi)$$

则根据矢量叠加原理，可得如图 6—23 所示的矢量叠加图。

当 $\varphi=0$ 时，$u_2(t)$ 相位滞后于 $u_1(t)$ 90°，而 $-u_2(t)$ 超前于 $u_1(t)$ 90°，此时合成电压 U_{s1m} 与 U_{s2m} 相等，经包络检波电路后输出电压 u_{o1} 与 u_{o2} 大小相等，所以鉴相器输出电压 $u_o=u_{o1}-u_{o2}=0$。

当 $\varphi>0$ 时，$u_2(t)$ 相位滞后于 $u_1(t)$ 的角度小于 90°，而 $-u_2(t)$ 超前于 $u_1(t)$ 的角度大于 90°，此时合成电压 $U_{s1m}>U_{s2m}$，检波后的电压 $u_{o1}>u_{o2}$，所以鉴相器输出 $u_o=u_{o1}-u_{o2}>$

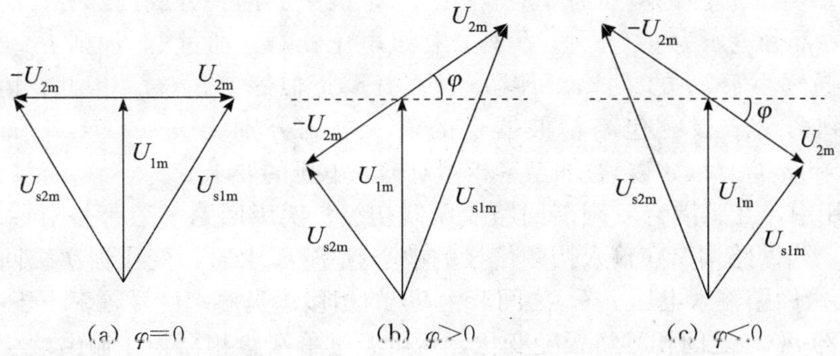

图 6—23　$u_1(t)$ 与 $u_2(t)$ 的矢量叠加图

0，且 φ 越大，输出电压就越大。

当 $\varphi<0$ 时，$u_2(t)$相位滞后于 $u_1(t)$的角度大于90°，而$-u_2(t)$ 超前于 $u_1(t)$的角度小于90°，此时合成电压 $U_{s1m}<U_{s2m}$，检波后的电压 $u_{o1}<u_{o2}$，所以鉴相器输出电压 $u_o=u_{o1}-u_{o2}<0$，且 φ 的绝对值越大，u_o 的绝对值就越大。

通过上面的分析可以得到叠加型平衡鉴相器的鉴相特性如图 6—24 所示。由图可知，它也具有正弦鉴相特性，而只有当 φ 比较小时，才具有线性鉴相特性。

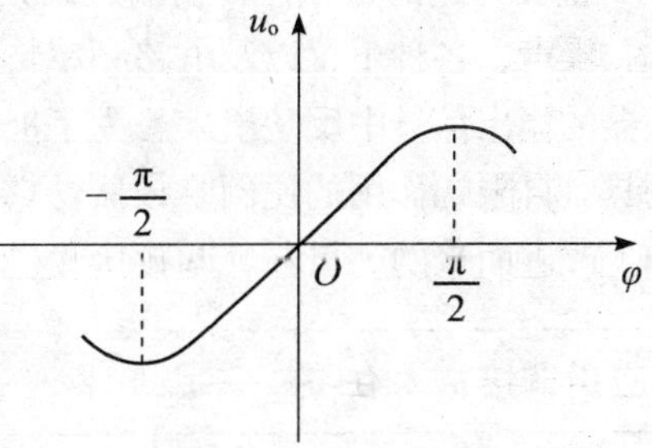

图 6—24　叠加型平衡鉴相器鉴相特性曲线

(2) 叠加型相位鉴频器电路。

如图 6—25 所示为广泛应用在调频广播接收机中的叠加型相位鉴频器电路，也称为互感耦合相位鉴频器。

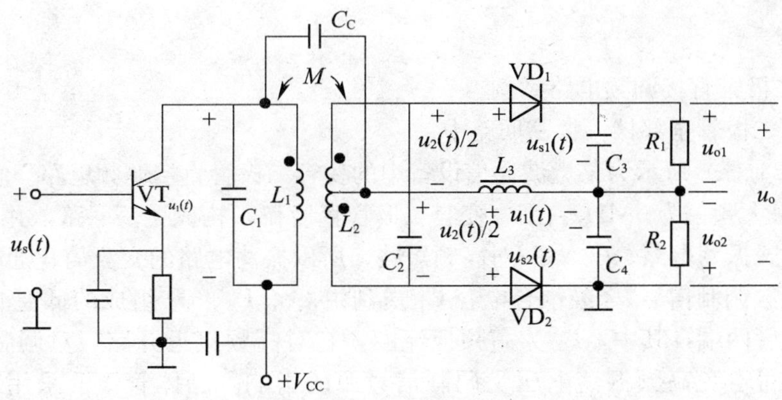

图 6—25　互感耦合相位鉴频器

图中 L_1C_1 和 L_2C_2 均调谐在调频信号的中心频率 f_c 上，并构成互感耦合双调谐回路，作为鉴频器的频率—相位变换网络。C_C 为隔直电容，它对输入信号短路，L_3 为高频扼流圈，它对输入信号接近于开路，但对低频信号阻抗很小，近似短路。VD_1、VD_2 及 C_3R_1、C_4R_2 构成包络检波电路。

输入调频信号 $u_s(t)$ 经 VT 放大后，在变压器初级回路 L_1C_1 上的电压为 $u_1(t)$，感应

到次级回路 L_2C_2 上产生的电压为 $u_2(t)$，由于 L_2 被中心抽头分成两部分，所以对中心抽头来说，每一部分电压为 $u_2(t)/2$。另外，初级电压 $u_1(t)$ 通过 C_C 加到 L_3 上，由于 C_C、C_4 的高频容抗远小于 L_3 的感抗，所以 L_3 上的压降近似等于 $u_1(t)$。因此，由图 6—25 可以看出，加到两个二极管包络检波器上的输入电压分别为 $u_{s1}(t)=u_1(t)+u_2(t)/2$，$u_{s2}(t)=u_1(t)-u_2(t)/2$，符合叠加型鉴相器对输入电压的要求。

实际应用中，互感耦合双调谐回路变压器初级、次级回路一般都是对称的，即 $L_1=L_2$，$C_1=C_2$。当回路调谐在输入调频信号的中心频率 f_c 上时，变压器次级回路的输出电压 $u_2(t)$与初级回路输入电压 $u_1(t)$之间产生 90°的相移；当输入信号频率小于或大于 f_c 变化时，$u_2(t)$与 $u_1(t)$之间相移将跟随变化，然后经过平衡鉴相器，在输出端获得调频波的解调信号 u_o 输出。其鉴频特性曲线与图 6—24 所示鉴相特性曲线类似。但耦合回路相位鉴频器的鉴频特性曲线与互感耦合回路初级、次级间的耦合程度有关，当耦合程度合适时，鉴频特性可达到最大线性范围。

相位鉴频器与振幅鉴频器相比，具有线性度好、灵敏度高、电路简单、调整方便等优点，缺点是工作频带较窄。

前面讨论的鉴频器，当输入调频波的振幅变化时，鉴频输出电压的幅度也会发生变化，因此，噪声、各种干扰以及电路频率特性的不均匀而引起的输入信号的寄生调幅，都将直接在鉴频器的输出信号中反映出来。为了抑制寄生调幅的影响，需采取限幅措施，为节省元件，可采用具有自限幅作用的比例鉴频器，它是一种兼有限幅作用的鉴频器，是在叠加型相位鉴频器基础上改进而来的。目前，调频接收机和电视机的伴音部分广泛采用比例鉴频器。

应用链接： 本任务——应用举例——2. 鉴频器应用电路举例

应用举例

1. 变容二极管直接调频电路举例

(1) 变容二极管全部接入振荡回路中。

如图 6—26 (a) 所示为某微波通信设备中的变容二极管直接调频电路。它的中心频率为 70MHz，最大频偏为 6MHz。图中变容二极管直接和 L 构成振荡回路，并与晶体管 VT 构成电感三点式振荡电路；C_3、C_4 对高频短路，所以振荡电路的交流简化通路如图 6—26 (b) 所示。低频调制信号 u_Ω 经耦合电容 C_1 送到由 C_2、L_1、C_3 组成的低通滤波器，然后加到变容二极管两端，其中，L_1 为高频扼流圈，它对高频接近开路，对调制信号频率接近短路，这样可避免高频振荡电压受调制信号源的影响。晶体管 VT 采用双电源供电，正、负电源均通过稳压电路提供稳定的直流电压。通过改变 R_P 可调节晶体管的电流，以控制振荡电压的大小。U_Q 提供变容二极管的反向偏置电压。

(2) 变容二极管部分接入振荡回路中。

1) 调频立体声广播发射机调频电路。

如图 6—27 (a) 所示是调频立体声广播发射机中的调频电路。

该电路的中心频率约为 3.8MHz，频偏约为 3.1kHz。主振级由 VT_1、C_1、C_2、L_1 和变容二极管 C_{j1}、C_{j2} 等构成电容三点式 LC 振荡电路，其交流通路如图 6—27 (b) 所示。

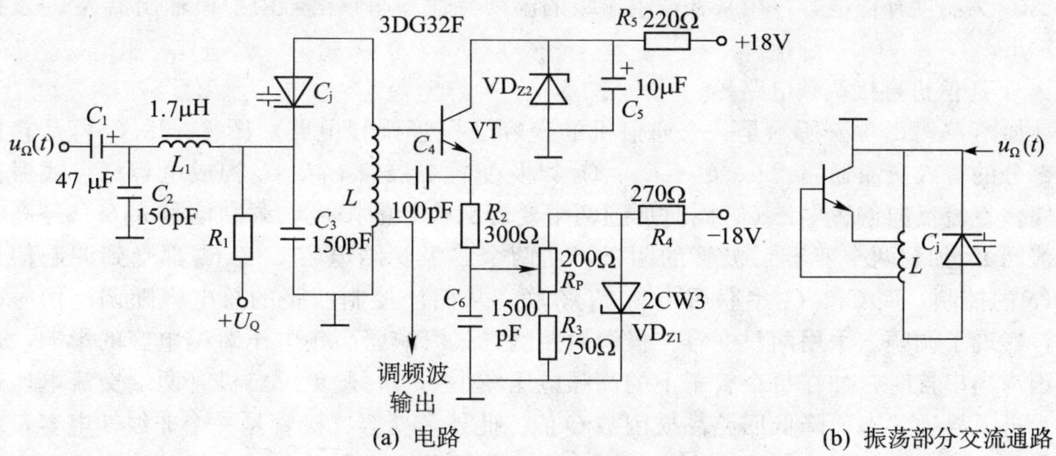

图 6—26　变容二极管全部接入振荡回路的调频电路

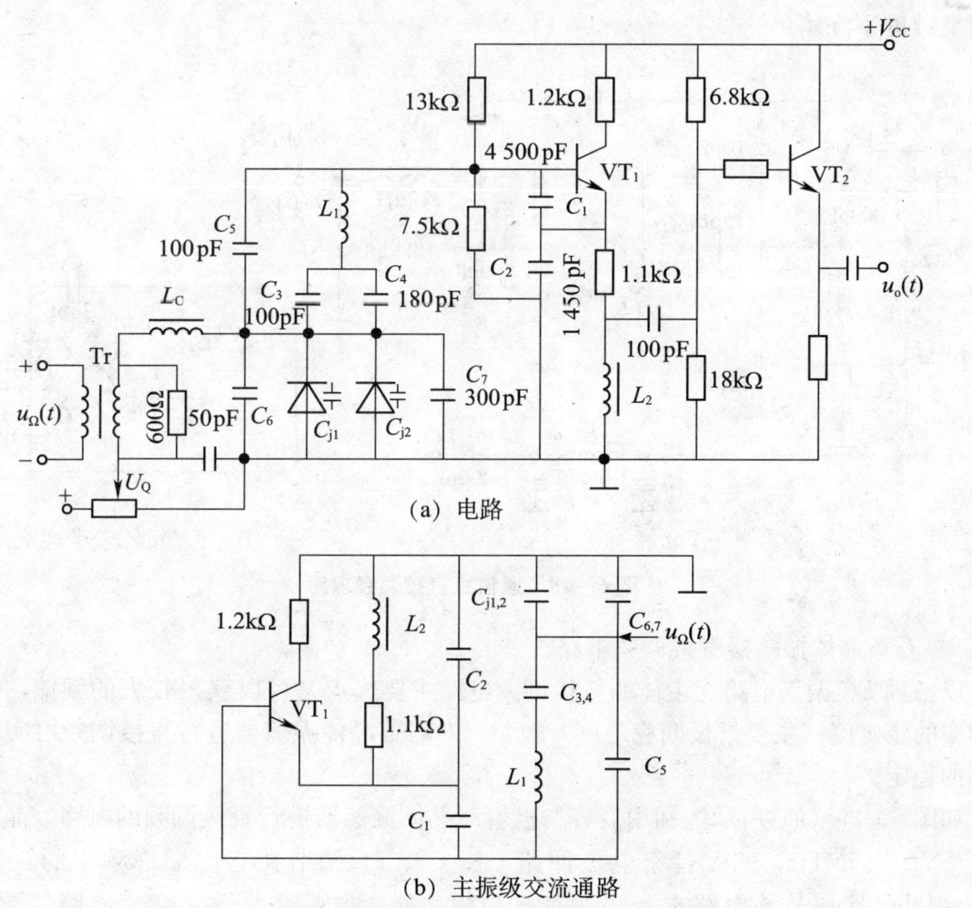

图 6—27　调频立体声广播发射机调频电路

调制信号 $u_\Omega(t)$ 由音频变压器 Tr 引入，与外加偏置电压 U_Q 叠加后，加到变容二极管的两端。为了补偿参数的离散性，用两只变容二极管 C_{j1}、C_{j2} 并联工作，变容二极管的 $\gamma=3.5$。与变容二极管串联、并联的电容 C_3、C_4、C_6、C_7 是为了改善调制特性线性度而设置的。C_5 为温度补偿电容，用来补偿主振级的温度特性。调频信号由射极输出器 VT_2 发射极输出。

2）通信机直接调频电路。

如图 6—28（a）所示是一个通信机的变容二极管调频电路，图 6—28（b）是它振荡部分的等效交流通路。L、C_2、C_3、C_5 以及变容二极管 C_{j1}、C_{j2} 构成电容三点式振荡电路，直流反向偏置电压 U_Q 同时加到两个变容二极管的阳极，调制信号 $u_\Omega(t)$ 经高频扼流圈 L_3 加到两个变容二极管的阴极，使两个二极管结电容 C_{j1}、C_{j2} 都受到调制信号 $u_\Omega(t)$的控制，而 C_{j1}、C_{j2} 串联后再与 C_5 串联，从而使控制回路的总电容随调制信号而变，实现了调频。采用两只变容二极管对接的方式可减弱高频电压对结电容的影响，这是因为当串接时，加在每个管子上的高频电压减小一半，避免了二极管两端交流电压过大，进入导通状态而降低回路品质因数 Q 值。此外，变容二极管是一个非线性电容，高频信号必然要产生谐波分量，它可能引起交叉调制干扰，而反向对接可以使它们对高频电压的相位处于相反状态，某些谐波成分就可以抵消了。但是两管串联后总电容减半，调制灵敏度下降了。

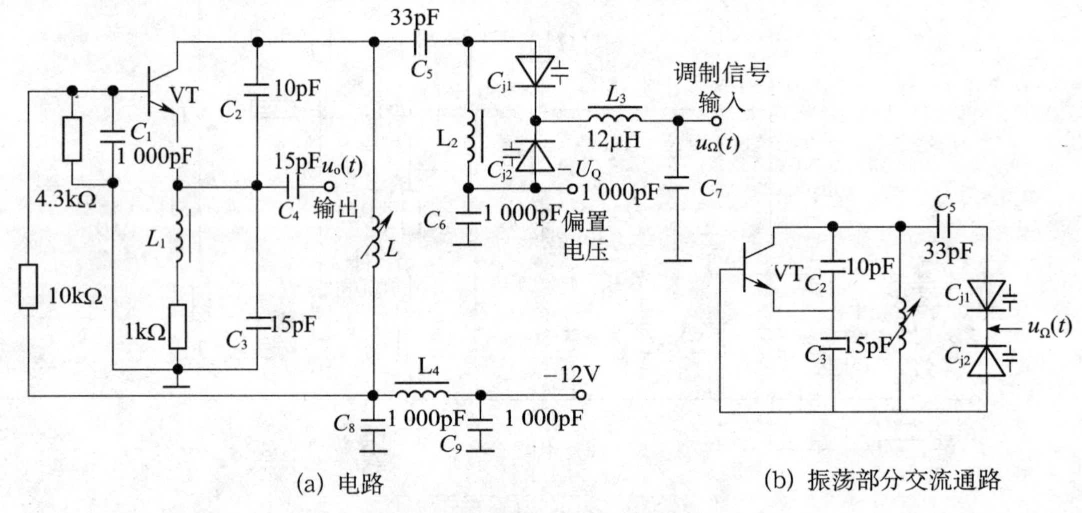

(a) 电路　　　　(b) 振荡部分交流通路

图 6—28　通信机直接调频电路

3）石英晶体振荡器直接调频电路。

以各种 LC 振荡电路为主体的直接调频电路主要优点是可以获得较大的频偏，但是中心频率的稳定度（主要是长期稳定度）较差。对石英晶体振荡器进行直接调频可实现中心频率的稳定。

如图 6—29（a）所示为利用变容二极管对晶体振荡器进行直接调频的电路。晶体的标称频率为 17.5MHz，三极管集电极回路 C_3、C_4、L_2 调谐在它们标称频率的三次谐波（52.5MHz）上，故该电路本身还兼有三倍频功能。振荡部分简化交流通路如图 6—29（b）所示。

变容二极管与石英晶体串联后与 C_1、C_2 组成并联型晶体振荡电路，其振荡频率主要取决于石英晶体和变容二极管，变容二极管的结电容受调制信号控制，从而实现调频。因为石英晶体 f_s 和 f_p 距离很近，串联 C_j 后振荡频率也只能在 f_s 和 f_p 之间变化，所以调频的频偏很小，一般情况下相对频偏仅为0.01%左右。为了增大频偏，即扩展晶振的频率控制范围，在石英晶体支路串接一个较低 Q 值的电感 L_1，不过这是以牺牲中心频率的稳定度为代价的。C_5 为输出耦合电容，从 L_2 抽头引出，其目的是减小下级对振荡级的影响。

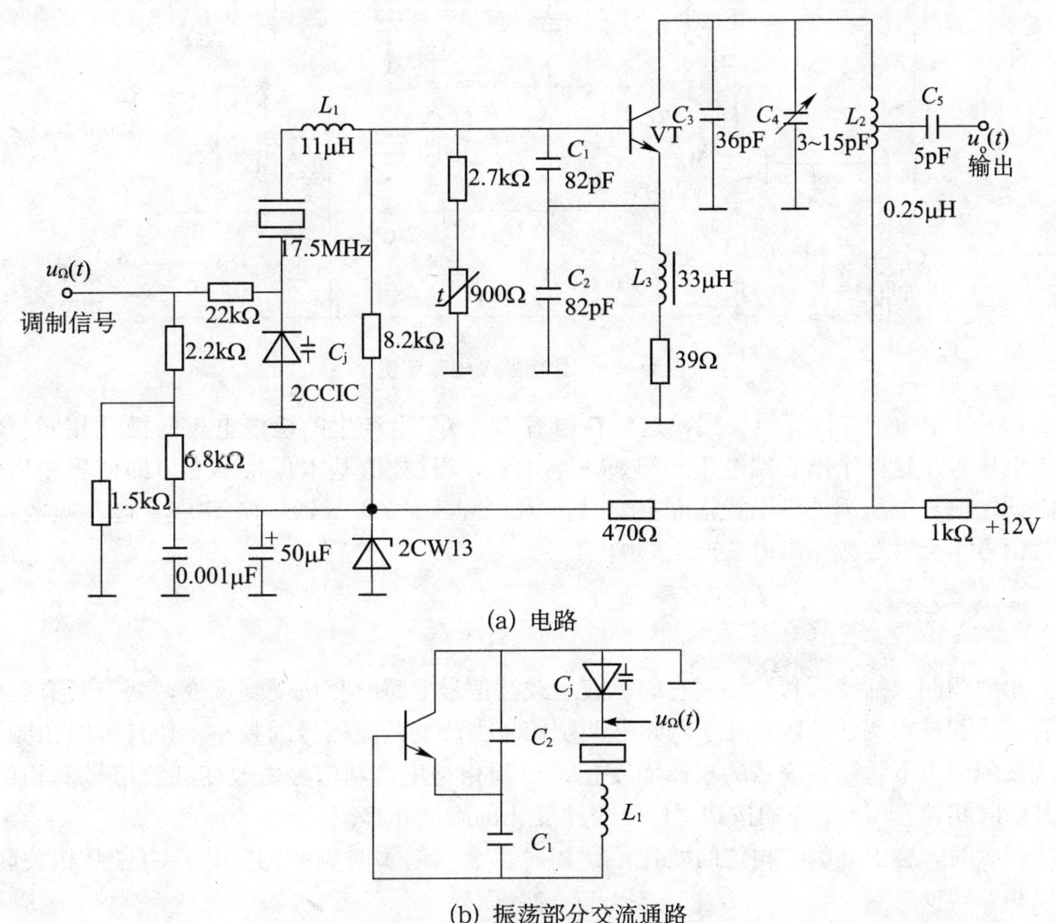

(a) 电路

(b) 振荡部分交流通路

图6—29　晶体振荡器直接调频电路

晶体振荡器直接调频电路的突出优点是中心频率稳定度高，因而在调频通信设备中得到了广泛应用。

2. 鉴频器应用电路举例

如图6—30所示为某调频接收设备鉴频电路，输入信号为中心频率10.7MHz、调制频率1kHz、调制度为30%的调频信号。如果电路工作正常，鉴频后输出应为频率1kHz的调制信号。

该电路与耦合回路相位鉴频器的相位检波部分有很大区别：

(1) 电容 C_6、C_7 相串联的中点与电阻 R_1、R_2 相串联的中点分开，鉴频器的输出信号 u_o 就从这两个中点之间取出。

(2) 在 R_1、R_2 两端并联了一个大电容 C_8，其容量100μF，对高频寄生调幅呈惰性，在输入电压幅度因干扰而发生突然变化时，C_8 两端电压幅度能基本保持不变，使电路不受调幅干扰，具有限幅作用。

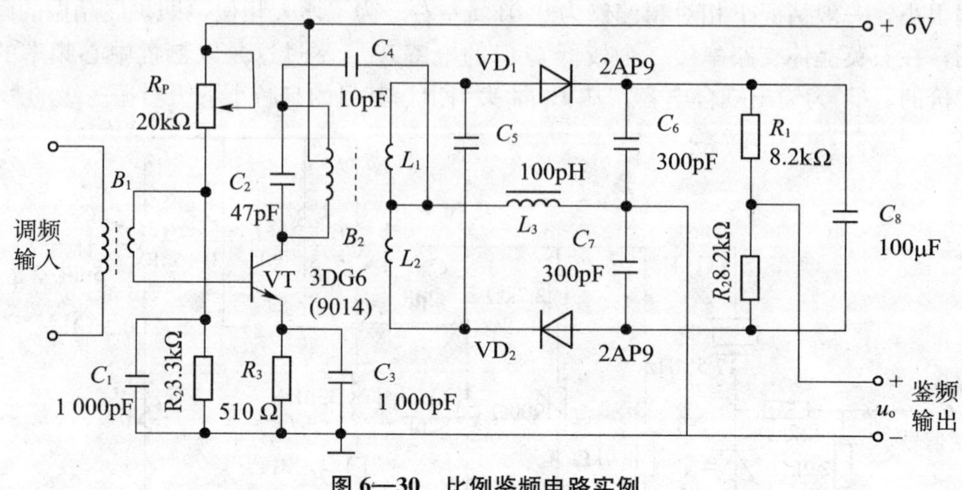

图 6—30　比例鉴频电路实例

(3) 其中一个二极管须反接，这样在电容 C_6、C_7 上产生的检波电压的极性相同，C_8 两端电压等于这两个电容端电压之和（$U_{C_6}+U_{C_7}$），且数值基本保持不变。即使当变压器耦合回路输出电压因外界干扰幅度突变时，VD_1、VD_2 立即导通，C_8 将突变脉冲吸收掉，干扰信号不会对鉴频输出电压产生影响。

要点总结

角度调制包括调频和调相，它们都表示载波信号的瞬时相位受到调变，两者具有类似的表示式和基本特性。区别在于调频是调制信号去改变载波信号的频率，使其瞬时角频率在载波频率上下随调制信号的规律而变化，而调相是用调制信号去改变载波信号的相位，使其瞬时相位在 $\omega_c t$ 上叠加按调制信号规律变化的附加相移。

调频时，会引起瞬时相位的变化，调相时也会引起瞬时频率的变化，两者互相关联，可以相互转换。

实现调频的方法有直接调频和间接调频两类。直接调频是用调制信号直接控制振荡器的可控电抗元件（通常是变容二极管）参数，使振荡频率随调制信号而变。其优点是可以获得大的频偏，缺点是中心频率的稳定度低。间接调频是先将调制信号积分，然后对高频载波信号进行调相而获得调频信号，其优点是中心频率稳定度高，缺点是难以获得大的频偏。

鉴频的作用是从调频波中还原出调制信号。常用的鉴频电路有振幅鉴频器、相位鉴频器等。振幅鉴频是将频率变化通过频—幅线性网络变换成幅度随调制信号变化，再进行包络检波，检出调制信号；相位鉴频是先将频率变化通过频—相线性网络转换成相位随调制信号的变化，再进行相位鉴频取出原调制信号。

巩固与提高

1. 调频与调相有什么区别？
2. 调角信号频谱有哪些特点？有效频谱带宽与最大频偏有何区别？
3. 对调频电路有哪些基本要求？

4. 什么是调频波的频偏？它由什么决定？

5. 变容二极管调频电路是如何实现调频的？如果要求调频过程中不产生失真，要求变容二极管的电容变化指数 γ 是多少？

6. 变容二极管是根据什么原理工作的？它的工作状态与外加电压的大小有什么关系？

7. 调相信号的最大相移量与（　　）有关？

A. 调制信号的频率有关　　B. 调制信号的振幅成正比

C. 调制信号的相位有关

8. 下面的说法（　　）是正确的？

A. PM 波的相位随 u_Ω 而变，但频率不变

B. FM 波的频率随 u_Ω 而变，但相位不变

C. PM 波和 FM 波的频率都变，且变化规律相同

D. FM 波与 PM 波的频率都变，但变化规律不相同

9. 已知载波 $u_c(t)=U_{cm}\cos(\omega_c t)$，调制信号 $u_\Omega(t)=U_{\Omega m}\sin(\Omega t)$，则 PM 波的表达式为（　　）。

A. $u_{PM}=U_{cm}\cos[\omega_c t+m_p\sin(\Omega t)]$　　B. $u_{PM}=U_{cm}\cos[\omega_c t-m_p\sin(\Omega t)]$

C. $u_{PM}=U_{cm}\cos[\omega_c t+m_p\cos(\Omega t)]$　　D. $u_{PM}=U_{cm}\cos[\omega_c t-m_p\cos(\Omega t)]$

10. 调频广播最高调制频率为 15kHz，调制指数 $m_f=5$，求频偏和频带宽度。

11. 已知调制信号 $u_\Omega=8\cos(2\pi\times10^3 t)$ (V)，载波输出电压 $u_o(t)=5\cos(2\pi\times10^6 t)$ V，$k_f=2\pi\times10^3$，试求调频信号的调频指数 m_f、最大频偏 Δf_m 和有效频谱带宽 BW，写出调频信号表达式。

12. 已知调频信号 $u_o(t)=3\cos[2\pi\times10^7 t+5\sin(2\pi\times10^2 t)]$ V，$k_f=10^3\pi$，试求：

(1) 该调频信号的最大相位偏移 m_f、最大频偏 Δf_m 和有效频谱带宽 BW；

(2) 写出调制信号和载波输出电压表达式。

13. 调频信号的最大频偏为 75kHz，当调制信号频率分别为 100Hz 和 15kHz 时，求调频信号的 m_f 和 BW。

14. 设载波为余弦信号，频率 $f_c=25$MHz、振幅 $U_m=4$V，调制信号为单频余弦波，频率 $F=400$Hz，若最大频偏 $\Delta f_m=10$kHz，试分别写出调频和调相信号表达式。

15. 间接调频原理如图 6—31 所示，写出积分电路和调相电路输出表达式。

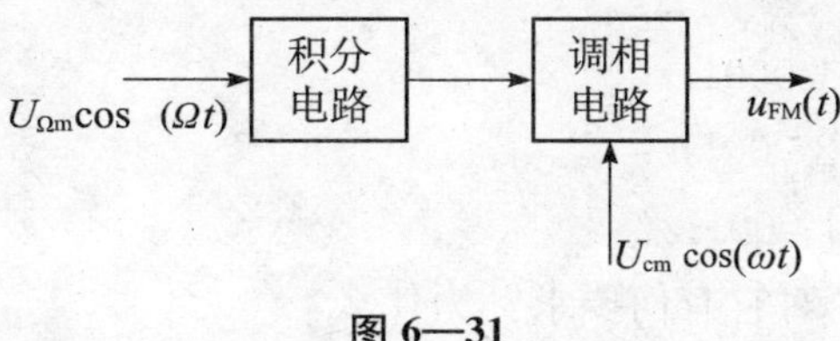

图 6—31

16. 变容二极管直接调频电路如图 6—32 所示，画出振荡部分交流通路，分析调频电路的工作原理，并说明各主要元件的作用。当变容二极管 $C_{jQ}=20$pF 时，求调频信号的中心频率 f_c。

17. 如图 6—33 所示为晶体振荡器直接调频电路，画出振荡部分交流通路，说明其工作原理，同时指出电路中各主要元件的作用。

18. 如图 6—34 所示为单回路变容二极管调相电路。C_3 为高频旁路电容，$u_\Omega(t)=$

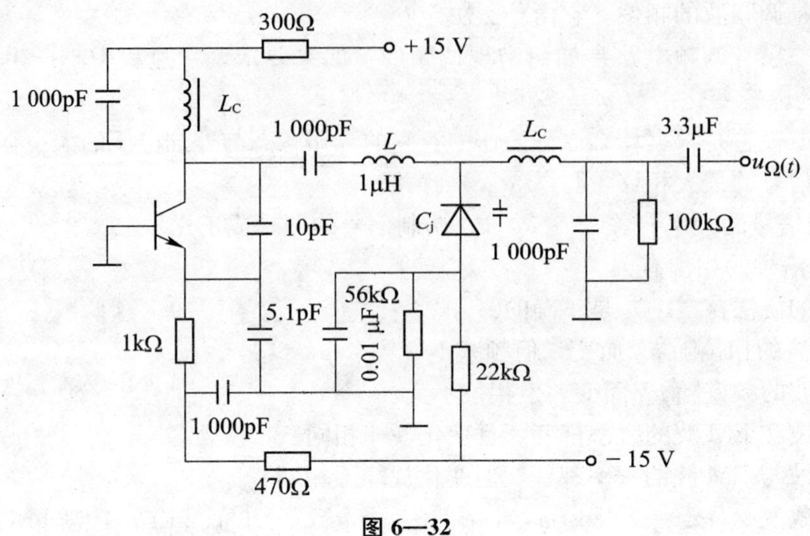

图 6—32

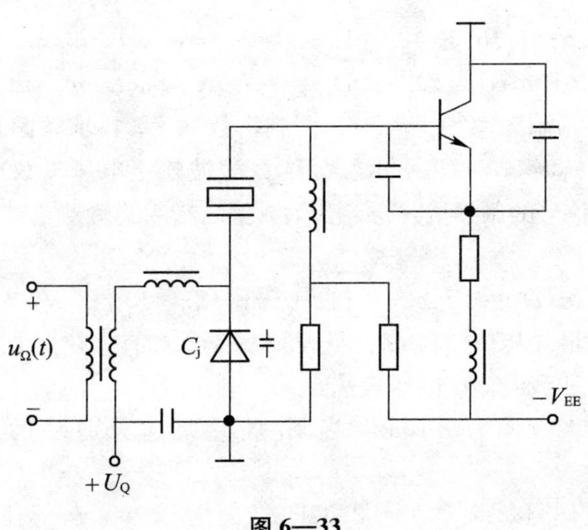

图 6—33

$U_{\Omega m}\cos(2\pi Ft)$，变容二极管的参数为 $\gamma=2$，$U_B=1\text{V}$，回路等效品质因数 $Q_e=15$。试求下列情况时的调相指数 m_p 和最大频偏 Δf_m。

(1) $U_{\Omega m}=0.1\text{V}$，$F=1\,000\text{Hz}$；

(2) $U_{\Omega m}=0.1\text{V}$，$F=2\,000\text{Hz}$；

(3) $U_{\Omega m}=0.05$，$F=1\,000\text{Hz}$。

19. 什么是鉴频特性？对它有何要求？为什么？

20. 鉴频的主要技术指标有哪些？

21. 调频波为什么不能用包络检波器解调？常用的鉴频实现方法有哪些？画出电路模型并说明各有什么特点。

22. 针对以下几种要求，宜分别采用哪种鉴频器？

(1) 频带较宽。

(2) 频带较窄，非线性失真小。

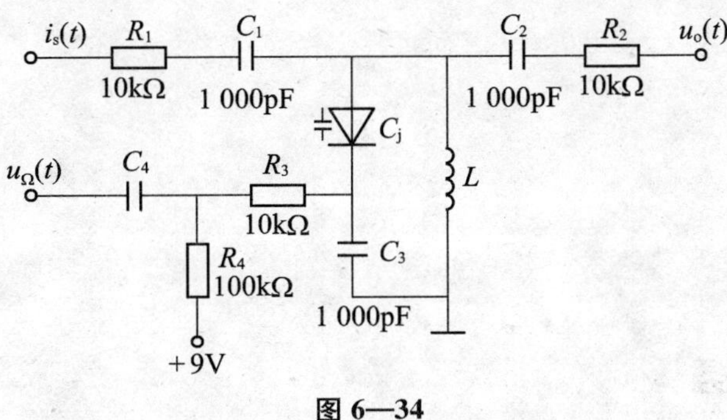

图 6—34

(3) 为节省元件，不用限幅器。

23. 鉴频器输入调频信号 $u_s(t)=3\cos[2\pi\times10^6t+16\sin(2\pi\times10^3t)]$ V，鉴频灵敏度 $S_D=-5\text{mV/kHz}$，线性鉴频范围 $2\Delta f_{max}=50\text{kHz}$，试画出鉴频特性曲线及鉴频输出电压波形。

24. 试比较调频与调幅的优缺点。

学习任务7

反馈控制电路

学习线索

- 自动增益控制电路（AGC）
- 自动频率控制电路（AFC）
- 锁相环路（PLL）

学习重点

- 锁相环路原理及应用

学习内容

在现代通信和电子设备中，为了提高系统性能或实现某些特定的要求，广泛采用了各种反馈控制电路，以准确调整系统或单元的某些状态参数。具体方法是利用反馈信号与原输入信号进行比较，进而输出一个比较信号对系统的某些参数进行修正，从而提高系统的性能。

根据需要比较和调节的参数不同，反馈控制电路有自动增益控制电路、自动频率控制电路和自动相位控制电路。自动增益控制电路又称自动电平控制电路，简称 AGC（Automatic Gain Control 的缩写），需要比较和调节的参数是电流或电压，用于控制输出信号的幅度；自动频率控制电路简称 AFC（Automatic Frequency Control 的缩写），需要比较和调节的参数是频率，用于维持工作频率的稳定；自动相位控制电路简称 APC（Automatic Phase Control 的缩写），需要比较和调节的参数为相位，用于锁定相位，故又称锁相环路，简称 PLL（Phase Lock Loop 的缩写），是应用最广泛的一种反馈控制电路。

7.1 自动增益控制电路

自动增益控制电路是接收机中不可缺少的辅助电路，也是电子线路领域最典型的应用之一。通过闭合环路的反馈控制作用，可使输入信号 u_i 幅度增大或减小时，输出信号幅度保持恒定或仅在很小的范围内变化。可以设想，各电台发送的信号由于发射功率的不同、通信距离的不同、电磁波传播信道的衰减量变化以及接收机环境的影响等因素，使接收机接收到的信号强度有很大波动，如果没有 AGC 电路的增益控制，接收机输出信号幅度也会随输入信号的变化而在很大范围内变化，弱信号可能会丢失，强信号又会造成接收机过载而导致阻塞。

知识链接：学习任务 5 幅度调制、解调与混频——频谱搬移电路——5.3 混频——图 5—39

7.1.1 AGC 电路的工作原理

AGC 电路实际是一个闭环负反馈系统，它的基本原理是利用检波后信号中的直流分量来控制一级或两级中放管的偏置电流，从而改变中放级的增益。由于信号中直流分量的大小与信号的强弱有关，信号强时，直流分量也大，故负反馈越强，中放增益减小；反之负反馈变弱。它可以保证小信号时，电路有足够的增益，强信号时，牺牲增益换取输入信号的动态范围的扩大。

下面以带有 AGC 电路的调幅接收机为例介绍 AGC 电路的工作原理。如图 7—1 是它的组成框图，图中各级放大器（包括混频器）组成可控增益放大器，检波器和 *RC* 低通滤波器组成反馈控制器。检波器输出信号电压主要由两部分组成：一部分是低频信号电压，它反映输入调幅波的包络变化规律，直接输出给低频放大器；另一部分则是随输入载波幅度作相应变化的直流信号电压，在检波器输出端用一级具有较大时间常数的 *RC* 低通滤波器，就能滤除低频信号电压，把该直流电压取出，作为反馈控制电压 U_{AGC}，加到各个被控放大器（高放和中放），用以改变被控放大器的增益，从而使从天线接收来的输入信号变强时，增益变小，输入信号较弱时，增益不变或变化较少，达到自动增益控制的目的。

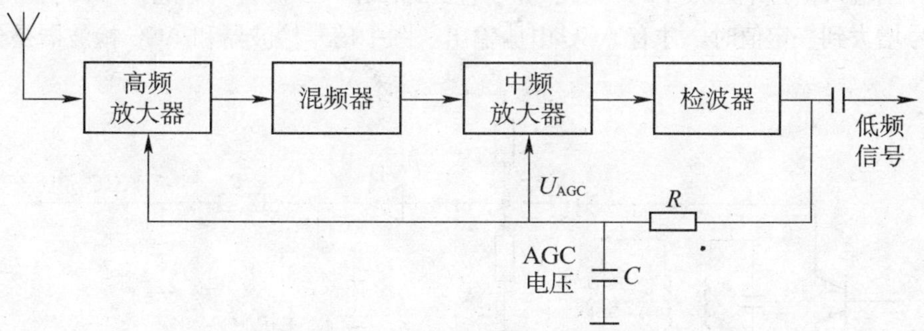

图 7—1 带有简单 AGC 电路的调幅接收机原理框图

AGC 电路的控制特性曲线如图 7—2（a）所示。由图可知，无 AGC 的电路中，增益不随输入信号而变；有 AGC 的电路中，只要有输入信号，AGC 就起控制作用。输入信号强，通过 AGC 控制会使增益下降得多；输入信号弱，通过 AGC 控制使相对增益较大，实际上是使增益下降得少，增益仍下降，这样对接收弱信号不利。所以简单 AGC 电路适用于输入信号较大的场合。

延迟 AGC 电路克服了简单 AGC 电路的缺点，在延迟 AGC 电路中，设置一参考电压 U_r，当检波器输入电压大于这个参考电压时，AGC 电路才起作用，当输入电压小于这个

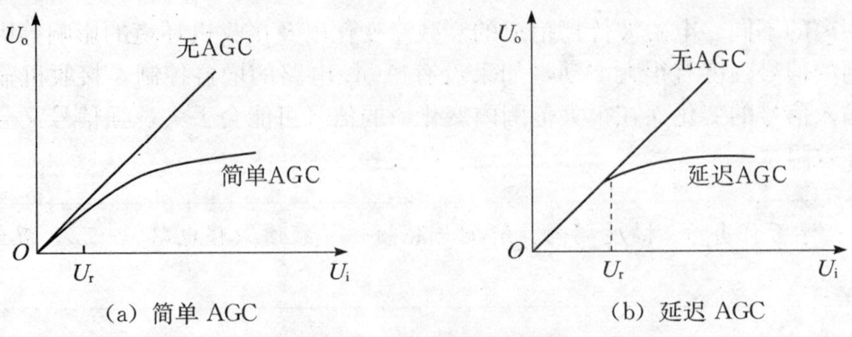

(a) 简单 AGC (b) 延迟 AGC

图 7—2 AGC 控制特性曲线

参考电压时，AGC 不工作，放大器增益不变。其控制特性曲线如图 7—2（b）所示，组成框图如图 7—3 所示。由于参考电压的存在，信号检波器与 AGC 检波器是分开的，否则参考电压加到信号检波器上，会使小的输入信号不能检波，而大的信号又产生非线性失真。

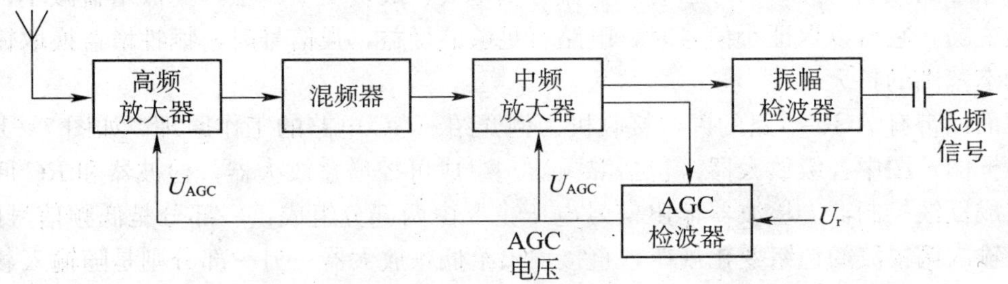

图 7—3 带有延迟 AGC 电路的调幅接收机原理框图

延迟 AGC 原理电路如图 7—4 所示，图中二极管 VD 和负载 R_1、C_1 组成 AGC 检波器，检波后的电压经 RC 滤波后输出反馈控制电压 U_{AGC}。参考电压 U_r 由加在二极管上的直流负偏压提供。当输入信号电压很小时，由于参考电压的存在，二极管不导通，AGC 不工作，只有当输入信号增大到一定值时，才有 AGC 电压输出。图中信号检波器和 AGC 检波器是分开的。

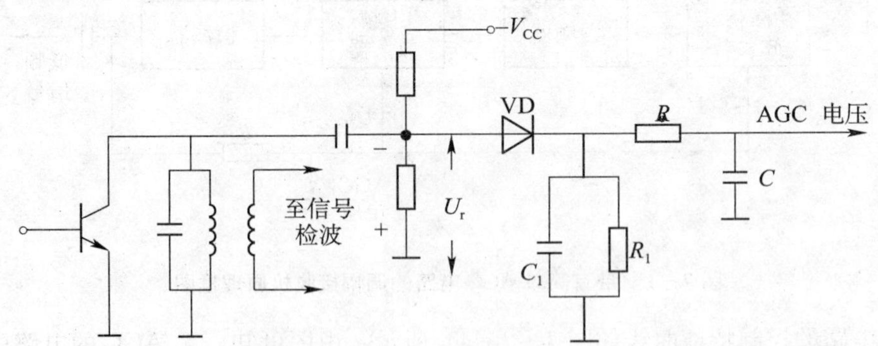

图 7—4 延迟 AGC 原理电路图

7.1.2 AGC 电路

我们来看一个通过控制晶体管基极电流 I_B 实现增益控制的 AGC 电路，分析一下它的增益控制过程。

晶体管放大器的增益 A_u 与晶体管的输入电阻 r_{be} 有关，即 $A_u \propto 1/r_{be}$。而晶体管的输入电阻与管子的静态工作点有关，即 $r_{BE}=300+26/I_B$。若改变基极电流 I_B，则放大器的增益随之改变，从而达到控制放大器增益的目的。

为了控制 I_B，可以把控制电压 U_{AGC} 加到晶体管基极上，如图7—5所示。图中控制电压 U_{AGC} 为负极性，当信号电压 U_i 增大时，使 U_{AGC} 反向增大，输入信号被削弱，U_{BE} 减小，则 I_B 减小，r_{BE} 增加，放大器增益 A_u 下降，实现了输出信号的稳定。

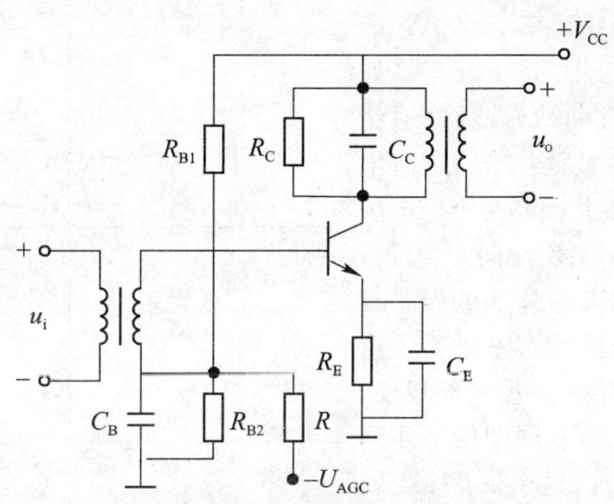

图7—5　靠改变 I_B 来控制放大器增益的AGC电路

AGC电路的典型应用是在超外差式调幅接收机中。

应用链接： 本任务——应用举例——1. AGC电路应用举例

7.2　自动频率控制电路

振荡器的频率经常由于各种因素的影响而发生变化，偏离了预期的数值。这种不稳定对无线电设备的工作十分不利。利用AFC电路的自动频率调节功能可以使自激振荡器频率自动锁定在近似等于预期的标准频率上，广泛应用于各种接收机和发射机。

如图7—6所示是带有AFC电路的调幅接收机组成框图，它的AFC电路部分由鉴频器、滤波放大器和压控振荡器（Voltage Control Oscillator，VCO）组成。压控振荡器是一个频率受误差电压控制的本机振荡器。误差电压由鉴频器产生，鉴频器是比较装置，能够将频率误差转变成相应的电压输出。下面我们来分析一下它的工作原理。

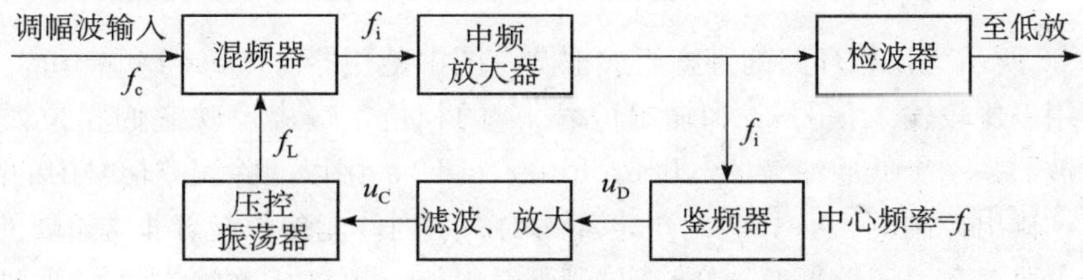

图7—6　带有AFC电路的调幅接收机组成框图

压控振荡器的输出信号频率 f_L 与输入调幅波信号频率 f_c 经混频器混频后，输出中频信号 $f_i=f_L-f_c$，经中频放大器放大后，一路送到检波器进行检波，另一路送至鉴频器进行鉴频。鉴频器中心频率调在规定的中频频率 f_I 上，可将偏离 f_I 的频率误差变换为电压 u_D，$u_D \propto (f_i-f_I)$。当鉴频器输入信号 $f_i=f_L-f_c=f_I$时，$f_i-f_I=0$，$u_D=0$，压控振荡器不受影响，混频器仍输出中频 $f_i=f_I$；当由于某种不稳定因素使本机振荡器产生了一个频偏 Δf_L变成 $f_L'=f_L+\Delta f_L$时，混频器输出中频信号频率 $f_i=f_L'-f_c=(f_L-f_c)+\Delta f_L$，即鉴频器输入信号频率 $f_i \neq f_I$，产生了误差电压 u_D，u_D 正比于 f_i-f_I（如图 7—7 所示的鉴频特性曲线），经低通滤波器滤除交流成分、放大后，输出直流电压 u_C 作用到压控振荡器上，迫使压控振荡器的振荡频偏 Δf_L减小，使 f_L'向 f_L逼近，以使 f_i向 f_I逼近，使偏离中频 f_I的误差减小，而后在新的压控振荡频率基础上，重复上述的过程，使误差频率进一步减小。如此循环下去，经若干调节周期后，环路最后锁定在 $f_i=f_I+\Delta f$，这个 Δf 称为剩余频率误差，简称剩余频差，剩余频差很小。

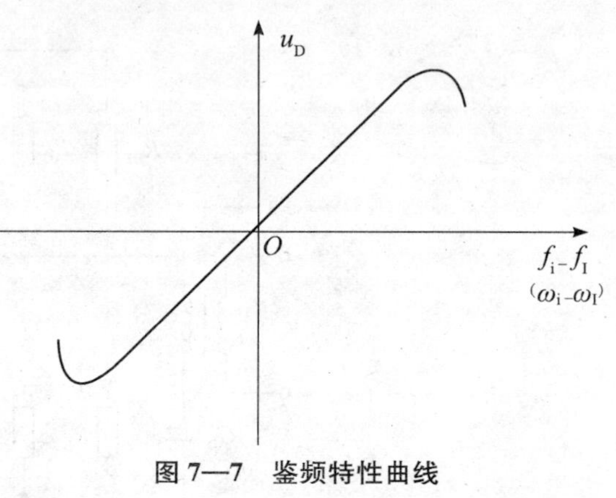

图 7—7 鉴频特性曲线

由此可见，自动频率控制电路通过自身的调节，可以将由于压控振荡器不稳定而引起的频偏减小到很小的剩余频差。剩余频差的大小取决于鉴频器和压控振荡器的特性，鉴频特性和压控振荡器的控制特性斜率越大，环路锁定所需要的剩余频差就越小。

应用链接：本任务——应用举例——2. AFC 电路应用举例

7.3 自动相位控制电路

自动相位控制电路又称锁相环路，锁相环路是利用相位的调节以消除频率误差的自动控制系统，由鉴相器、环路滤波器、压控振荡器等组成。广泛应用在频率合成、调制与解调、分频与倍频、信号检测等许多技术领域。

7.3.1 锁相环路的基本原理

如图 7—8 所示为锁相环路的基本组成框图，图中鉴相器（Phase Detector，PD）是相位比较器，用以比较输入信号 u_i 和输出信号 u_o 的相位，输出反映它们相位误差的电压 u_D；环路滤波器是一个低通滤波器（Loop Filter，LF），用以滤除误差信号中的高频分量、干扰和噪声，输出控制电压 u_C，它对决定环路的一系列性能参数起着非常重要的作用，是环路设计的主要对象。压控振荡器在 u_C 控制下输出相应频率 f_o 的信号 u_o。通过这一反馈控制，使输出信号的相位能跟踪输入信号相位或相位的某种平均值的变化。

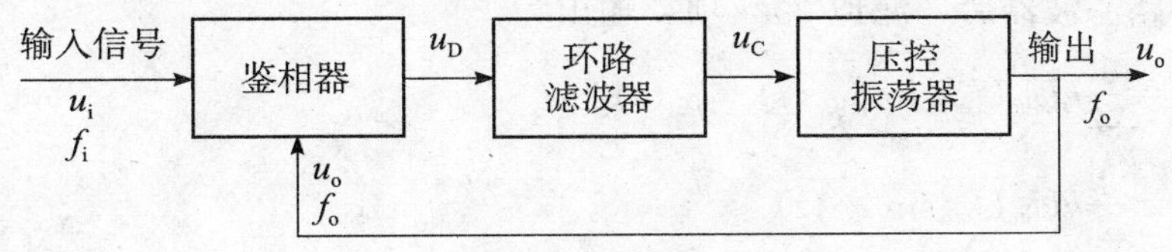

图 7—8　锁相环路的组成框图

我们知道，当两个正弦信号频率相等时，这两个信号的相位差必保持恒定，若不等，则它们之间的相位差将时刻在变，锁相环路就是利用两个信号之间的这种相位误差来控制压控振荡器输出信号的频率，最终使两个信号之间的相位保持恒定，从而达到两个信号频率相等锁定的目的的。

按照上述原理，图 7—8 中当 $f_i \neq f_o$（$\omega_i \neq \omega_o$）时，u_i 和 u_o 之间产生随时间变化的相位误差，鉴相器输出误差电压 u_D，它与瞬时误差相位满足一定的函数关系，经过环路滤波，滤除了高频分量和噪声而取出缓慢变化的直流电压 u_C，控制压控振荡器的频率 f_o，使 u_i 和 u_o 的频率差减少，直到 $f_i = f_o$ 时，两信号相位差等于常数，锁相环路进入锁定状态。

锁相环路的性能主要取决于鉴相器、压控振荡器和环路滤波器三个基本组成部分，下面具体介绍。

1. 鉴相器

鉴相器是一个相位比较器，它对输入的两个信号 u_i 和 u_o 的相位进行比较，输出反映相位差大小的误差电压，完成相位差—电压的变换。

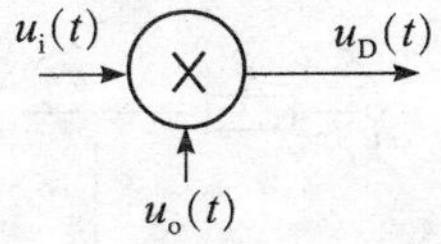

$u_i(t)$ → ⊗ → $u_D(t)$，$u_o(t)$

图 7—9　模拟相乘器电路模型

常用模拟鉴相器采用模拟相乘器，其电路模型如图 7—9 所示。

设输入信号为：

$$u_i(t) = U_{im}\sin(\omega_i t) \tag{7—1}$$

压控振荡器输出信号为：

$$u_o(t) = U_{om}\cos[\omega_{o参} t + \varphi_o(t)] \tag{7—2}$$

式中，$\omega_{o参}$ 是压控振荡器未加控制电压时固有振荡角频率；$\varphi_o(t)$ 是以 $\omega_{o参} t$ 为参考的输出信号瞬时相位。

两个瞬时相位的比较需在同一频率上进行，为此，输入信号的相位可写成：

$$\omega_i(t) = \omega_{o参}(t) + (\omega_i - \omega_{o参})t = \omega_{o参}(t) + \varphi_i(t) \tag{7—3}$$

式中，$\varphi_i(t)$ 是以 $\omega_{o参} t$ 为参考的输入信号瞬时相位，它等于：

$$\varphi_i(t) = (\omega_i - \omega_{o参})t \tag{7—4}$$

则输入信号可表示为：

$$u_i(t) = U_{im}\sin[\omega_{o参}(t) + \varphi_i(t)] \tag{7—5}$$

两信号经模拟相乘器相乘后输出电压为：

$$\begin{aligned} u_D(t) &= kU_{im}U_{om}\sin[\omega_{o参} t + \varphi_i(t)]\cos[\omega_{o参} t + \varphi_o(t)] \\ &= \frac{1}{2}kU_{im}U_{om}\sin[2\omega_{o参} t + \varphi_i(t) + \varphi_o(t)] + \frac{1}{2}kU_{im}U_{om}\sin[\varphi_i(t) - \varphi_o(t)] \end{aligned} \tag{7—6}$$

$u_D(t)$经环路滤波器后，滤掉 $2\omega_{o参}$项，输出为：

$$\begin{aligned}u_C(t)&=\frac{1}{2}kU_{im}U_{om}\sin\left[\varphi_i(t)-\varphi_o(t)\right]\\&=\frac{1}{2}kU_{im}U_{om}\sin\varphi_e(t)\end{aligned}\qquad(7—7)$$

式中，$\varphi_e(t)=\varphi_i(t)-\varphi_o(t)$，称为 $u_i(t)$ 与 $u_o(t)$ 之间的瞬时相位差。

显然，输出电压与两输入信号的瞬时相位差 $[\varphi_i(t)-\varphi_o(t)]$ 满足正弦函数关系，这种鉴相器称正弦鉴相器。

对 $\varphi_e(t)$ 取微分，有：

$$\frac{d\varphi_e(t)}{dt}=\Delta\omega_e(t)=\omega_i-\omega_o\qquad(7—8)$$

称为瞬时角频差，它表示压控振荡器角频率 ω_o 偏离输入信号角频率 ω_i 的数值。当环路锁定时，$\omega_o=\omega_i$，这时相位误差 $\varphi_e(t)$ 为一固定值，称剩余相位误差或稳态相位误差。正是这个稳态相位误差，才使鉴相器输出一直流电压，控制压控振荡器的振荡角频率，使之等于输入信号角频率。

2. 环路滤波器

锁相环路中常用的环路滤波器有 *RC* 低通滤波器、*RC* 比例积分滤波器和有源比例积分滤波器等，它们的原理电路如图 7—10 所示。

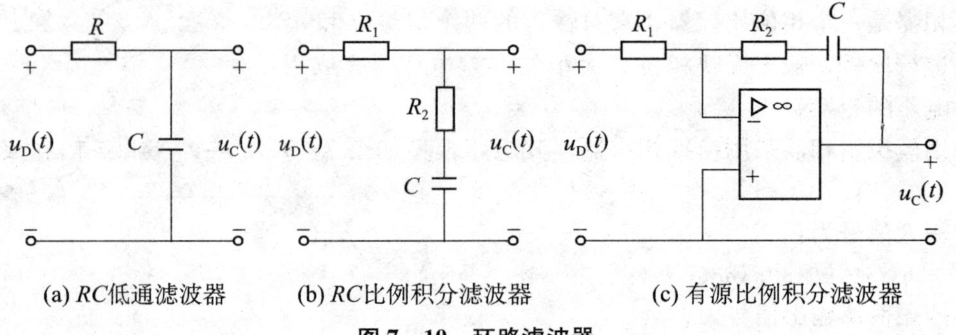

图 7—10 环路滤波器

3. 压控振荡器

压控振荡器是一个电压—频率变换装置，它的振荡频率受输入控制电压$u_C(t)$的控制，压控振荡器的特性曲线如图 7—7 所示。

压控振荡器的电路有多种，最常见的是利用变容二极管 VD 实现电压对振荡频率的控制，基本电路如图 7—11 所示。

7.3.2 锁相环路的捕捉与跟踪

锁相环路根据初始状态的不同有两种自动调节过程。

若环路初始状态是失锁的，通过自身的调节，使压控振荡器频率逐渐向输入信号频率靠近，靠近到一定程度后，环路即能进入锁定状态，这种由失锁进入锁定的过程称为捕捉过程。系统能捕捉的最大频率失谐范围称为环路捕捉带或捕捉范围。

若环路初始状态是锁定的，因某种原因使频率发生变化，这种频率变化反映为相位变

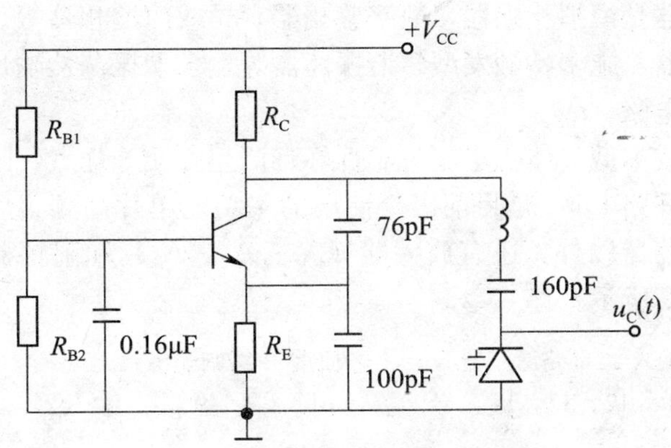

图 7—11　变容二极管压控振荡器

化，则通过环路的自身调节作用，可使 VCO 的频率和相位不断跟踪变化，以维持锁定，这个过程称为跟踪过程。环路所能保持跟踪的最大失谐频带称为同步带（跟踪带），又称同步范围（跟踪范围）或锁定范围。

综上所述，锁相环路具有如下特性：

（1）环路锁定后，没有频率误差。当锁相环路锁定时，压控振荡器的输出频率严格等于输入信号频率，而只有不大的剩余相位误差。

（2）频率跟踪特性。锁相环路锁定后，压控振荡器的输出频率能在一定范围内跟踪输入信号的频率变化。

（3）此外，锁相环路通过环路滤波器的作用后还具有窄带滤波特性。例如，可以在几十兆赫兹的频率上，做到几赫兹的带宽，甚至更小。

总结上面的学习可知，锁相环路与自动频率控制的工作过程十分相似，二者都是利用误差信号的反馈作用来控制被稳定的振荡器频率。但二者是有区别的：在锁相环路中，我们采用的是鉴相器，它所输出的误差电压与两个相互比较的频率源之间的相位差成比例，达到稳定状态时，被稳定的频率等于标准频率，但有稳态相位差存在；在自动频率控制系统中，采用的是鉴频器，它所输出的误差电压与两个相互比较的频率源的频率差成比例，达到稳定状态时，两个频率不能完全相等，必须有剩余频差存在，从这一点来看，利用锁相环路可以实现较为理想的频率控制。

7.3.3　集成锁相环路

集成锁相环路的发展十分迅速，按照其内部电路的形式可分为模拟锁相环和数字锁相环两类。前者的内部电路如鉴相器、环路滤波器和压控振荡器都是由模拟电路组成；后者的内部电路分部分数字电路和全部数字电路两种，部分数字电路中主要是鉴相器是数字的，全部数字电路中内部电路都是数字的。无论是模拟的还是数字的锁相环，按其用途又可分为通用型和专用型两种，通用型适合各种用途，其内部主要由鉴相器和压控振荡器两部分组成，此外还附有放大器和其他辅助电路；专用型是一种专为某种功能设计的锁相环路，如用于调频接收机的调频多路立体声解调环路，用于通信和测量仪器中的频率合成器等。

常用的模拟鉴相器是模拟相乘器，数字鉴相器有异或门鉴相器等。常用的压控振荡器有射极耦合多谐振荡器、施密特触发型多谐振荡器等。多谐振荡器输出为方波，如需得到正弦波，还需加整形电路。

集成锁相环具有成本低、体积小、可靠性好且调整方便等优点，因而得到广泛应用。

通用型集成锁相环路 L562 是目前广泛使用的多功能单片高频集成锁相环路，其内部除了鉴相器、压控振荡器以外，还有放大器（A_1、A_2、A_3）和限幅器，其内部结构和引脚排列分别如图 7—12 所示。

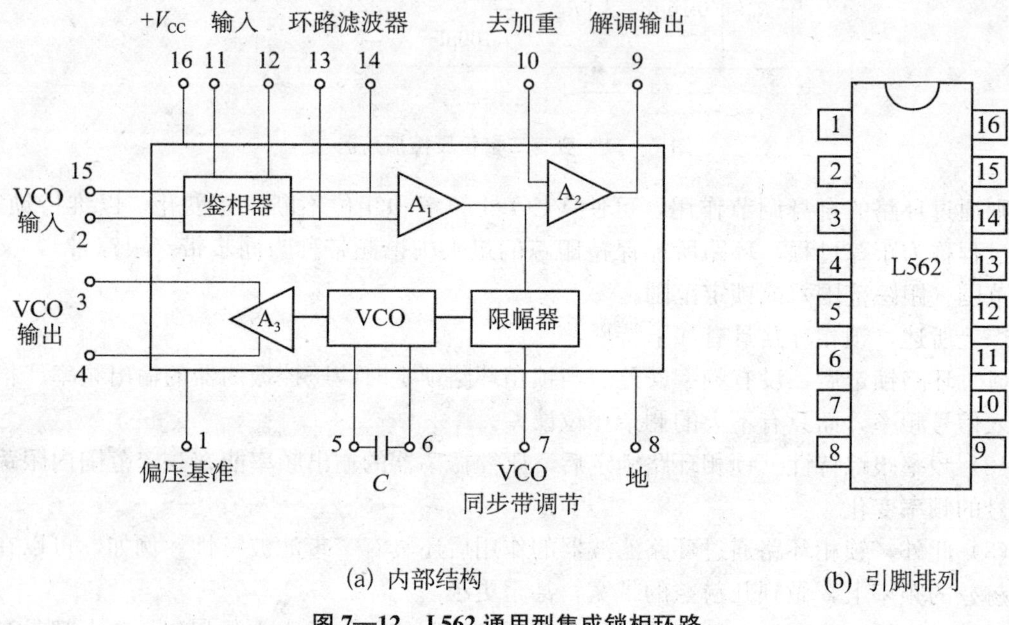

(a) 内部结构　　(b) 引脚排列

图 7—12　L562 通用型集成锁相环路

图中鉴相器采用双差分对模拟相乘器，输入信号从 11、12 引脚双端输入；13、14 脚外接阻容元件构成环路滤波器；VCO 采用射极耦合多谐振荡器，外接定时电容 C 由 5、6 脚接入，VCO 输出信号经外接电路处理后从 2、15 脚双端输入到鉴相器与输入信号进行比较，产生的误差信号从 13、14 引脚输出，经外接环路滤波器产生控制电压；限幅器用来限制锁相环路的直流增益，控制环路的跟踪范围，由 7 脚注入的电流增加，VCO 的跟踪范围减小，当注入的电流超过 0.7mA 时，鉴相器输出的误差电压对压控振荡器的控制被截断，压控振荡器处于失控自由振荡状态；放大器 A_1、A_2、A_3 分别起隔离、缓冲、放大作用。

L562 只需单电源供电，电源电压为 15～30V，最大电流 14mA，信号输入电压最大值为 3V，最大锁定范围±15％ f_0（f_0 为压控振荡器中心频率）。

如图 7—13 所示为采用 L562 集成锁相环的 FM 解调器的外接电路图。

调频信号由 11、12 脚加到鉴相器上，解调电压经放大器 A_2 放大后，由 9 脚输出，压控振荡器的电压从 3 脚经 11kΩ 和 1kΩ 分压，经 C_C 耦合加到鉴相器的输入端 2、5，完成闭环。

应用链接：本任务——应用举例——3. PLL 电路应用举例

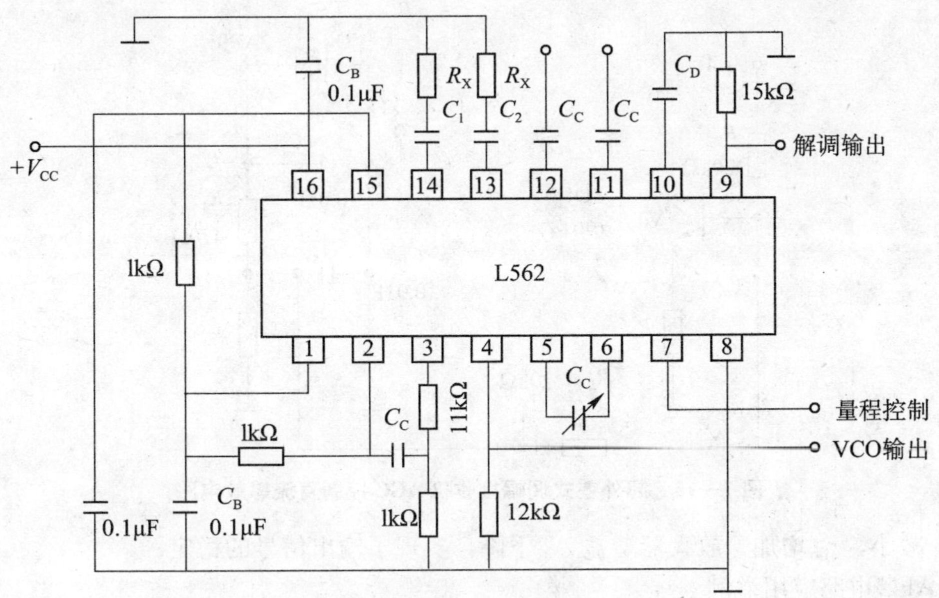

图 7—13　L562 FM 解调器外接电路

应用举例

1. AGC 电路应用举例

图 7—14 是一种典型的超外差式调幅接收机电路，它是由高放、本振、混频、中放、检波、低频功放、AGC 电路等构成，我们重点了解 AGC 电路的作用。

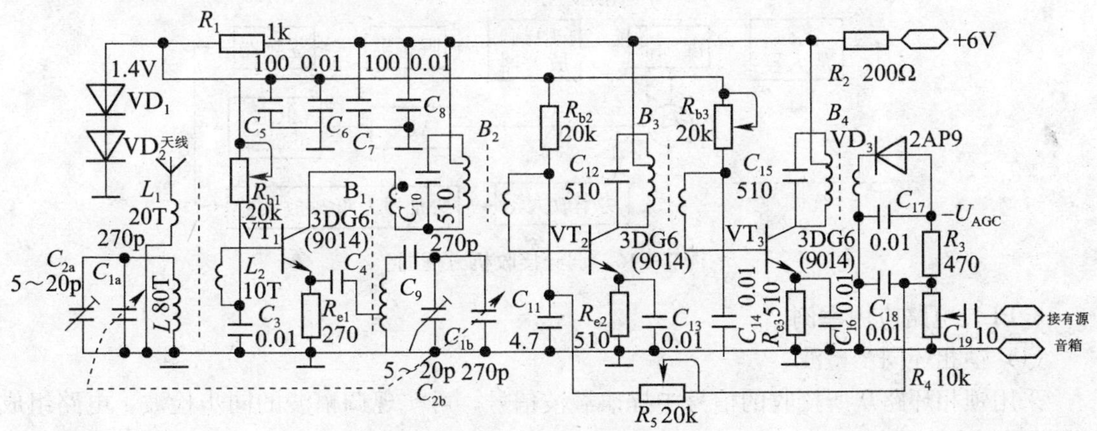

图 7—14　超外差式调幅接收机电路

图 7—15 为超外差式调幅接收机 AGC 控制直流等效电路，由图可知，AGC 电压加到晶体管 VT_2 的基极上，VT_2 的基极电流 I_B 由 1.4V 和 $-U_{AGC}$ 共同提供，1.4V 电压是经稳压后的电源电压，它与输入的高频信号无关。$-U_{AGC}$ 是高频信号检波后输出的直流电压，它正比于加至检波电路的高频信号的幅值，由于二极管反向检波，所以极性为负。当输入信号增大时，$-U_{AGC}$ 反向增大，输入 VT_2 的信号被削弱，VT_2 的 U_{BE} 减小，VT_2 的基极

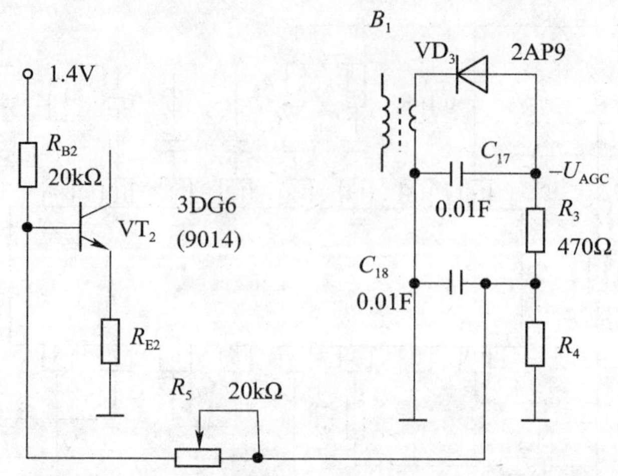

图 7—15 超外差式调幅接收机 AGC 控制直流等效电路

电流 I_B 减小，r_{BE} 增加，放大器增益 A_u 下降，实现了输出信号的稳定。

2. AFC 电路应用举例

如图 7—16 所示为带 AFC 电路的调频接收机原理框图。其中，高频放大器为可调放大器，频段为 88～108MHz，本地振荡器与之统调。中频取 10.7MHz，中放级带宽为 226kHz。因为调频接收机本身有鉴频器，故 AFC 电路无需另加鉴频器。在鉴频器后接有低通滤波器，本地振荡器频率漂移和接收调频信号的中心频率漂移均为缓慢变化，由此引起的电压变化可以通过低通滤波器，作为 AFC 的反馈控制电压。鉴频器输出还有调频解调信号，而解调信号的频率一般均在几百赫，它们不能通过滤波器，因而对本地振荡器不起作用。

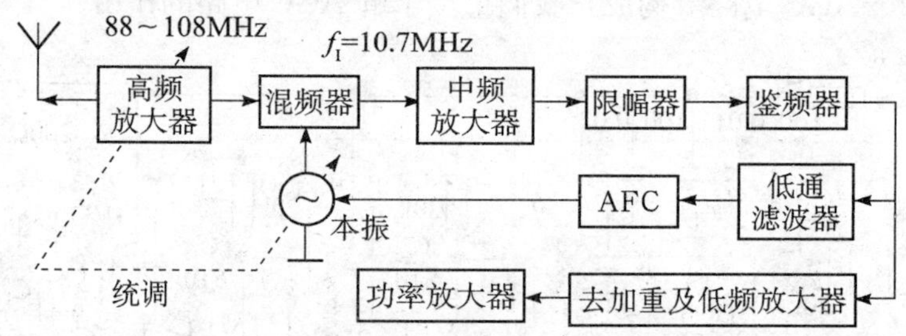

图 7—16 调频接收机方框图

3. PLL 电路应用举例

（1）锁相环同步检波。

采用锁相环路从所接收的信号中提取载波信号，可实现调幅波的同步检波，电路组成框图如图 7—17 所示。

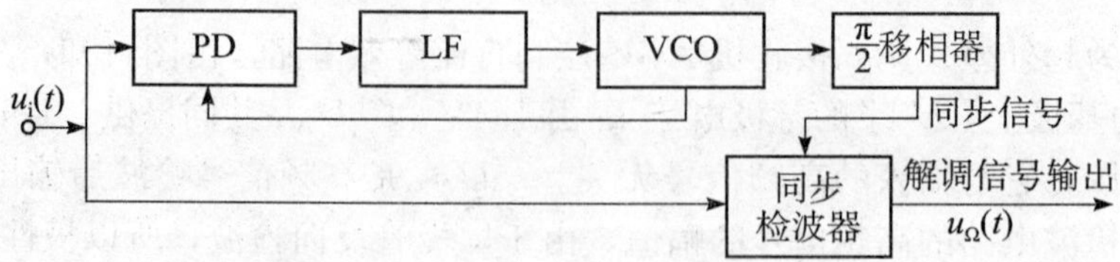

图 7—17 锁相环同步检波电路组成框图

图中输入AM已调信号 $u_i(t)$ 频谱中，除包含调制信号的边带成分外，还包含较强的载波成分，锁相环路采用载波跟踪型，环路滤波器的通频带很窄，使锁相环路锁定在已调信号的载频上，压控振荡器便可提供跟踪已调信号载频变化的同步信号。由于采用模拟鉴相器时，VCO输出电压与输入已调信号的载波电压之间产生了 $\pi/2$ 相移，所以，为了消除相移，VCO输出电压需经 $\pi/2$ 移相器加到乘积型同步检波器上，作为同步检波的同步信号。

（2）锁相环鉴频（鉴相）。

鉴频（鉴相）是指对调频（调相）信号进行解调。如图7—18所示为锁相环鉴频电路组成框图，输入信号为调频信号。

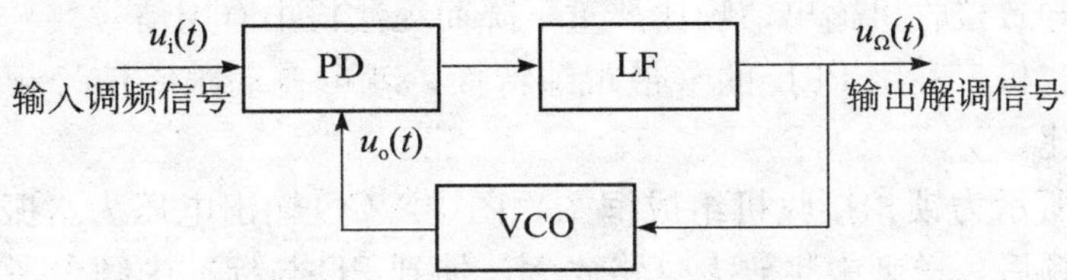

图7—18　锁相环鉴频电路组成框图

当环路锁定时，VCO的振荡频率能精确跟踪输入调频信号的瞬时频率变化，使环路滤波器输出与输入调制信号相同变化规律的解调信号，实现了调频信号的解调。图7—19即为采用L562集成锁相环和外接电路组成的鉴频电路图。

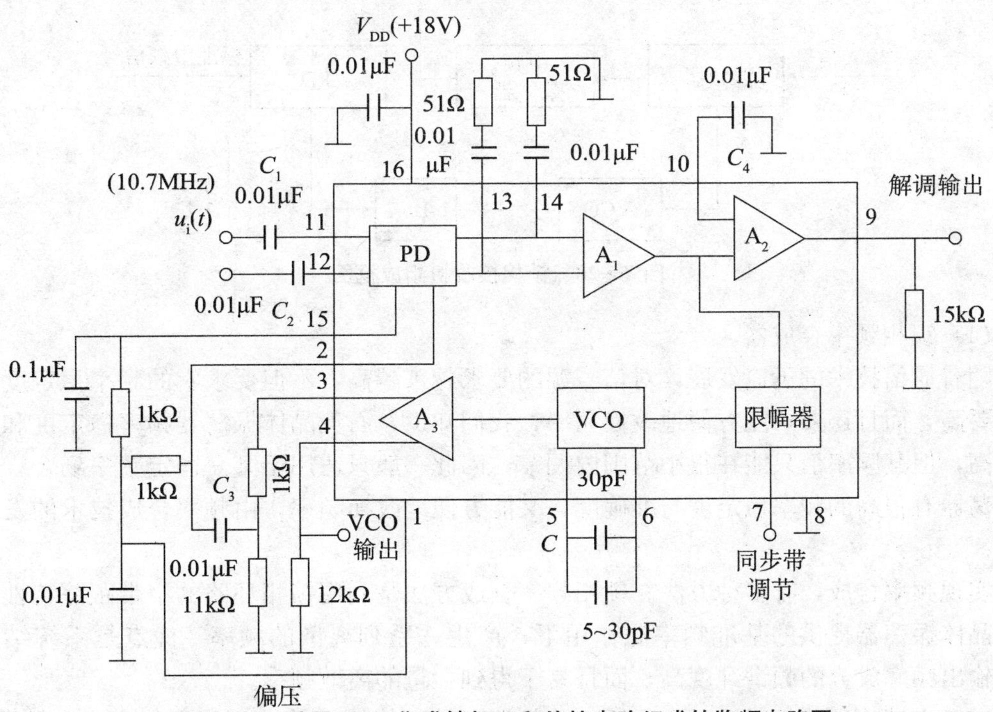

图7—19　采用L562集成锁相环和外接电路组成的鉴频电路图

图中输入调频信号 $u_i(t)$ 经耦合电容 C_1、C_2 以平衡方式加到鉴相器的输入端11、12脚。从1脚取出的稳定基准偏置电压经1 kΩ电阻分别加到2脚和15脚，作为双差分对管的基极偏置电压。VCO 的输出电压经放大器 A_3 从 3 脚取出，经 1kΩ、电容 C_3 以单端方式加到鉴相器输入端 2 脚，而鉴相器的另一输入端 15 脚经 0.1μF 电容交流接地。放大器 A_3 的输出端 4 脚外接 12kΩ 电阻到地，其上输出 VCO 电压，该电压是与输入调频信号有相同调制规律的信号。7 脚注入直流，用来调节环路的同步带。10 脚外接去加重电容 C_4，以提高解调电路的抗干扰性。放大器 A_2 的输出端 9 脚外接 15kΩ 电阻到地，其上输出低频解调电压。

(3) 锁相接收机。

卫星或其他宇宙飞行器，由于通信距离很远，发射功率又小，致使地面直接接收到的信号很微弱，又由于多普勒效应，频率漂移也较严重，若采用普通接收机接收，就要求带宽较宽，这可能导致接收机输出信噪比严重下降而无法检出有用信号。

采用锁相接收机，利用 PLL 的窄带跟踪特性，就可自动跟踪信号频率进行接收，有效提高输出信噪比。

如图 7—20 所示为锁相接收机组成框图，图中 VCO 输出电压为本振电压，它与接收到的输入信号混频后，送到中频放大电路放大，加到 PD 与标准中频参考信号进行相位比较，在环路锁定时，加到鉴相器上的两个中频信号频率相等。当输入信号频率发生变化时，VCO 频率跟踪变化，使中频信号能准确地落在中频通带内。这样中频放大电路的通频带就可以做得很窄，从而保证鉴相器输入端有足够的信噪比。

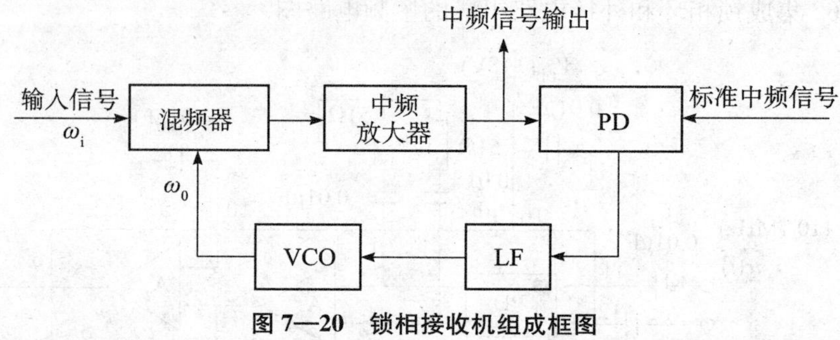

图 7—20　锁相接收机组成框图

(4) 锁相频率合成器。

随着通信技术的迅速发展，对信号源的要求越来越高，不但要求它的频率稳定度和准确度要高，而且还要求能方便地改换频率，我们知道，石英晶体振荡器频率稳定度和准确度很高，但其频率值只能在很小范围内调节，因此一般只适用于某一固定频率场合。既保证振荡器有很高的频率稳定度与准确度，又能方便地改换频率，由频率合成技术的发展来满足。

实现频率合成，有多种方法。锁相频率合成方法是利用锁相环路的窄带跟踪特性，在石英晶体振荡器提供的基准频率源作用下，产生一系列离散的频率。优点是系统结构简单，输出频率成分的频谱纯度高，而且易于得到大量的离散频率。

在基本锁相环路的反馈通道中插入分频器，就可构成简单锁相频率合成器，如图 7—21 所示。

当环路锁定时：

$$f_s/R=f_o/N \tag{7—9}$$

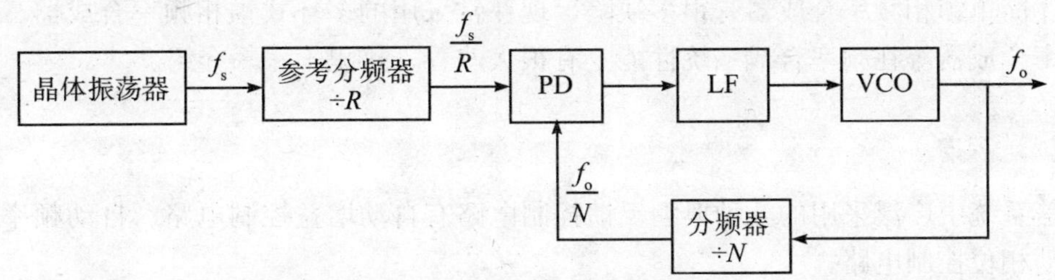

图 7—21　简单锁相频率合成器

则输出信号频率：

$$f_o = Nf_s / R = Nf_r \tag{7—10}$$

式中，$f_r = f_s/R$，称参考信号频率，是由标准频率源经参考分频器 R 分频后得到的。

式（7—10）表明输出信号频率 f_o 为输入参考信号频率 f_r 的 N 倍，故又把这个电路称为锁相倍频电路。改变分频系数 N，就可得到不同输出频率。f_r 为各输出信号频率之间的频率间隔，称频率合成器的频率分辨率。

如图 7—22 所示为用 CMOS 集成锁相环路 CD4046 构成的频率合成器电路，集成锁相环路 CD4046 内含两个鉴相器（PDⅠ和 PDⅡ）、一个压控振荡器。图中参考频率振荡器采用 1 024kHz 标准晶振，它的输出信号送入参考分频器 CC4040，CC4040 由 12 级二进制计数器组成，取分频比 $R=2^8=256$，即可得到较低的参考频率 $f_r=$（1024/256）$=4$kHz。分频器 N 为可编程分频器 CC40103，它是 8 位可预置二进制 $\div N$ 计数器，置数端按图中所示连线，其分频比 $N=29$。参考频率 f_r 由 CD4046 的 14 脚引入 PDⅡ鉴相器输入端，VCO 输出信号由 4 脚输出到可编程分频器，经 29 分频后加到鉴相器的另一输入端 CD4046 的 3 脚，与 14 脚 f_r 进行相位比较，当环路锁定时，由 CD4046 的 4 脚就可输出频率 $f_o=Nf_r$、频率间隔为 4kHz 的信号。改变 CC40103 置数端的接线，可得到不同的 N 值，即可获得不同频率的信号输出。

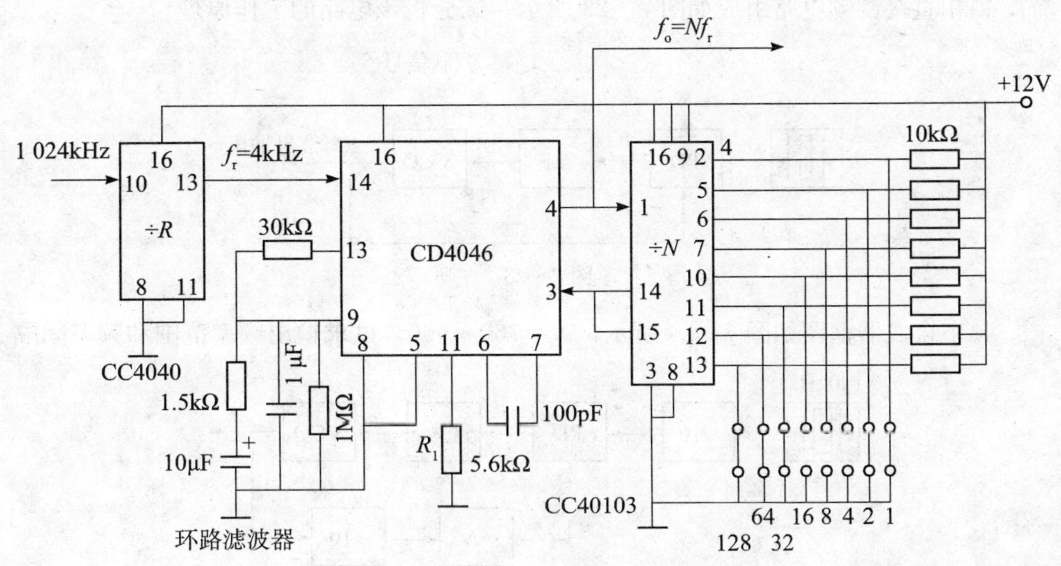

图 7—22　CD4046 组成的频率合成器电路

上述简单锁相频率合成器有很多缺陷，现在常采用的多环式锁相频率合成器、吞脉冲锁相频率合成器等在频率合成系统性能上有很大改善，这里不一一介绍。

要点总结

通信系统中广泛采用的几种典型反馈控制电路有自动增益控制电路、自动频率控制电路、自动相位控制电路。

自动增益控制电路主要用于接收设备，作用是稳定输出电压（或电流）；自动频率控制电路主要用于振荡器频率的自动调节，作用是稳定本振的频率；自动相位控制电路又称锁相环路，广泛应用于调制、解调、频率合成等许多领域。

锁相环路由鉴相器、环路滤波器和压控振荡器组成，是利用相位的调节以消除两信号频率误差、实现两信号相位同步的自动控制系统。环路锁定时，环路输出信号与输入信号频率相等，存在剩余相位误差。

锁相环路存在两种自动调节过程：捕捉过程和跟踪过程。锁相环路由失锁进入锁定的过程称为捕捉过程。锁相环路锁定后，环路通过自身调节维持锁定的过程称跟踪过程。

集成锁相环应用广泛。

巩固与提高

1. AGC 电路的作用？简述调幅接收机 AGC 电路的基本工作原理。
2. PLL 稳频与 AFC 频率调节在工作原理上有哪些异同？
3. PLL 有哪两种自动调节过程？捕捉带和同步带各代表什么意义？
4. 测得电视机 AGC 电压在无信号时超过规定值，试问对电视机接收效果会有何影响？
5. 画出锁相环路的基本组成框图，并说明其工作原理及各部分的作用。
6. 试述锁相环路实现鉴相的工作原理。
7. 锁相直接调频电路组成如图 7—23 所示，试分析该电路的工作原理。

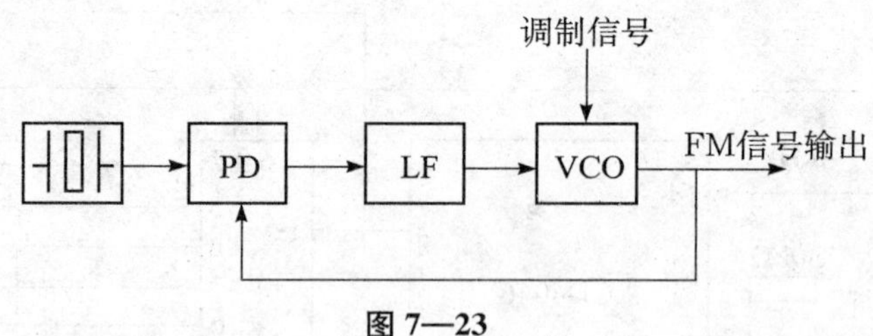

图 7—23

8. 频率合成器框图如图 7—24 所示，$N=760\sim960$，试求输出频率范围和频率间隔。

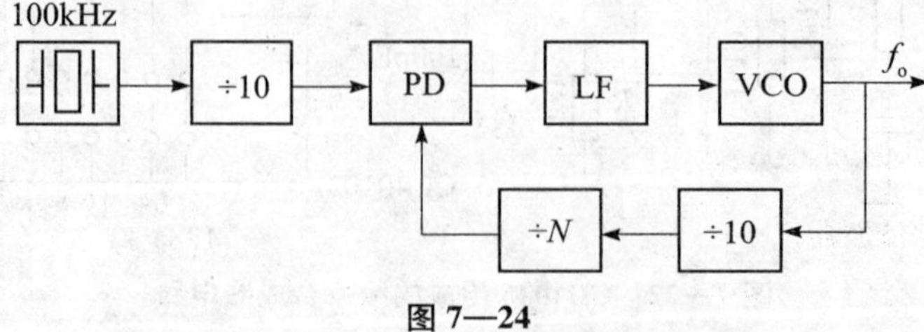

图 7—24

9. 频率合成器框图如图 7—25 所示，$N=200\sim300$，求输出频率范围和频率间隔。

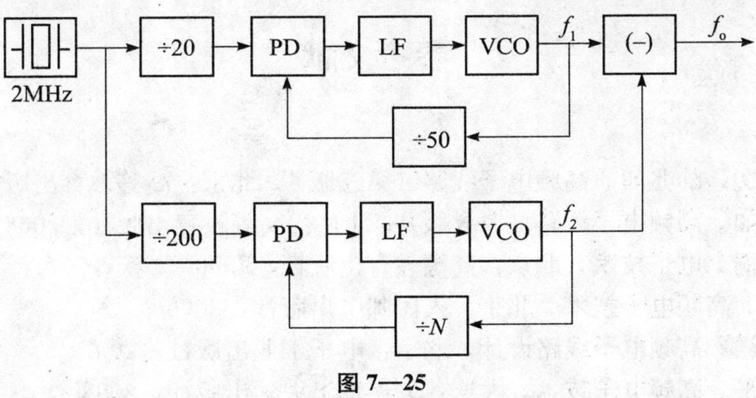

图 7—25

(−) 表示取差频的混频（内含带通滤波器）

参考文献

[1] 张肃文，陆兆熊．高频电子线路（第三版）．北京：高等教育出版社，1993

[2] 胡宴如．高频电子线路（第3版）．北京：高等教育出版社，2004

[3] 付植桐．电子技术．北京：高等教育出版社，2000

[4] 刘骋．高频电子技术．北京：人民邮电出版社，2006

[5] 高吉祥．高频电子线路设计．北京：电子工业出版社，2007

[6] 周绍平．高频电子技术．大连：大连理工大学出版社，2008

[7] 刘守义．高频电子技术．北京：电子工业出版社，1999

[8] 张澄等．高频电子电路学习指导．北京：人民邮电出版社，2008

[9] [日] 市川裕一，青木胜著，卓圣鹏译．高频电路设计与制作．北京：科学出版社，2006

[10] 谢嘉奎．电子线路非线性部分（第四版）．北京：高等教育出版社，2000

图书在版编目（CIP）数据

高频电子技术/臧雪岩主编．—北京：中国人民大学出版社，2011.6
21世纪高职高专机电类规划教材
ISBN 978-7-300-13873-2

Ⅰ.①高… Ⅱ.①臧… Ⅲ.①高频-电子电路-高等职业教育-教材 Ⅳ.①TN710.2

中国版本图书馆CIP数据核字（2011）第113663号

21世纪高职高专机电类规划教材
高频电子技术
主　编　臧雪岩
副主编　郭　庆　刘建军

出版发行　中国人民大学出版社
社　　址　北京中关村大街31号　　　　**邮政编码**　100080
电　　话　010－62511242（总编室）　　010－62511398（质管部）
　　　　　010－82501766（邮购部）　　010－62514148（门市部）
　　　　　010－62515195（发行公司）　　010－62515275（盗版举报）
网　　址　http://www.crup.com.cn
　　　　　http://www.ttrnet.com(人大教研网)
经　　销　新华书店
印　　刷　秦皇岛市昌黎文苑印刷有限公司
规　　格　185 mm×260 mm　16开本　　**版　　次**　2011年12月第1版
印　　张　10.25　　　　　　　　　　**印　　次**　2011年12月第1次印刷
字　　数　229 000　　　　　　　　　**定　　价**　20.00元

教师信息反馈表

为了更好地为您服务，提高教学质量，中国人民大学出版社愿意为您提供全面的教学支持，期望与您建立更广泛的合作关系。请您填好下表后以电子邮件或信件的形式反馈给我们。

<table>
<tr><td>您使用过或正在使用的我社教材名称</td><td></td><td>版次</td><td></td></tr>
<tr><td>您希望获得哪些相关教学资料</td><td colspan="3"></td></tr>
<tr><td>您对本书的建议（可附页）</td><td colspan="3"></td></tr>
<tr><td>您的姓名</td><td colspan="3"></td></tr>
<tr><td>您所在的学校、院系</td><td colspan="3"></td></tr>
<tr><td>您所讲授课程名称</td><td colspan="3"></td></tr>
<tr><td>学生人数</td><td colspan="3"></td></tr>
<tr><td>您的联系地址</td><td colspan="3"></td></tr>
<tr><td>邮政编码</td><td></td><td>联系电话</td><td></td></tr>
<tr><td>电子邮件（必填）</td><td colspan="3"></td></tr>
<tr><td>您是否为人大社教研网会员</td><td colspan="3">□ 是　会员卡号：____________
□ 不是，现在申请</td></tr>
<tr><td>您在相关专业是否有主编或参编教材意向</td><td colspan="3">□ 是　　□ 否
□ 不一定</td></tr>
<tr><td>您所希望参编或主编的教材的基本情况（包括内容、框架结构、特色等，可附页）</td><td colspan="3"></td></tr>
</table>

我们的联系方式：北京市海淀区中关村大街 31 号
中国人民大学出版社教育分社
邮政编码：100080
电话：010-62515913
网址：http：//www.crup.com.cn/jiaoyu
E-mail：jyfs _ 2007@126.com